V字回復の経営：2年で会社を変えられますか

V型復甦的經營

只用二年，徹底改造一家公司！

三枝 匡
Tadashi SAEGUSA—著
黃雅慧—譯

經營管理 111

V型復甦的經營

只用二年，徹底改造一家公司！

作　　者　三枝匡
譯　　者　黃雅慧
責任編輯　林博華
行銷業務　劉順眾、顏宏紋、李君宜

總 編 輯　林博華
發 行 人　凃玉雲
出　　版　經濟新潮社
104台北市中山區民生東路二段141號5樓
電話：(02) 2500-7696　傳真：(02) 2500-1955
經濟新潮社部落格：http://ecocite.pixnet.net
發　　行　英屬蓋曼群島商家庭傳媒股份有限公司城邦分公司
104台北市中山區民生東路二段141號2樓
客服服務專線：02-25007718；25007719
24小時傳真專線：02-25001990；25001991
服務時間：週一至週五上午09:30~12:00；下午13:30~17:00
劃撥帳號：19863813　戶名：書虫股份有限公司
讀者服務信箱：service@readingclub.com.tw
香港發行所　城邦（香港）出版集團有限公司
香港灣仔駱克道193號東超商業中心1樓
電話：(852) 25086231　傳真：(852) 25789337
E-mail: hkcite@biznetvigator.com
馬新發行所　城邦（馬新）出版集團 Cite (M) Sdn Bhd
41, Jalan Radin Anum, Bandar Baru Sri Petaling,
57000 Kuala Lumpur, Malaysia.
電話：(603) 90578822　傳真：(603) 90576622
E-mail: cite@cite.com.my
印　　刷　宏玖國際有限公司
初版一刷　2013年11月19日

ISBN：978-986-6031-43-4

售價：500元
Printed in Taiwan

〈出版緣起〉

我們在商業性、全球化的世界中生活

經濟新潮社編輯部

跨入二十一世紀，放眼這個世界，不能不感到這是「全球化」及「商業力量無遠弗屆」的時代。隨著資訊科技的進步、網路的普及，我們可以輕鬆地和認識或不認識的朋友交流；同時，企業巨人在我們日常生活中所扮演的角色，也是日益重要，甚至不可或缺。

在這樣的背景下，我們可以說，無論是企業或個人，都面臨了巨大的挑戰與無限的機會。

本著「以人為本位，在商業性、全球化的世界中生活」為宗旨，我們成立了「經濟新潮社」，以探索未來的經營管理、經濟趨勢、投資理財為目標，使讀者能更快掌握時代的脈動，抓住最新的趨勢，並在全球化的世界裏，過更人性的生活。

之所以選擇「**經營管理—經濟趨勢—投資理財**」為主要目標，其實包含了我們的關注：「經營管理」是企業體（或非營利組織）的成長與永續之道；「投資理財」是個人的安身之道；而

「經濟趨勢」則是會影響這兩者的變數。綜合來看，可以涵蓋我們所關注的「個人生活」和「組織生活」這兩個面向。

這也可以說明我們命名為「經濟新潮」的緣由——因為經濟狀況變化萬千，最終還是群眾心理的反映，離不開「人」的因素；這也是我們「以人為本位」的初衷。

手機廣告裏有一句名言：「科技始終來自人性。」我們倒期待「商業始終來自人性」，並努力在往後的編輯與出版的過程中實踐。

【推薦序】

逆轉勝的日本式事業改革

管康彥

組織變革的個案中，不乏重建虧損連連的事業部，或協助瀕臨垂死邊緣的企業重新恢復活力的例子，但是能夠像本書《V型復甦的經營》所探討的小松製作所，或日產汽車的高恩復興計畫，或者稻盛和夫幫日本航空所進行的改革，能夠在兩年那麼短的時間內恢復業績，必定有不為人知的緊張與抗拒的場面、領導魄力的展現，與獨特的組織建構思維。這些日本企業的改革特徵是兼具培育內部人才的目的，並不喜歡裁員也不會隨便裁員，經營團隊與中階幹部同心協力，例如為了改革伊藤忠商社，前社長丹羽宇一郎甚至不支薪，捨棄公司的配車，天天搭地鐵上班。日本企業不會像一般的美國企業那樣大舉裁員，只顧短期績效表現，輕易地割除虧損的事業，經營者自己卻領取天文數字的紅利，為了維持股價或財務表現，在資本主義股東至上的經營模式下，即使公司賺錢也會輕易資遣員工。

日本企業不會任意出售當初公司建基的事業，而是不斷地重新定義旗下的事業體，並賦予其新的生命力；反觀歐美企業，往往把員工當作用完即丟的耗材。在日本企業的觀念中，績效變差是要改革而非裁撤，重視員工的價值是日本式經營的特色，人必有其可用之處，組織的功能是要讓人員發展其強項，促進人員成長，並且使其弱項變得無關緊要，所以真正落實「員工是組織寶貴的資產」，連管理學祖師彼得．杜拉克都對其讚揚不已。因此日本企業的改革是一種兩難的挑戰，一方面須固守以員工至上的經營文化，另一方面，又不得不採取強烈的手段以活化組織，想要魚與熊掌兼得，經營的手法就得超越美國企業，否則就沒有勝算。

身陷谷底的公司往往深信裁員是唯一合理化的方法，也有很多公司請外面的企管顧問來成立改革小組，但是這種做法變成由企管顧問來主導公司改革，而且做出來的策略也無法落實到末端。大多數的問題公司會以為企管顧問是其救世主，但事實上，有些顧問卻只會討好經營者，蒐集整理公司內部的意見，卻沒有提出任何有創造性的計畫協助整頓事業。一些號稱擅長改造公司文化與團隊運作的企管顧問也只不過是在公司外面開部門發表會，辦辦氣氛活潑的團康活動等等而已，完全未能著墨策略的重新審視與組織的重新架構等核心議題，卻宣稱那就是變革。

日本大多數的大企業在經濟高速成長期，因為成功而導致組織肥大，逐漸喪失像中小企業般的組織活力。然而，肥大化分工制組織該責怪的不是員工個人，一家低迷的公司若想重振雄風，最重要的是利用危機意識，影響員工的心思與行動，俾使公司整體形成共識朝同一個方向前進，接著便是檢討公司的建構策略，徹底改變工作方式。錯誤的組織結構或經營系統會驅策員工偏向內部的思考邏輯，忘了從客戶的立場來看事情，採用分工型的組織，類似工廠用製程來劃分一樣，所以當一個部門處理完以後再交給下一個部門，各個部門的員工雖然熟悉自己份內事務，但上下相關的部門或整體流程卻變得與他們無關。

構思如何讓各個商品群能夠從研發、製造、銷售、到服務等一氣呵成，建構一個由小型獨立運作單位所構成的橫向貫串組織，以提高競爭意識，同時又能培育經營人才，這就是所謂的企業流程再造，也是書中所談的變革主軸。如此一來，所有的成員就有愈來愈多的機會分享客戶對商品的反應、或掌握競爭對手的動態，因而提高對外部環境變化的敏感度，研發人員開始會站在市場競爭優勢的敏感觀點去研發商品。這也會讓業務單位的經營團隊責任清楚，從業務到研發人員直接感受到外部競爭的壓力，組織內部的溝通也會因此變得更活躍，每個人將營銷當成己任。採用這種模式確實很適合培養經營人才，因為這是一種自律性運作商業流程的組織結構，因此也可提升內部的企業家精神。

美國企業一直與日本企業相互超越苦鬥，美日企業之間也因此存在著螺旋式學習的現象，日本的剛好及時生產系統源自於七〇年代美國的超級市場運作模式，八〇年代以後美國拚命向日本取經，積極地開始分析從日本引進的豐田生產方式，它的理論就是當企業能讓流程快速周轉的話，就能夠構築競爭優勢。美國人把改善現場的手法結合其最擅長的資訊科技，應用到整體企業的營運，於九〇年代發表《企業再造》（*Reengineering the Corporation*）一書掀起美國再造狂熱。改善現場的手法原本發源於日本，結果日本想出來的創意卻幫助美國活化了他們的企業。

本書百分之九十的內容是據實描述日本小松製作所實行企業再造的過程中，總公司與子公司小松產機的經營幹部的真人實事。本書中也穿插了作者為其他四家公司內部重整事業的各種經驗，網羅了世界上經營改革專案常見的困境，所描述的改革手段並不受限於特定業界，適合各種企業，任何企業都可以模仿照做。內容寫得非常精彩生動，有身臨其境的感受，並且很清晰地整理條列相關觀念，堪稱是一本有關企業再造與事業重整等主題的個案參考教科書。

從過去的歷史看來，每當日本面臨總體環境劇變時，總是有足夠的韌性及適應能力來因應時代的轉變。日本最大的強項就是將外來的優勢經過自身的調適內化後，成為其特有的日本型經營，並且青出於藍。在西方媒體壟斷的台灣，美式教育的校園環境，加上缺乏日文解讀能力的培育，要看清楚日本企業經營的卓越性實屬不易。相較於歐美等國，日本的民情與國情跟台灣較相近，日本過去卓越成功的經營模式儘管目前遭遇到瓶頸，在面對目前環境變動挑戰所做的應變策略，仍值得現今台灣學習借鏡。

（本文作者為國立政治大學企業管理學系專任教授）

【推薦序】

在充滿不確定性的時代，企業轉型已成常態

徐瑞廷

V型復甦意味著企業扭轉業績下滑的趨勢，亦稱turnaround，是常見的一種企業轉型。

本人就職的波士頓顧問公司（BCG），是一家全球性的管理顧問公司，本書《V型復甦的經營》作者三枝匡先生多年前也曾任職於BCG日本辦公室。我們的主要業務，是以幫助大型企業制定經營策略，與解決複雜問題為主。然而，這幾年來，我們發現一個很明顯的趨勢，就是希望我們協助轉型的案件明顯增加。企業轉型通常有兩種，除了本書提及的V型復甦外，還有一種是改變原本商業模式。

來找我們協助扭轉業績的客戶，像本書中亞斯特事業部這樣，基於組織內部日積月累的問題，導致市占率逐漸下滑，最後造成財務虧損的情況反而不多見。比較常看到的，是因為

該產業出現了一些破壞性創新的現象，如：革命性的新技術或價格破壞者，導致原本的市場領導者地位忽然受到嚴重挑戰，因此獲利受到威脅。

這種破壞性創新的現象，這幾年來，不只在高科技行業，在各行各業發生的頻率都比以前增加許多。這意味著，縱使你經營的企業目前一帆風順，隨時都有可能受到市占率或獲利大幅下滑的挑戰。這種不確定性的增加，也導致企業轉型對經營者而言，不再是一、二十年出現一次的大工程，而將成為持續發生的常態。

本書相當於企業轉型的實戰教科書，書中揭露亞斯特事業部經理黑岩與管理顧問五十嵐，如何一同扭轉亞斯特業績的手法，有許多都是作者三枝先生基於他過去經手案件的實戰經驗改編而成，相當值得一讀。

來找我們轉型的企業客戶，在決定請顧問前，通常已經自己嘗試過扭轉局面，而且以失敗收場。

轉型之所以容易失敗，是因為轉型通常牽涉到多個部門，如：研發、生產、業務、行銷、人事、財務等，也可能同時牽涉到多個議題，如：策略修定、組織或流程改造、銷售團隊效率提升、間接成本刪減等。還有，針對這些議題，經營者不只是規劃，還得確保團隊能夠實施，實施效果能夠持續。更重要的，組織本身對變革通常是極為抗拒的。可想而知，對經營者而言，轉型的挑戰相當之大。這也間接說明，為什麼有七五％的大型轉型最後以失敗告終。

我們管理顧問，雖身為外來者，但在轉型過程會扮演極為關鍵的角色，有一部分如同書中的顧問五十嵐一樣，擔任所謂智慧領導者的角色，提供客戶新的工具與方法論，並冷靜地以事實與邏輯，挑戰客戶既有的思維邏輯。有一部分則扮演所謂專案辦公室，亦稱ＰＭＯ（Project Management Office），協助經營者積極推動改革，除了嚴格掌控進度與確保執行細節，也協助跨部門協調，並主動協助解決問題。還有一部分，則是藉由員工訓練或優化組織架構、流程等手法，強化目前組織能力的不足。

根據我們的觀察，企業未能促成轉型成功的原因不盡相同，但有一些常見因素，包括轉型前未能在組織內部形成危機感與建立改革共識，改革不夠大刀闊斧或拖太長，事業負責人並未站在前線帶領團隊改革，未能打破各部門的本位主義，過多直覺或定性判斷、太少定量或事實基礎分析等。本書中也提及，亞斯特事業部在主角黑岩接手之前，嘗試過好幾次改革都失敗了，其原因與上述類似。

我們認為，轉型要成功有三大要素。首先要能夠在短時間創造大家都能感受到的成果，即所謂速贏（Quick win），目的除了能夠立即創造現金流，預留給公司進行下一波更大的改革外，更重要的是，能夠贏得主要利害關係人（如：董事會、員工、投資人等）的信任，支持改革持續推動。其次，制定中期贏的策略，即清楚描繪三至五年後，公司要帶到怎麼樣的地方，才能徹底脫離危機。最後，要確保組織能力能夠支持該策略，讓此策略不只要在團隊中取得共識，組織或流程上有不足的部分，也要想辦法彌補。

到目前為止，BCG協助過許多大型企業轉型成功，雖然過程相當複雜與繁瑣，簡單來說就是扎實做好這三大要素，缺一不可。

最後一點，企業轉型要能成功，光靠顧問是不足的。和本書中的故事非常雷同，關鍵還是在於如黑岩先生這樣的事業負責人能夠擔起領導責任，並且充分與顧問合作，才能發揮整體最大效益。

（本文作者為BCG台北辦公室合夥人兼董事總經理）

V型復甦的經營

第2章 公司內部出了什麼問題？……63

第5章 發揮熱情激發改革風潮

前言

如何讓低迷的事業復甦？

我身為管理顧問，為低迷的事業體提供諮詢服務轉眼間已經十五年了。我服務過的企業涵蓋各行各業，合併營收從一千億日圓到一兆日圓不等，我與這些雇主們共同改造公司，或是重建虧損連連的事業部與子公司。在此之前，我也曾擔任高階主管，花費近十年的時間經營二家虧損的公司，因此可以說我大部分的人生，都是在「協助企業重新恢復活力」之中度過。

我經手的委託案件之中，有些是瀕臨垂死邊緣的企業，因此也不乏失敗的案例。我曾遇過讓我意興風發的成功案例，但也有現今回想起來仍然痛苦不堪的經驗。有些公司在我的輔導下重新獲利而鬆了一口氣，但在我離開數年後，報紙卻大幅報導該公司倒閉的消息。我從眾多的輔導經驗中深深體會，日本企業如果想要改革成功，便需抱持「一不做二不休」的決心徹底執行，否則絕對無法脫胎換骨。

一家低迷的公司如果想重振雄風，就得重新打造公司的「策略」，或是激進地改變「工作方式」。然而，最重要的是利用危機意識，控制員工的「心」與「行動」，務必使公司上下朝同一個方向前進。

然而，所謂的危機意識卻是問題所在。因為當公司面臨經營窘境時，並不能保證全體同仁都能共體時艱。甚至可以這麼說，愈不行的企業，公司內部愈缺乏危機意識，愈是行屍走肉。

根據我與高層的共事經驗來看，當一家公司瀰漫日本企業特有的散漫文化時，很難在短期內扭轉高階主管或員工的價值觀與行動。

組織愈是龐大的企業，改革過程中遭受的攻擊，通常不是來自前方的敵人，而是背後的戰友。

我從自己的體驗中得到的教訓是：「企業策略最大的敵人，往往是組織內部的派系鬥爭。」我這一生中因此吃過不少苦頭。

我所謂的派系鬥爭，並非一般社會上的結黨營私。有些員工個性溫和，可以一起把酒言歡，但是，因為缺乏危機意識與害怕改變現狀，因此不肯面對新的變革，只求明哲保身。因此，當一家公司想進行事業重整、流程改造時，內部員工總是提不起勇氣，以致延誤了重振業績的時機，以致無法改變組織的體質。

必備的經營技巧

同樣的情形如果發生在美國，經營者會採取簡單而且直接的做法。他們習慣用權威的方式排除公司內部的反抗。就經營者的耐性來看，美國高層對於那些反對公司經營方針或執行不力的員工不假辭色，其快刀斬亂麻的速度，足以讓日本經營者瞠目結舌。因為對於那些不聽話的員工，他們只消一句：「你明天不用來了。」便萬事搞定。因此，不認同主管方針的員工根本不用反抗就自動走人了。我認為，美國人經營管理方面乾淨俐落的手法莫過於此。

一九八〇年代，美國雇主特別喜歡用分紅做為誘餌吸引人才，同時大膽地開除大批員工。以前的美國也曾有過終身聘雇制度，雇主們即使面臨經營困境，若非「情不得已」也絕不輕意裁員。然而，現在的美國企業即使公司賺錢也會為了「維持股價或財務表現」，而輕易資遣員工。這不僅投證券分析員的所好，手腕厲害的經營者亦可藉此一年獲得數十億日圓的紅利。對他們來說員工只是一種工具。這就是美國資本主義「股東至上」的經營模式。

另一方面，大部分事業經營陷入低迷的日本企業卻願意花時間改造公司。這並不全是因為日本聘僱制度的道德良知所致，而是因為日本是一個和睦共存的鄉村型社會，經營者很難面不改色無情冷酷地辭退自己村子裏的人。因為他們認為沒有必要結怨，而且，錢也不是光靠一個人賺得來的，而是大家互助合作的成果。

有鑑於此，大多數的日本經營者，都希望在不大幅更動既有經營架構的前提之下改善營運狀況。然而，這卻只是一種掩耳盜鈴的做法。這種做法在公司蓬勃成長的時期當然不會有問題，不過，一旦遇到經營環境困境時，經營者便會陷入兩難。一方面負擔沉重的人事成本卻又不想裁員或改變制度；另一方面，又不得不採取強烈的手段以活化組織。想要魚與熊掌兼得，也只有一個方法，那就是**提高公司現有員工的工作績效**；如此一來，即便人事龐雜的沉苛企業，也必定能起死回生。

但是，大多數日本企業的員工卻老態龍鍾，不復昔日雄風。他們不僅失去工作的目標，同時也缺乏幹勁。主管毫無生氣、死氣沉沉，部屬也如同行屍走肉一般。日本業務人才的策略方針不僅遠遜於美國，還欠缺經營管理素養（literacy，指策略、市場、組織變革等經營管理概念的相關能力），導致日本國內缺乏幹練的經營人才。有些公司的中高階主管具備美國ＭＢＡ學位的薪資卻整日閒晃，因為無意推展事業也缺乏責任感。

年輕的員工雖然不滿主管們的無所作為，但因為同為一丘之貉，所以不知不覺之間也同流合污。原本應該拚命重振公司業績的員工卻更加無所事事。而這些人又最擅長在公司的小圈子裏搞派別。

當一家公司冗員過多，員工又是這副德性的話，當然很難恢復活力。

日本企業如果想與快速成長的美國企業一較長短，卻仍然固守以員工至上的經營文化的話，高階幹部或員工的經營技巧就得超越美國人，而且充滿熱忱、專注投入工作，否則就沒有勝算。

不過，事實上，大部分的日本企業因為無法彌補這個差距，因此業績持續停滯，且在沒有自信的情況下過一天是一天。只要每一家日本企業都延緩改革的步伐就會影響日本整體的發展，導致日本經濟陷入長期低迷。很多人將日本的不景氣歸罪於政治的一籌莫展，但真正該檢討的是日本企業改革的牛步。

以「說故事」的方式貫穿全書

我們到底需要突破哪些困境才能讓日本企業覺醒且脫胎換骨呢？本書的目的就是希望提供讀者一個答案。本書的故事是根據筆者過去參與改革的五家公司為題材架構而成。這五家公司雖非東京證券一部的上市公司，但卻具同等規模。

改革任務小組（task force）的成立、作業的進行速度、組織變更的時機、其後急速的恢復業績等，一家公司在二年內做到V型復甦的時程，幾乎與最近某個企業的改革歷程相同。

本書的故事以這個「時程」為主軸，借用這五家公司所發生的真人實事穿插其中，但故事中的商品或事業內容則純屬虛構。

書中的營業額與業績虧損或市場占有率等雖然依據**時代潮流變化**近乎忠實的重現，但為顧及企業機密，我已經修改過部分數字。

本書的主角黑岩莞太或香川等人物亦非真有其人，而是幾個人物的重疊。此外，本書的內容是根據這五家公司十八名員工的文稿所組成。我已事先取得同意，並配合本書增減或改寫內容。

我為何要如此大費周章呢？第一，「保護客戶的公司名稱與機密」是身為企業顧問的職業倫理，因此採用這種書寫方式。第二，我認為混合數家公司的經驗可提高企業改革教材的通用性。我想本書大概網羅了世界上企業再造或事業經營改革專案常見的困境。

如果就實際發生的立場來看，本書可歸類為寫實報導，就當事者來說，應該都有身歷其境的感觸。但就整體故事而言，本書並非專門針對某一個企業或人物所撰寫。就這個層面而言，本書也可視為一種虛構的報導。然而，對我個人而言，不論是前者或後者都是我自己的親身體驗，因此不希望讀者將這個故事認為是一種杜撰的內容。

四位改革領導者

在經營改革中，支持者（香川董事長）、強勢領導者（黑岩莞太）、智慧領導者（五十嵐直樹）與行動領導者（川端祐二）等四位領導者只要欠缺一位的話，都將功敗垂成。

其中「黑岩莞太」更是關鍵人物。他是一位理想的改革者。很多讀者應該會以為放眼日本找不到像他這樣的人吧。然而，讀者卻不必因為「我們公司沒有像黑岩莞太這樣的人，根本不可能改革。」這樣的想法而放棄。

例如讀者可以這麼想：「像『黑岩莞太』這樣的角色我們董事負責四成，而業務部經理負責六成就剛好。」

或者反過來看，讀者也可以這樣觀察：「我們副董事長是六成的『香川五郎』，三成的『黑岩莞太』與一成的『五十嵐直樹』。」

如果這樣混合思考都找不到適合這四個角色的人選時，那麼表示貴公司要貫徹**高風險的改革**是極其困難的。

特別是在極其欠缺類似「黑岩莞太」般領導力的組織中，當然高層也可以裝模作樣大玩改革的遊戲，但是一旦半途受挫的話，這些努力就極可能煙消雲散。這類公司只適合採行風險較低的劇本（相對的改革效果也較差）。這也是日本企業之所以遲遲無法大刀闊斧進行改革的原因。

組織僵化與封閉感等各種現象正在不少日本企業中蔓延。本書所描述的改革手段超越業界且適合各種企業。然而，書中所用的方法卻不同於一般的教科書，任何人都可以模仿照做。但想要嚐試的讀者宜事先謹慎評估，因為這將是一場嚴峻的戰爭。

本書所描述的是一個成功的故事。然而，我一邊寫著，內心卻同時有描述失敗的心境。這是因為所有的豐功偉業都是藉由選取一個個成功的要素逐漸腳踏實地堆積而成的，就宛如堆積木一般。如果忽視這個選取與堆積的動作，積木就很容易倒塌，改革便無成功之日。總而言之，一個成功的故事與成功的要素息息相關，裏面包含著同等數目的失敗因素。

讀者在閱讀本書時，應該不時會發現有一些**潛藏的**「失敗陷阱」。希望讀者在閱讀的同時也找一找這些陷阱，以便增加閱讀的樂趣。

我的說明就到此為止，接下來，就是說故事的時間了。

第1章

表面工夫的重建

◉下定決心

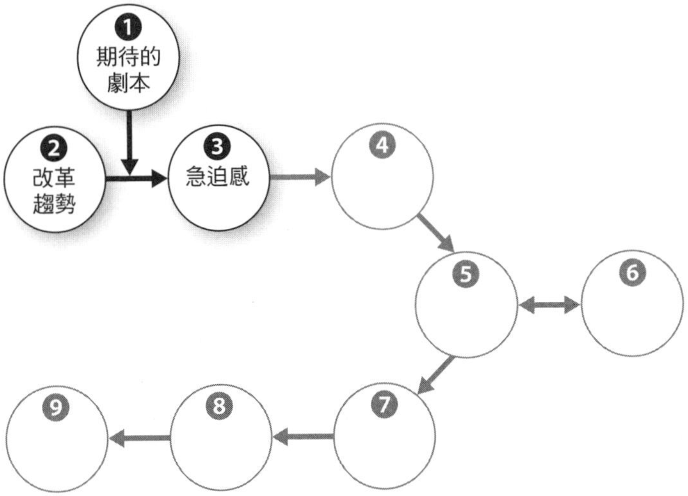

業績再度惡化：下定決心

太陽產業的總公司位於東京大手町的河堤邊，可眺望皇宮東御苑。該公司年營業額三千二百億日圓，是東京證券一部的上市公司。當這個業界還屬於日本的熱門產業時，他們積極的管理方式受到社會的矚目，即使到現在，仍是家喻戶曉的企業。然而，長期以來該公司業績不再成長，再也不是畢業生求職時一心想進入的熱門企業。

二十八樓的董事會議室，正在召開臨時經營會議。

董事長香川五郎，坐在大會議桌中央的位置，一邊看著前方螢幕放映簡報上顏色鮮艷的圖表，一邊觀察身旁的幾位董事與執行幹部的表情。

香川過了六十五歲之後，就覺得自己容易疲累。他瘦高的體型，穿上深藍色西裝顯得特別有型。

雖然他不再像從前那般強勢，但卻隱藏得很好，周圍的人都沒有發現。

會議中，會計部經理正在說明這個會計年度的結算預測，結果，卻遠低於公司原訂的目標。香川雖然期待這個說明能夠給高階幹部們重擊，但是，他們卻迴避董事長的眼光，只是面無表情地看著螢幕或低頭看資料。

上星期商管雜誌的報導，讓香川的心硬了起來。斗大的標題寫著「太陽產業上個會期業績急速下滑」、「亞斯特事業部可望縮小？」、「遲緩的經營改革」、「一成不變的組織體質」等等。

這些報導對高階幹部們並沒有太大的影響。

「難道他們都沒有感覺嗎？」

香川一邊看著高階幹部的表情，一股強烈的不滿油然而生。

症狀1　一般而言，企業的業績惡化與**公司內部的危機感無關**。應該說，兩者是呈現一種反向的關係。總而言之，業績愈糟的公司愈是和樂融融，業績好的公司反而氣氛緊張。

香川自從接任董事長以來，就一直努力地想改造這家公司。

他認為歷代經營者最大的罪過就是「無為而治」。其中，還有人一上任就跟員工說：

「讓我們一起來思考如何改變這家公司。」

然而，員工與董事長上下一心，共同商量對策的想法只不過是天方夜譚。因為只有董事長才需要摸索新的做法，並且想辦法讓員工了解，然後董事長自己身體力行，若非如此，就不可能會有任何改變。

因此，香川心想，再這樣下去的話，這家歷史悠久的公司可能要準備關門大吉了。

於是香川大幅調動高階幹部的人事，如此一來，員工們就能知道董事長的決心了。

接著，他採用執行幹部制度。但是，因為董事會人數不多，因此，就在「底下的人不動」、

「上面的人不動」的互相推諉之間，發揮不了作用。

症狀2　大多數的日本企業雖然習慣採行公司制或執行幹部制，但執行幹部制度的本身，卻無法自動發揮任何效果。

結果，改變與否還是要看經營責任的負責方式，或董事長的經營風格。

香川董事長讓事業部自行負責盈虧，明訂業務經理的目標管理責任，並以分紅做為獎勵。同時要求沒有貢獻的高階幹部提早退休。

因為董事長嚴格追究各個部門的責任歸屬，因此，經營會議的氣氛的確和之前大不相同。

香川董事長不只一次這麼說：「我不會隨便裁員。」

老實說，他並不喜歡裁員。

日系企業並不像美國人那般凡事金錢至上，只把企業視為跳板。對於日本人來說，公司是一個可以託付終生的團體，身為公司的一分子沒什麼不好的。

香川認為，像美國經營者那樣常將股東掛在嘴上然後大舉裁員，自己卻領取數十億日圓的紅利，凡事只向錢看的做法，就長遠來看，絕對無法帶領公司茁壯。

然而，五年前，太陽產業也曾因為陷入困境，終究必須裁員。

就如同大多數的企業一樣，裁員的事實除了董事長以外，對其他員工或工會也是一種解脫。

這五年以來，太陽產業共解雇四分之一的員工，員工人數從原本的七千二百人降至目前的五千三百多人。

有時，香川會想到那些遭到裁員的前同事們，不知道他們過得好不好。但是，公司其他同仁們由於事不關己，反應出乎意料的冷淡。

他也曾想過，或許這是因為像日本這樣的**鄉村型社會**，免不了對於那些遭到放逐的人冷漠以對；但是，礙於他身為董事長，因此無法說出自己對於這件事情的真正想法。

太陽產業剛裁員之後，對公司並沒有造成太大影響。事實上，只要稍微調整工作，即使員工少一點，公司也能夠照常運作。

香川擔任董事長進入第三年時，公司的結算總算由虧轉盈。雖然公司的盈利結構不變，仍由利潤最高的二個事業部所支撐，但其他三個事業部即使利潤微乎極微，業績也都由紅轉黑。

在此之前的十年之間，太陽產業五個事業部之中，總是有事業部處於虧損的狀態，因此公司內部對於所有事業部全部盈餘的消息，感到振奮不已。

香川總算對於自己的經營方式產生了信心。

然而，從那時起，新的問題卻已悄悄蔓延。

在五個事業部中，稍有盈餘的亞斯特事業部如同掉入敗部一般，業績急轉直下，馬上變為虧損的部門。

由盈轉虧的差額僅有數千萬日圓，這是因為原先該處理的不良品庫存卻置之不理，造成部門嚴重負擔。

亞斯特事業部雖然和其他事業部一樣大幅刪減人事，但因為市場交易冷淡，導致業績驟減，利潤急速下滑。

因此，香川董事長下令亞斯特事業部進一步裁員。

失敗的改革

接著，香川指派他的親信、常務執行董事的春田擔任亞斯特事業部經理，進行部門改革。

「亞斯特事業部的組織太陳腐了，不能只靠裁員，應該要想一個更積極的辦法，否則哪一天說不定會虧更多，你就放手去做吧！」

香川雖然一臉義正詞嚴，但自己卻只是嘴上說說，並無實際行動。這就是他太過於天真大意的地方。

恰巧當時公司內部得知五個事業部的盈餘數字，員工覺得公司總算穿越了長長的黑暗隧道，終於重見天日了。甚至連高階幹部或其他近旁的同仁、年輕部屬都這麼認為。這就是問題所在。

公司內部逐漸瀰漫一股天下太平的偏安氣氛，原本一絲絲的危機意識也被急速沖淡了。

因為公司先前大幅裁員，使得倖存的員工們，不禁要舉杯慶祝這飄渺虛幻的榮景。

春田常董為繃緊大家的神經，特地在員工面前說：「亞斯特事業部目前危機重重。」

「改革一定會有陣痛，犧牲也在所難免。」

這個事業部從來沒有部門經理說過這樣的重話，員工們聽了雖然不禁緊張了一下，但實際上卻沒有任何改變。

症狀3　即使經營者說：「改革需要犧牲」、「危機」、「緊要關頭」、「最後一戰」或「後無退路」等等，也並不保證他就是改革的真正推手。

上位者除了需利用言詞穿透員工心靈深處以外，還得切入問題核心，否則員工只會對高層的言論感到麻痺，並且讓這種氣氛蔓延。

接著，麻煩來了。

去年亞斯特事業部的業績又由黑轉紅，總共虧損了五億日圓。

市場規模不斷的縮小，而競爭對手的市占率卻愈來愈高，這個雙重打擊讓亞斯特事業部的業績一路下滑。

即使他們努力調整腳步也趕不上競爭對手。不管他們做再多的犧牲，結果在市場上排名第三名的事業永遠屈居第三，而第四名的事業也永遠是第四名。

症狀4　日本企業即使在吞下事業縮小退縮的苦果，經營團隊仍然抱持著**排排坐**的業界心態。

而去年的業績更加惡化，該部門的虧損攀升到十二億日圓。春田常董在經營會議上研擬出各種對策並且再三說明，卻不見任何成效。

該部門今年的業績更是急速惡化，光是上半年度的赤字就高達十三億日圓，超過去年一整年的虧損。

再這樣下去的話，亞斯特事業部的年度結算真的無法想像。

太陽產業的整體業績也崩盤了。其他賺錢的事業部門雖然填補了亞斯特事業部的虧損，但大多沒有達到業績目標。

香川董事長對於這個超乎自己預期的結果深感納悶，他不懂，明明已經裁掉那麼多的員工，為什麼公司業績仍然沒有起色？

他將身為事業部經理的春田臭罵了一頓，但是，其他事業部的經理卻認為，太陽產業的整體營業額還算可以，沒什麼大不了，實在也不必大驚小怪，他們都抱持一種「船到橋頭自然直」的心態。

香川察覺到這種氛圍，不由得怒從心中起，後悔自己誤判情勢而氣得直跺腳。

他的天真大意並不只是未預測到業績走向而已。最主要是他沒有**隨時確認**具體行動的**進度**。因為光在經營會議上追究責任，根本無法落實到實際行動上。

雖然公司裏開始流行「現金流」（cash flow）或「股東報酬率」（ROE，Return On Equity）等名詞，但幹部們的經營行動卻沒有因此而改變。

香川打出了春田常董這張王牌，不料，他上了前線以後，卻完全無法發揮功效。香川的「識人不明」從這件事就可得知一二。

症狀5　讓沒有能力**執行風險策略**的人去面對艱難的局面，最後他還是無法指揮企業改變體質。

香川五郎深深體認到公司內部缺乏接班的經理人。太陽產業目前就像官僚或政治家只會追求軟著陸（soft landing），而來不及將日本經濟從泥沼中救出一樣。

香川五郎本身是相當積極的。他認為業績的虧損正是老天賞賜的機會，不行的事業就乘機放手吧！

與其拖拖拉拉的等待，倒不如指導者黑白分明的清楚指示，將該打破的東西打破，簡潔地邁向下一步才是明智之舉。

香川心想：「現在，還來得及。」

中階幹部的抱怨

就在報告上半年業績預估的經營會議當晚，亞斯特事業部三位年輕的中階幹部在公司附近的酒館小酌。他們都是三十出頭的主任或是代理課長。

「今天我被其他事業部的人酸了幾句。他們說：『亞斯特事業部幹得真是好啊！害我們的獎金減少了，大家都很不爽！』」

春田常董在上禮拜的業務會議上才大聲疾呼：

「公司現在危機重重，可是，大家卻都缺乏危機意識。」

然而，員工們對於「危機」這二個字早已司空見慣，反而不少人心裏反駁：

「缺乏危機意識的人，是你吧？」

當然，身為經營者來說，春田的發言是幼稚了一點。

症狀6 提高組織危機意識的經營手法並非大聲疾呼「大家缺乏危機意識」。改變經營文化也不是靠大喊「我們應該改變公司文化」。想要改變員工的意識而高呼「意識改造」也是於事無補的。

一家公司如果光靠高層的疾呼或中階幹部的討論就能改頭換面的話，就不用費盡心思研擬對策了。

經營者應該備妥精心策劃的綜合手段與具體行動的方法，同時，高階主管要有身先士卒的心理準備，打破員工既有的價值觀，否則將改變不了什麼事實。

「確實大家都不認為公司會裁撤亞斯特事業部。」

「近十年來，這個事業部一直業績都很低迷，而且今年還是第三年虧損……，公司內部卻還都無動於衷……。」

讀者應該知道了吧。當員工在私底下這樣批評主管時，心裏總是隱隱期待出現一位新的英雄。

但是，這十年內亞斯特事業部都沒有出現過這樣的英雄。

「課長級的人雖然很敢跟上面反映，但是再上一級的主管就……。」

「現在的經理們在當課長的時候也都是生龍活虎的咧。」

「只要爬到上面的位子大家都會被感染……，還能驍勇奮戰的只剩下外來的空降部隊了。」

跳槽來這家公司的人不論怎樣永遠都是**外來者**。即使服務了將近二十年升到課長的位子，一捲進八卦大家就說「他是外來的」。

最有意思的是，太陽產業公司其他事業部調來的人也會被視為「外來者」。

現在跳槽在日本都已經不稀奇了，只有停止成長、只知道讓員工外流卻不引進外來者的傳統企業，才出乎意外地堅守純種主義。

症狀7　不少員工忽略了就世俗的標準而言，日本傳統企業在心理上區分「外來者」的態度就是一種陳腐的習性。

一家成功的「高成長組織」總是頻繁地變更組織，員工的異動更是家常便飯，公司內部總是隨時變動。那些長期未曾異動的人，反而被視為異類。

而對於事業內容總是一成不變的「低成長組織」來說，人事異動是一件大事。從哪些人各自待過什麼樣的單位，到異動的履歷等大家都瞭若指掌。

太陽產業有一個定論，愈是觀點正確的人最後愈難生存。

某位董事曾因為「雖然我是高階幹部，但還兼任部門經理咧。我根本不想管其他部門的事。」一席話，而引來中階幹部的反感。

在會議上，經理們也從未面紅耳赤地為解決問題而爭論過。

症狀8　一家成長的企業常見內部激烈的討論，這種現象對於停滯的企業來說太過幼稚。所以，滿懷熱情向前挺進的人常常被譏為「菜鳥」而遭到排擠。

他們一插手到其他部門只會沒有重點地胡亂討論一通，當問題愈來愈不知所云時，當事者就會拉回主題，然後同樣的討論又重新來過，然後再擱置下來。

在亞斯特事業部內部提出問題的總是吃虧。只要有人勇敢地爬上二樓，就會有人扯後腿，在後面把梯子拿開。

「在上次的經營會議上，經理的那個態度讓我一肚子火……，我覺得課長好可憐……。」開會的時候，課長一人拚命地獨擋滿座嚴厲的質詢，身為上司的經理，看著眼前這個景象卻不發一語。

前天，經理才聽過課長的說明，而且點頭說：「好，就這樣辦吧。」但是，一看到事業部經理抱持著不同的態度，就不敢出言相助。

「本來讓課長在會議上說明就不對了。那是經理的工作吧？」

「應該跟經理說『你自己來說明』才對。」

在上位者一句話就能簡單矯正的事，卻被徹底忽略。

「但是，很奇怪耶，好像沒有什麼人說事業部經理的壞話。」

「基本上，春田常董算是一個好人，只是喜歡找別人當替死鬼。」

在職場上，大家都不願意當「壞人」，愈是有危機意識並且冷靜切入問題的人，愈不受歡迎。

症狀9　高層擁有人氣、深受愛戴，但其周遭的高階幹部或部屬卻遭批判，這就是一個病態的結構。高層的經營風格若不能起身力行（hands-on，現場主義）的話，就無法讓組織抱持危機意識。然而高層只希望表面上「做好人」，卻讓部屬揹黑鍋，是組織改革的病灶。

「事業部經理雖然也有問題，但最後的責任還是在香川董事長身上。為什麼都放任不管呢？這才是問題所在。再怎麼說，也應該有感覺的吧？」

「不，只跟高階幹部開開會，根本無法了解實際狀況。」

「事業部經理太常換人了，光這十年就換了六個人耶（笑）。簡直就跟公家機關一樣，只管一個蘿蔔一個坑。」

日本大企業組織愈來愈官僚化，人事上的權宜主義勝過於事業策略的情況屢見不鮮。

三個人喝到很晚才各自打道回府。每天一到下午五點，就可以看到上班族聚集在居酒屋，重複著同樣的抱怨。

在他們與董事長之間，有「課長↓經理↓常務董事↓董事長」，雖然中間不過才隔著三個人，但對該組織的階層來說，在心理上就像從地球仰望月球一樣的遙遠。

症狀10 停止成長的公司很多部門都喜歡「重提往事」。因為公司內部沒有巨變，有時大家以為是去年的事，實際上早在十年前就已經發生。總而言之，一年前與十年前的事混在一起講，一點也不奇怪。

各位讀者已經注意到了吧？在今晚的談話中，這三個人完全沒有自我反省。沒有人提到應該怎麼活化這個事業部或者具體的點子等等。

對他們來說，問題總是出在「哪裏」的「誰」造成的。

但他們應該受到苛責嗎？

症狀11 中階幹部之所以習慣將問題歸罪於他人，是因為很多事情他們都沒有職權可以解決。如果中階幹部能夠更靈活運作的話，組織就會快速恢復活力；這也是本書的主題之一。

另外一個問題點是，他們的談話中，很少提到競爭對手。他們關心的重點，基本上都聚焦在內部。如果是在中小企業或新創公司，這些青年才俊或許已經獨當一面。但是，他們在大企業裏，空有一身好武藝卻無法發揮，所以一到夜晚時分，就一肚子的不滿。

這種現象不僅對個人或公司，甚至對於國家而言都是不幸。

他們在外面雖然看起來是一流上市公司的菁英形象，但回到公司，卻只能互舔傷口、彼此取暖，自嘲地說：

「這家公司沒救了。」

然而，人生只有一次，難道這輩子就這樣行屍走肉地過每一天嗎？

整個公司不管努不努力，都還是同樣的一個世界。

即使大家感覺到事態嚴重，但是，人人卻都抱持「事不關己」或「這並非我能力所及」的想法。

不見天日的王牌

第二天，董事長香川五郎早上八點一到公司就馬上拿起電話。他昨天下定決心，認為自己從一年前左思右想的事情，已經到了執行的時候了。

電話直通到大阪的關係企業東亞技術的董事長室。如香川所預料的，此時，董事長黑岩莞太已經在辦公室，而且，正喝著咖啡。

這通電話三言兩語就結束了，香川董事長掛上電話以後，把祕書叫來。

「下個星期一莞太會來東京，你幫我安排下午開會，順便訂一家餐廳。」

而在大阪接完電話的黑岩莞太，正坐在辦公桌前，覺得一頭霧水。

他不懂老闆怎麼會突然叫他去東京一趟呢？怎麼想，都很奇怪。

一定有什麼事吧？他心裏一這麼想，隱隱約約也猜得到是怎麼一回事。

對太陽產業而言，董事長親自打電話給子公司的董事長是很少見的。但是，黑岩卻是一個例外。

當他在總公司擔任相關事業室的室長時，頂頭上司就是當時的常務董事香川。

六年前，東亞技術透過關西某財經界人士牽線，請太陽產業救援。當時，東亞技術公司一年的營業額雖有一百二十億日圓，但卻是一家面臨赤字危機、苟延殘喘的公司。

在經過多方調查以後，黑岩莞太心想：

「難道沒有解救的辦法了嗎？其實這個產業還滿有魅力的。」

另一方面，香川則是謹慎派，抱持「還是放手吧」的態度。

黑岩在四十八歲就當上關係企業的董事長，在太陽產業來說，算是一個極其例外的升遷。但因為赴任的是問題重重的公司，因此公司內部反而同情的聲音居多。

「阿莞再過不久就可以當高階幹部了，幹嘛去那種公司呢？」

但是對於這種看法，黑岩卻一笑置之。

「是我自己想去東亞技術的啊！」

當黑岩莞太跳進一家業績低迷的企業時，人生第一次面臨裁員的決定。

當時的經驗讓他了解，為了讓組織回復活力，必須由組織高層直接出手。

因此，他關閉了一家工廠。同時加強研發新產品，改變營業組織，同時與工會抗爭。

他尋求新的成長策略，將輸贏押注在研發上。

他想時代已經不同了，所以就利用購併（M＆A，Mergers & Acquisitions）開始行動。

這段期間他也犯了不少錯。他得到的教訓是，即使思考邏輯不變，但所謂組織也不過就是人的群集而已，如果不能深入每個人的內心，公司就不可能有任何改變。

一轉眼，六年過去了。

儘管經濟不景氣，東亞技術的營業額卻成長了快二倍，達到二百一十億日圓，公司體質健全，如果母公司允許的話，甚至還有機會上市。

隔週，黑岩莞太一抵達東京總公司便直奔董事長室。

今年五十四歲的黑岩，身形高大，精練的體格一副擅長高爾夫球的模樣，與六年前相比，他幹練了許多，仍然習慣用他那雙大眼直視著對方說話。

因為其他同年齡的同事大多死氣沉沉，更顯得他朝氣蓬勃，但如果仔細看的話，也可以發現他頭上摻雜著白髮。

香川董事長像跟孩子說話似的，劈頭一句：

「莞太，我想把你調回來。」

莞太心想，果然不出所料。

「你回來幫我重整亞斯特事業部。」

香川跟黑岩說，打算讓他以執行董事的身分，擔任亞斯特事業部經理一職。上一任的春田常董因為使命未達，而調回一般的執行董事。

如果換做一般人的話，大概會說一些：

「董事長，我的願望是讓東亞技術上市，我是打算在那裏退休的。」之類老套的台詞推辭一下。

然而，黑岩莞太卻默默低著頭，臉上浮起一絲微笑。

就香川的解讀來說，黑岩等於是說：

「是，了解。」

黑岩雖然臉上一副淡定，但內心卻波濤洶湧，揣測著這算是高升？還是不幸的開始呢？

亞斯特事業部經理級的同仁有不少人比黑岩資深。當這些同仁的臉，如同池塘裏的青蛙此起彼落地浮現在他腦海時，黑岩的心沉了一下。

「董事長，那個事業部在虧損之前，已經將近十年業績都沒有進展了。只有大刀闊斧地改革才能得救。這樣一來，恐怕要雞飛狗跳了。」

香川了解公司的現況已經到了這個地步，非得要找一個外來者，否則無法改革。

「到目前為止誰都沒有力行到底，所以你這次一定要來真的。」

這時，黑岩投了一記快速球，問說：

「到了萬不得已的時候，您考慮『裁撤部門』嗎？」

香川心頭一震，看著黑岩，心想如果有裁撤事業部門的打算，就不用特地把莞太叫回來。

直到最近，日本經營者的腦海裏才有裁撤、轉賣、購併事業部，或是管理買下（MBO，Management Buy Out）等現實的選項。

「黑岩，如果真到非不得已，也只能這麼做了。」

但這句話只適合歷任的董事長來說。

公司內部很多人以為，近十年來公司對這個事業部投資這麼多，卻都看不到前景，而且市占率還不斷萎縮，根本不值得再為這個部門堅持下去。

然而，亞斯特事業部歷史悠久，創業年數與太陽產業相同，等於是起家的事業；因此，賣掉亞斯特事業部就等於拋棄太陽產業的歷史一樣。

認為該裁撤亞斯特事業部的人，總是遭到老主管「蓋上布袋毆打」般的對待。比方說，這雖然是公司內部的私事，但有些退休的主管，卻還會不識相地打電話來干涉決策。

症狀12　組織的「政治性」足以扼殺「策略性」。政治性來自於個人權益與利害關係，執著於過去的光榮或個人的喜惡等，進而醞釀出「妥協」高於「正確與否」的組織文化。

雖然，歷任董事長對於新上任的事業部經理重新規畫的中期經營計畫，都照例核准；但是，原本野心勃勃的計畫往往不到一年就事與願違，最後，無疾而終的歷史不斷地重演。

但香川五郎已經察覺到自己正在重蹈覆轍。因此，毅然決然的想在黑岩的面前扭轉歷史，他說：

「高層應該要讓員工知道他的『決心』。如果這個部門重整失敗的話，就只有賣掉或裁撤，沒有其他的方法。」

黑岩莞太抱持相同看法，他很清楚，根除員工天真散漫的心態最有效的方法，就是斷絕後路。

東亞技術不只是經營者，連員工都天真得很，拖拖拉拉地不想辦法對症下藥，任由時間流逝。最後，只能脫手或聲請公司破產保護。

就如同日產汽車一樣，愚鈍的組織讓他們連續二十六年失去市場，公司內部卻缺乏危機的共識，當失去所有的選擇時，最後只能向外求援，而且還是靠外國人來進行改革。

同樣的，亞斯特事業部如果五年前就能換一個治本策略，就不用如此費事的重建了。

然而，一家焦頭爛額的企業如果放任不管，問題的根本就會變得愈加複雜，最後演變成不可收拾的局面。

症狀13

對於業績低迷的事業而言，時間的經過意味著「原因與結果的因果關係更加複雜，以致找不到解決的按鈕（切入點）」或者「選項變少」。本書的案例並非教導如何花費時間改善問題，而是如何以最短的時間，用根本的方法將公司從窮山惡水中起死回生。但是，這種做法的風險也相對較高。

「董事長，您給我多少時間呢？」

黑岩莞太盯著香川的臉，詢問改革的時間表。

「最多兩年。」

莞太本來以為他要說一年的，因此鬆了一口氣。如果是美國那種只關心自己酬勞的經營者的話，說不定只肯給半年呢！

「算我十月一日到任好了，我至少需要兩個月的時間了解狀況，然後再花三、四個月找出改革的方法，制定基本方針。」

香川一邊聽著一邊盤算。他決定用下半年的時間來準備，讓莞太從明年四月起新的年度開始時，進行真正的改革。

「最好改革第一年的下半期就能讓單月的業績出現盈餘，否則第二年就很難全盤黑字。」

四月開始改革，但要在同一年內由虧轉盈？即使是說笑，太陽產業內也沒人敢開這種玩笑。

這個要求是香川自己提出的，但當黑岩爽朗地一口答應時，他倒是愣了一下。然後，一邊笑著掩飾自己的矛盾說：

「嗯，正中我的下懷。那你就去研擬根本的改革辦法吧！」

「好，我也有心理準備，如果兩年內我無法讓業績達成黑字的話，我就辭職。」

董事長香川五郎聽了以後，既驚又喜。

因為他自己被春田常董拖累浪費二年的時間，讓問題一直擱置著。

然而，眼前的黑岩莞太甚至預想到事業裁撤這一步，在不到一個小時的時間內，他已經展現他「經營者的決心」。或許有些讀者會覺得這個角色塑造得太有型了。但是，莞太已經下定決心。

不論如何，這個任務已經是非接不可。因此，如果要做的話，就放手一搏吧！因此黑岩打算站在「經營者」的立場行動。

這對於跳脫不了上班族意識的人是很難說出口的。但他卻是在風險中穿梭、早已習慣「風裏來、雨裏去」的人。

「董事長，其實，我想拜託您一件事……。」

香川側著臉，納悶究竟他會要求什麼呢？

香川聽說黑岩在幫東亞技術重新站起來時，曾聘用一位管理顧問。當時，對於經營完全外行的黑岩來說幫助很大。

黑岩的請求，就是希望讓「那個人」來協助他重建亞斯特事業部。

香川五郎的心裏多少有點迷惘。

以前，他曾經付過二億日圓妥託策略顧問公司。但他們只會蒐集公司內部的意見，卻沒有提出任何有創造性的計畫協助拓展事業。

他也曾聘請號稱擅長改造公司文化的管理顧問，但他的手法與加強事業內容相差甚遠，不過是在公司外面開開會，氣氛和樂的分派一些報紙文章等等而已。

或許大家會以為管理顧問是追根究柢「正確與否」的行業，但事實上，有些顧問卻只會討好經營者。

然而，當香川看到最近業績又惡化時，認為有必要為公司輸入外部的血液了。

「你既然有心為這個工作鞠躬盡瘁，那就放手去做吧！」

第二週，黑岩莞太安排經營顧問五十嵐直樹與董事長見面。五十嵐畢業於早稻田大學商學院，今年四十九歲，與黑岩同樣說話強而有力。

他們三個人開了幾次會，並共進晚餐凝聚共識。

董事長香川五郎、事業部經理黑岩莞太與管理顧問五十嵐直樹等三人，成為改革亞斯特事業部的三大巨頭。

「莞太，不管發生什麼事，我都是全力支持你的，因為我們同在一條船上。」

香川對黑岩掛保證的這麼說。董事長下定決心了，他想不論如何，反正也沒有其他人可以依靠了。如果連這個男人都做不到的話，其他人就更不行了。

對於黑岩來說，一切才剛開始而已。

他必須凝聚亞斯特事業部同仁的感情。重新點燃他們冷卻的熱情。

因此，他必須先讓同仁們有危機意識，將期望改變、有心改革的人集結起來。

然後對他們說：「大家靠過來。」
在職場上形成一個「熱情的領導團體」。

三枝匡的經營筆記 1

邁向自然衰退的等死過程

當一家公司有突發狀況時，員工們往往能夠發揮瞬間的爆發力即時反應。但在面對每天一點一滴，十年二十年逐漸老化的現象卻很難有敏銳的反應。那是因為人類的惰性，經年累月之後，就會慢慢邁向衰退之路，而我將這條路稱為「邁向自然衰退的等死過程」。日本企業即使知道自己正深陷於這個過程，卻仍然反應遲鈍。

日本企業需要改革者嗎？

當一家公司花費十年也無法改變組織的體質，飽受業績低迷之苦時，這不禁讓人湧起一個簡單的疑問。那就是：

「同樣的一群人、在同一家公司、採取同樣的行動，有可能改變這家公司嗎？」

就常識來看，答案應該是「不」（也就是「做不到」）。

其原因是第一，一般人任誰都不能只靠自己的努力就改變自己。

若非發生什麼重大事件，嚴重影響心理層面，自己的價值觀、行動模式、個人喜惡或危機意識（指安心或不安的感受方式）等，是沒有辦法那麼容易自動切換，打破習慣或突然的採取革新行動之類的。而組織也是同樣的道理。

第二，即使如此都想要透過公司內部自動自發的力量改變的話，最低的條件至少要有一位強勢的領導者。

然而，只要是同一群人在同一家公司窮忙瞎攪和，對於否定自己做法的改革領導者大家都會先群起攻之。就像俗話說的「凸出的釘子總是第一個遭人搥下去」（形容與眾不同的人遭到打壓），就會讓一顆明星殞落。

但重要的是，缺乏明星或菁英的組織是絕對無法變革的。所謂菁英應該解讀為「**自認為對這個團體有責任的人**」而非「受到任命者」。

現今，在日本找得到抱持使命感，認為「國家的未來背負在自己身上」或「只有自己才能成就這家企業」的菁英團體嗎？不論是一般人或者公司員工都會想說：「反正總有人會跳出來做的吧？至少不是我。」

這就好像七嘴八舌的路人一樣。

一旦如此，組織就會在缺乏領導的情況下走偏了方向。因此，不少企業都會遇到一個情況，那就是非得應用到「空降部隊」或者「在組織邊緣」進行改革的一般法則，否則就無法引起太大變化。

三枝匡的經營筆記 1

第三，假設有一個朝氣蓬勃的「凸出的釘子」，而公司裏又出現一位領導者來帶動改革。事實上根據我的經驗，不論如何死氣沉沉的企業，其中總會隱藏幾位「有骨氣的人才」。

當我去到一家業績低迷的公司遇到這樣的人才時，總是心存感激的。這樣比喻或許不大禮貌，這就好像一個裝滿雞蛋的貨車即使在路上翻車，但是總有幾個雞蛋會平安無事；這是在美國企業幾乎看不到的現象。因為美國人金錢至上，對於一家沒有前途的公司大家早就溜之大吉了。

然而，在日本企業中，即使大部分優秀的人才外流，剩下的只是些沒有幹勁的員工，其中總會藏著幾位像虔誠教徒般有骨氣的人才，難以割捨對公司、職場或同事的情誼而不忍離去。當我在重建一個事業時，都是藉此找出最後的支點。

然而，一個人不論如何幹勁十足，也不可能一時半刻就成為一個經驗豐富的改革人才。因此，當有一天像「凸出的釘子」般的人才被拉出來重見天日，跟他說「現在全都靠你了，把這家公司給救起來」時，對這個人來說，改變組織這件事，將成為流放邊疆的孤軍在戰場上奮戰。

而且即使他日以繼夜的不斷努力，就客觀而言，他終究也就是一位新手而已，改革一家公司不如想像中那麼容易。總而言之，改革所需的是專業經營者的「經營技巧」與「見識」。

或許有不少讀者在讀完本書第一章時會想，自己公司缺乏像黑岩莞太這樣的人。繼續讀下去的話，應該會更感慨吧？

話說回來，美國就到處可見擁有黑岩莞太這樣經營技巧的人，而這正是美國經濟活力所在。他們大多唯利是圖，將自己的利益看得比員工還重，但是，很遺憾地，從結果來看，運用這種以利己為先的規則經營公司的管理風格，卻是最有效的，而日本正是輸在美國的經營技巧與變革速度上。

因此，大多數的日本企業（或者在政治與官僚世界中，總之是日本全國）在因應變化型的領導人才方面，明顯地產生人才不足的現象。

目前日本企業正面臨「經營人才不足」的重大危機（請參閱拙作《經營力的危機》，原書名『経営パワーの危機』，日本經濟新聞社出版）。日本企業唯有盡快在內部培養「因應變化的領導力」，才能在今後的國際競爭、策略轉換或經營革新上快刀斬亂麻的即時執行。

覆巢下倖存的完卵，在邊境成長的鬥雞

黑岩莞太就是太陽產業中那顆覆巢之下平安無事、尚未遭到壓碎的雞蛋，他的膽識是與生俱來的，他在歷經東亞技術的磨練之後，成為一隻厲害的鬥雞，從邊境凱旋歸來。

三枝匡的經營筆記 1

現在，黑岩莞太下定決心要讓新的價值觀與舊的價值觀產生衝突，這場戰爭無法保證完全在他的預期下進行。這就是改革的風險，對於領導者而言最危險的時期才剛開始。

如果黑岩莞太的改革劇本失敗，他就會遭到組織流放，這樣的例子並不少見。在此情況下，甚至連支持黑岩莞太改革，加入陣營的同仁也會遭人嘲笑：「只會搞一些無聊的東西來找大家的麻煩。」然後，組織中舊的價值觀又重新掌權，暫時苟延殘喘一陣子。然而，這只不過是回歸「邁向自然衰退的等死過程」而已。

改革者使出有效方法的第一步是「掌握事實」。換句話說，他必須親自在組織底層（末梢）徘徊，力行現場主義，親自在第一線接觸大小事務，以便確認事實。因為，他所看到的情形之中必然隱藏著「改革的按鈕」。這顆按鈕，只有具備一定思考方法與累積相當經驗的人，方能看得到而且按得下。

改革者需大量與員工接觸，暢談自己對於事物的「嶄新看法」。如果聽者覺得他的故事清楚易懂又正確的話，改革者的言詞就開始發揮強烈的傳播效果。此時，改革者可以「召集」熱心的員工以**組織化**的方式進行改革。

但是接下來，這種變化是否能夠順利進行呢？黑岩莞太在一切混沌不明的不安中，只能先邁開步伐、向前邁進。

第2章

公司內部出了什麼問題？

◉面對現實
◉描繪改革脚本
◉抱持急迫感與危機意識

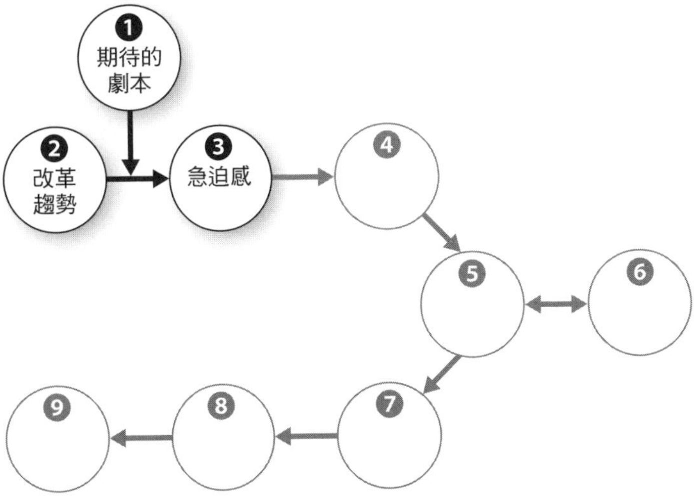

大拜拜似的會議

銜命改革太陽產業亞斯特事業部的黑岩莞太，匆忙地安排東亞技術的交接事宜之後，十月十日，便前往東京總公司接任新職。

他將家人留在大阪，獨自搬到東京述職。

黑岩暫時在自己的房間內安頓了下來。這是一間氣派的事業部經理辦公室，頗具傳統企業的風格。

當他與事業企劃室的山岡室長稍做討論以後，二人便一同前往會議室。

打開會議室一踏進去以後，意料之外的情景讓黑岩心裏打了一個問號。他原本只是找幾個人開會而已，不料眼前卻有將近三十位左右的同仁等著他。

黑岩在中央的位子上坐下，悄悄地問隔壁的山岡說：

「這些人全是來參加今天的經營會議的嗎？」

「是的，今天沒有人缺席。」

黑岩當下浮起一股奇怪的感覺。於是，他靜靜地打開筆記本，寫下他注意到的症狀。

症狀14　大拜拜似的會議，是失敗的公司典型的病徵。由於出席會議的人太多，一旦試圖減少開會人數，就會有不合群的人說「我不知道」、「這又不干我的事」，這正是組織領導力薄弱的特徵。

山岡宣布會議開始，然後介紹黑岩：「首先由新的事業部經理為我們講幾句話。」

改革者在未能掌握整體狀況的情況下，冒然踏進無聊的戰場是不聰明的做法。黑岩莞太從座位站了起來，但卻不打算說些詳細的方針。

「公司過去在亞斯特事業部身上投下不少人力與資金。但是，我們在市場上卻節節敗退，到今年已經連續三年虧損了。太陽產業現在已經沒有體力背負亞斯特事業部的虧損。我與香川董事長為這個事業部今後的走向討論過很多次。」

黑岩的聲音響遍整個會議室，他睜大雙眼逐一看著與會者的臉一邊發表言論。

「我們最後得出一個結論，那就是如果這個事業部在兩年內看不到盈餘的可能，就不得不『裁撤』這個事業部。」

黑岩雖然試著用問答的方法溝通，卻得不到任何人的反應。

「身為一位**經營者**，我該做的事都不會放棄。為了**拯救**這個事業部，我是抱著背水一戰的決心來進行改革的。」

當黑岩結束他的談話以後，會議室卻一片寂靜。

這位新上任的事業部經理，大概是第一位稱自己為「經營者」的人。

最重要的是，在事業部的悠長歷史中，這也是第一次有人公開表示事業可能裁撤之類的。而且，這不僅是董事長與事業部經理的意思，還將時間訂在二年以內要達成改革目標。

這也是第一次有人用「拯救」事業部這樣的說法。

然而，環顧與會者的表情卻看不到太大的變化。大部分的人心裏都在各自盤算。因為以前也有常董突然說「改革一定有所犧牲」之類的宣言，結果卻沒有什麼改變。

大部分的人都想：「別當真，否則就吃虧了」或是「是喔？那就等著看您大顯身手了」。

然而，D商品群的產品經理星鐵也當下表達不同的反應。

他今年三十九歲，職位是課長，像是發現了「同類」一樣，當大部分的人低著頭時，星課長卻直視前方，眼光盯著咄咄逼人的黑岩。他心想：

「太陽產業的高層裏面竟然還有這樣的人啊！」

黑岩也注意到現場有幾位對他釋出善意的目光，但是，整個會議室卻籠罩著冰冷的反應。

黑岩不在意地靜靜坐下。他想今天就到此為止吧！他不打算繼續窮追猛打。接下來的二個月，他打算用「鴨子划水」的方式探查實際的情形。

主管的相互牽制

例會開始進行。

擔任會議事務局的事業企劃室室長用嫻熟的手法主持開會。

會議中，報告了上半期的結算快報與下半期的年度業績預估。這個事業部的年度業績大幅下滑，預估只剩四百一十億日圓左右。

他們也曾風光一時，營業額曾經占太陽產業總營業額的三成，但現在卻只占百分之十三左右。

現在的員工數有七百一十名。十年前的尖峰時期高達一千六百名，現在則刪減到四成出頭。他們近半的生產本來就是外包給其他公司處理，因此如果加上這些外圍人員的話，他們其實是更大的一個組織。

光是上半期，這個事業部的合併虧損就預估高達十三億日圓，但營業計畫卻預計將下半期的赤字壓低到八億日圓，希望將年度虧損控制在二十一億日圓以內。

問題是，各個商品群的盈虧。亞斯特事業部的商品群可分為六大塊。

在四百一十億日圓的總營業額中，A商品群占一百三十億日圓，今年度的預估經常利潤（ordinary profit）約有五億日圓。

B商品群的營業額為九十一億日圓，約有四億日圓的利潤。

換句話說，A加上B商品群的營業額為二百二十億日圓，利潤為九億日圓，是一種勉強撐得過去的局面。

A、B商品群以直接與大企業交易為主，在總公司中甚至有直銷營業部。

相對地，比較複雜的是C、D、E、F等四大商品群，他們的行銷是透過子公司的亞斯特工廠銷售系統。

亞斯特工廠銷售系統共有五家分店，在各地另有其他經銷商形成一個代理網，囊括日本全國三萬家左右的中小企業。

但C到F的商品群卻全部虧損。

歷史悠久的C商品群營業額為七十億日圓，虧損十億日圓。D商品群的營業額為一百億日圓，虧損十四億日圓。

另外，五年前由任務小組成立的新型事業E商品群的營業額為十億日圓，虧損二億日圓。三年前開始的F商品群的營業額也相差不遠，約十億日圓，虧損四億日圓。

總而言之，C到F商品群加總的營業額雖然高達一百九十億日圓，但是整體赤字也有三十億日圓。即使由A、B商品群的獲利來填補，該事業部也還留下二十一億日圓的赤字。

讓我們重新整理一次。在研究、開發、生產的階段所有的部門經手所有的產品，構成一個典型的分工制組織。但業務端卻一分為二。

如此一來，造成亞斯特事業部的直銷營業部賺錢，但是，子公司的亞斯特工廠銷售系統卻虧錢的局面。

一個分工制的組織在商品群逐漸增加時，就很難跟催各個商品的進度。而亞斯特事業部早在十年前，就已經實施產品經理制度了。

各個商品群與其中所含的某些主軸商品各有專屬的產品經理，從研發到銷售、服務等採取「一貫作業」的方式跟催。

然而，這種制度卻引發公司內部很多的對立與不滿。

分工制組織的經理與產品經理的權限牴觸，一遇到問題時，就反覆地私底下較勁「誰擁有最後的決定權」。

這雖然是矩陣型（Matrix）組織典型的缺點，但是，在這十年內，卻沒有一位事業部經理敢面對這個問題。

例會報告結束了，今天最初的議題是討論D商品群。原本的決議，應該是大幅度降低成本與決定虧損商品的削減計畫。

當輪到D商品群的產品經理星鐵也課長報告時，他走到會議室前面利用簡報，報告整體的對策與各個作業計畫。

他站在自己的位置不時回頭，每當與聽得入神的黑岩莞太眼神交會時，總是一陣緊張。

當星鐵也結束報告時，不料負責亞斯特工廠銷售系統的吉本董事長，卻開口發表意見了。

在整個事業部當中，只有C到F商品群特別歸亞斯特工廠銷售系統負責，因此吉本董事長對這些虧損的商品群持有極大的發言權。

但亞斯特工廠銷售系統的董事長卻是從太陽產業的理事轉任而來，因此對這個事業部總是扯後腿，事業部的員工都將他視為頭痛人物。

子公司的經營者因為輩份較高，總公司的主管不便干涉，日本企業的這種現象由來已久，隨處可見。

「阿星，你把商品數目刪減太多了。這樣的話，虧損會更嚴重喔！」

在上星期的商品別會議中，現在正坐在他旁邊的亞斯特工廠銷售系統的常董兼業務部經理才核准過他的提案，還帶了回去，如今卻在經營會議上遭到質疑。

這個討論從一開始就烏雲密布。此時，廠長跳出來圓場。

「如果生產項目不縮減到這個程度，很難有成效的。」

星鐵也雖然很感謝他出言相助，但是如此一來，這幾個月以來反覆討論的議題將全功盡棄。

因為，工廠與亞斯特工廠及業務部，平時就是死對頭。

工廠認為業務的銷售計畫根本行不通，所以就自己規畫生產計畫，業務端就私底下抱怨缺貨或者庫存過多都是工廠造成的。

研發經理佐佐木雖然不習慣說話，但因為與吉本董事長不對盤，所以就發表意見：

「這些商品已經沒有競爭力，所以我贊成大量刪減。」

就人數來說，吉本董事長雖然處於劣勢，卻仍然堅持己見。

最後，大家的視線集中在星鐵也身上，他臉上露出困惑的表情。他天生硬頸，盡力忍住滿肚子火，心想：「你鬧夠了沒？」

雖然整合工作是產品經理的職責，但當高階幹部或經理級的主管對峙時，由課長級的人來下決斷，再怎麼說也太過分了一點。

如果他確確實實地下了一個結論，那麼當場否決的經理以後一定會跟他過不去的。

在現場旁觀的黑岩雖然面無表情，但心裏卻相當不滿。

症狀15　經理們潛藏在分工制的**章魚壺**（讓章魚自行入壺的陶製誘捕器具）之中。因此，缺乏分擔事業整體的責任感。

症狀16　產品經理被當成內部鬥爭的「垃圾場」，原來應該由上位者解決的策略議題，卻丟給底下的年輕人處理。

當星課長不知如何回答時，資材部的秋山經理突然拋出別的話題。

「事實上，D商品群與B商品群的零件重複下單，廠商問我要先出哪一邊的貨，我覺得D商品群的可以等，所以就延緩一個月進貨。」

這真是個令人驚訝的事實。原來有這種情形，C到F商品群一直被擺在後頭出貨。而且這位長得像一隻老狐狸似的經理，總是自以為是地插手其他部門的事。

這下子連星鐵也都忍不住了：

「經理，這種事是由資材部決定的嗎？」

其實，他很想破口大罵：

「開什麼玩笑！你以為產品經理是幹什麼用的！」

他橫下心來，心想事到如今，已經不可能更改整體時程表。

這實在是一件層次很低的問題，因為只要相關部門事先做好溝通就沒事了。但是，還將其他商品群也捲了進來，討論的內容變來變去，就是得不出結論。

因為開會時間拖得太長，山岡不得不介入。

「阿星，你就召集各個部門再開一次會吧！」

這次的會議就這麼結束了。星鐵也雖然一肚子火，但卻沒有發洩的對象。

症狀17 分工制組織的所有部門因為與全部的商品群相關，因此讓工作內容變得相形複雜。如此一來，也降低員工對各個商品的責任感。

症狀18 妥協的態度＝決定性的擱置＝**延長時間表**＝降低競爭力。如此將形成一種注重公司內部和諧勝於對外競爭的氛圍。

會議繼續下去。大部分的議題都以同樣的型態反覆討論著。黑岩莞太的腦海中到處閃爍著紅色警示燈。

避談競爭對手

黑岩莞太的說法

你是問我對上次經營會議的印象嗎？老實說，我覺得很煩。

在那次會議裏，問題的重點不在於誰的主張正確、誰的又不對，那個根本不能稱為經營會議。

所有主管只是在演一齣無聊的政治戲碼而已。

因為他們自己擱置沒有結論的議題，卻將最後的協調工作丟給年輕的產品經理負責……。所以最後出來的結論，就是妥協下的產物。

讓我失望的是開了一整天的會，卻沒有隻字片語提到競爭對手的狀況。對手的公司名稱，也只被提到兩三次而已。

症狀19 顧客的觀點呢？競爭的議題呢？談來談去都是公司內部的問題。

讓我不禁想站起來拍桌子罵人，跟他們說：「我們在打一場打不贏的仗。我們的虧損愈來愈嚴重。這樣子究竟要怎麼贏？」

但是，我當時已經決定那天閉嘴不發表意見，因此就忍著脾氣靜觀其變。

症狀20 大家沒有意識到公司正在「打敗仗」。

症狀21 每個人「對於赤字不痛不癢」，表面上看似大家一起承擔後果，卻也稀釋了責任。

我看著雙方的角力，感覺到這是歷任事業部經理的責任。因為這是改革的重點，所以讓我來說明一下。

不管什麼樣的公司，都是由橫向與縱向兩種組織所組成的。

如果將第一線的業務組織視為縱軸的話，那麼企劃、事務、人事或會計等內勤人員就是貫穿橫軸的。而產品經理制度，也是同樣的道理。

美國從一九七〇年代開始流行複雜的矩陣型（Matrix）組織，但運作不順的企業卻相繼出現。

因為縱軸與橫軸的宿命就是利害相爭。

這兩種組織各有不同的使命而相互牽制，因此只要放任不管，當事人就會日久生隙，或者將問題擱置不理。這種類型的組織就是這麼一回事。

而這種症狀時間愈長，事業拓展的速度就會愈慢，進而讓公司喪失競爭力。這個現象正是這個事業部的病徵。

你問我有沒有解決方法？其實說起來很簡單。

那就是**組織裏高一層的主管們盡早且積極行動**。比方說，以經營會議為例，事業部經理就該扮演這個關鍵角色。

一個朝氣蓬勃的成長企業，高階主管總是**自己**察覺縱軸與橫軸的矛盾之處，以最快的速度**親自**接手問題。面對內部的角力則先下手為強，然後**親口**說出明確的方針。

一個組織之所以朝氣蓬勃，就是因為有這樣的人，方能顯得生龍活虎，不是嗎？

也就是說要在部屬尚未妥協，或事情**仍在初期**的階段，就積極介入，**灌輸**他們原本應有的**策略或基本思想**等。

這個行動才是經營上所謂的**領導本質**，不是嗎？

但是很遺憾的是，亞斯特事業部歷任的事業部經理中一定很少人意識到那是自己的責任。

這樣的事業部經理就像「黑幕」一樣，是底下人看不到的一種存在。如果黑幕不出來的話，怎麼可能發生什麼改變呢？

取代的是山岡室長這樣的代理人，他只是一名員工，卻一肩扛起責任，即使受到冷言冷語，也毫無怨言著手整合組織。

高層缺乏領導力，就無法磨練部屬。如此一來，中階幹部就只會在低層次的議題上爭辯，還裝成受害者的模樣。

雖然我才來一個星期，但現在最焦慮的也是我。然而，我在東亞技術的時候卻因為個性太過急躁而失敗了好幾次（笑）。

我發現還是循序漸進比較好。但是，不加以大刀闊斧又無法打開僵局，這個事業部糟糕得很。

漠視赤字的真正原因

黑岩莞太立即安排時間，約了五十名左右的主管與年輕員工進行面談。

他除了希望了解公司內部的實情，找出有效改革的最快方法以外，還隱藏了另一個重要的用意。

黑岩在經過二個月的「安靜觀察期」之後，就要組成「改革任務小組」（Task Force），草擬出這個事業部該如何改革的劇本。

黑岩就是希望透過這次的面談篩選合適的小組成員。

每個人的面談時間從一到三個小時不等。從早到晚，有時甚至還利用午、晚餐的時間帶出去談話。

D商品群產品經理星鐵也（三十九歲）的說法

昨天事業部經理找我去講話。我本來以為是要訓誡我經營會議上的事，沒想到一見面他卻笑嘻嘻的。

他劈頭就問：「產品經理有哪些權限？」

當下我有一種被蛇盯上的感覺（笑），於是老實回說：「什麼都決定不了。」

「我很能體會。看看經營會議的樣子，如果公司的幹部不小心出了差錯，**組織**是絕對無法發揮**戰鬥力**的。所以，我們才會一路輸到底。」

我當時頗訝異。黑岩經理才來兩個星期就看得這麼透徹了，我不禁期待接下來會有什麼安排。真的是來了個完全不同類型的人。

他還問了我市場的狀況。我所負責的D商品群以前有百分之三十的市占率，在業界一直是第二名的，但現在市占率減半，只剩下不到百分之十五。

但是我們還算是第三名。

第一名是關東工業，市占率百分之四十五。第二名是橫田產業，市占率約百分之三十。

嗯，這兩家都是目前的上市公司，但對我們太陽產業來說，他們從前也不過是中小企業罷了。太陽產業竟然敗在這種公司手裏……真的是情何以堪哪。

如果就產品項目來看，我們公司沒有什麼可以取得第一名的優勢產品。

「現在，你們在推廣的商品是什麼呢？」

「亞斯特工廠銷售系統的吉本董事長是打算讓這一期繼續延續上一期的重點商品。可是我卻覺得應該一鼓作氣的推銷這個月的新商品。」

回答到一半時，事業部經理黑岩的表情突然一變。一副「啊？」的表情。

「商品的推廣方針不是由產品經理決定的嗎？」

「業務要推廣什麼商品都是由亞斯特工廠的董事長決定的。自從業務歸亞斯特工廠銷售系統管以後，就一直這樣做了。」

「什麼意思？」

症狀22 商品別的整體策略或新商品的執行計畫並未照著「研發↓生產↓業務↓客戶」的步驟一氣呵成。

「D商品群上個月各個品項的盈虧如何？」

「雖然還只是速報，還不是最後結果，D1商品的最高營業利潤約六千萬日圓的**黑字**，D2商品則有一億二千三百萬日圓的**黑字**。」

這個回答，讓他們的溝通又陷入膠著狀態。

「最高營業利潤」是這個事業部獨特的用語，這是指還沒有扣掉固定成本或研發費用時的盈虧數字。這是因為之前有位事業部經理是會計出身的，喜歡在數字上做文章，這個名詞就是他發明的。

「C到F商品群，全都虧錢，今年大概會有三十億日圓的赤字吧？雖然這樣，可是你們竟然用什麼最高營業利潤來看商品項目別的盈虧，你們是想要有黑字是嗎？」

事業部經理黑岩顯得很吃驚，反應相當嚴肅。

「不，我們也知道如果用經常盈虧來說，不管哪個商品都是赤字……。可是如果用月份別來看各個商品群的話，會計給的數字就是這樣。」

症狀23 商品別虧損未用底線（bottom line）來討論。所有負責的人都對赤字反應遲鈍，讓組織整體缺乏危機意識。

「光是知道是沒有用的。想要打消赤字是要針對各個商品檢討單價是否崩盤，數量還差多少，或者成本有沒有問題等等……如果是成本有問題的話，又是哪個項目出了差錯……應該要追溯原因採取合適的行動。」

「這種『差異分析』的數字沒辦法做到這麼細。」

事業部經理黑岩直盯著我看呢。（笑）

「你啊，各個商品的盈虧如果得等上半年才能知道的話，就表示我們還是停留在過去公司繁榮時期所用的粗估方法，一點都沒有進步。」

這就是實際狀況。雖然這不是我的問題，但我還是覺得有點不好意思。

症狀24 計算成本時納入太多商品。赤字與黑字相抵，導致看不到真正的資訊。

症狀25 無法追究造成赤字原因的「現場」，這也是公司內部為什麼會缺乏行動的原因。

症狀26 看不到涵蓋關係企業在內各個品項的合併虧損，使得策略判斷錯誤或經營行動遲緩。

「如果不能**分解得出**對你們第一線人員有用的數字，就無法看到具體的改善方法。只知道學美國人說什麼自由現金流量（free cash flow）之類的專業術語，這不是太好笑了嗎？」

他還說現在還有這麼沒水準的對話嗎？就是因為有才頭痛呢。

「你們又不知道各個品項的虧損，要怎麼判斷每個月的業績呢？」

「最後就是用營業額了。」

「我就知道你會這麼說……我真是很吃驚……高層不知說了幾次『利潤至上』，可是中階主管以下的人卻跟以前一樣，沒有新的行動。」

症狀27 組織末端未能跳脫過去以營業額為主的管理方法，這是因為管理系統中途被切斷之故。

症狀28 業績低迷企業的共同現象是高層與員工都**只追求表面的數字**，討論的內容未觸及現場的實際狀況。

「再這樣下去的話，就只好裁員，這家公司真是窮到不行。」

他說的一點也沒錯。可是說來奇怪。他批評的好像我就是經營者似的（笑）……。我們的對話簡直是主客易位（笑）。

我的心情上上下下的，雖然出了一身冷汗，但卻覺得相當痛快。

事業部經理大約五十四歲左右吧？嚇了我大一跳，比我大一輪哪！我覺得他這個人快人快語，而且讓我意外的是，還帶點狡猾呢！

在這個職場中我再做個十五年也沒辦法像他那樣，一定不會的。我光是看看周遭就有自知之明了（笑）。

不管怎麼努力，上頭叫我們要有經營意識，可是像我這種人在這樣無法作主的環境中……簡直是等死而已……所以，有時也會想辭職算了。

可是，接下來有得瞧了……應該會發生什麼事吧（笑）。

龐雜的專案

研發中心研發工程師貓田洋次（四十五歲）的說法

我覺得桌子旁好像站著誰似的，抬頭一看，竟然是事業部的黑岩經理。他喜歡在辦公室裏走來走去，抓住主管，找張空位子就坐下來談話了。

我們公司從來沒有過這樣的事業部經理，沒多久我就被叫去談話了。

首先，我提出研發中心的研發名單，說明這五年來做了些什麼。

「這個新商品的數目與競爭對手比較起來，怎麼樣呢？」

我聽他這麼問，剛好手邊有以前做過的資料，就馬上回答了。

在A、B商品群中，我們有八項新商品，第一名的中外工業有十項。算是平手。

在C商品群中，我們有十三項新商品，第一名的丸井產業則有三十二項。

D商品群中，我們有七項新商品，第一名的關東工業有十五項，第二名的横田產業有十三項。

我們營業額本來就少，所以是完全輸了。

「問題是商品內容。如果能研發出獨特的商品，在某個領域稱霸的話，就有希望了。有沒有這樣的資料呢？」

我們沒有這樣的資料。

「那麼，你將C、D商品群中的二十項新商品用○△X來代表推廣成功、反應普通與賣不動等狀況。」

經理的問題並不難，但是成功的標準是什麼呢？他又沒說清楚，我不知道該怎麼回答。

老實說，這不過是個藉口而已（笑），我還沒看過用這種方法思考事情的。

我沒有料到談話的內容會往這個方向走。我以為他要跟我談的是研發的事。

「你憑自己的感覺說就好，你能不能自己判斷評比一下？」

因為是立見勝負，所以只能用市占率判斷。

所以，我就將市占率因推廣新商品而比從前更高者打○，沒有變化打△，推出新商品但市占率反而下降的打×。

當我評比完了一看，自己都不禁洩氣。○的商品零，四項△，十六項×。

「非常」成功的商品一項也沒有……我們的研發算是慘敗了。

「慘敗」這個詞既奇特又新鮮，讓我不禁心頭一緊。

打開天窗說亮話，我覺得研發人員並不十分在意市場的輸贏。而我們只要能提出好的商品就好。剩下的就是「業務的問題」了。

症狀29 研發人員缺乏對市場調查或市場輸贏的敏感度，沒有注意到公司內部對於定義什麼是「好商品」意見不一。但只有客戶才知道正確答案。

「從研發的立場來看，你認為我們為何會『慘敗』呢？」

我真是嚇一跳。我本來想總算該輪到談我們部門了，卻沒想到他卻提出「慘敗」這個話題（笑）。我認為他這麼拐彎抹角搞不好就是為了這個。

但是，我將這個問題的箭頭指向業務。

「亞斯特工廠銷售系統的銷售策略不夠明確」、「業務不清楚用戶」、「他們太缺乏技術知識」、「所以沒有足夠的技術去賣附加價值較高的商品」、「他們都只想賣好推銷的商品」、「一下子就降價搶單了」、「銷售計畫太過隨便，簡直看不下去」、「東西還沒賣就認輸」等等。

我還說了工廠的問題。

「製程經常出現不良狀況」、「對於客訴不痛不癢」、「成本控制不嚴」、「出貨日延誤太多」、「生產計畫的修正太慢，導致庫存堆積如山」。

我說了一陣子之後，黑岩經理打斷了我。

「你都是批評其他部門，難道說，這個『慘敗』都跟你沒關係嗎？」

可能我說別人的事情說得太多了（笑）。

「人手減少了以後，我們應付不來這麼多的研發專案。」

技術比較厲害的人都被資遣了，所以長年培養的專門知識就無法傳承。我聽說日本很多企業都有這種現象。

「這個也要算在別人頭上啊（笑）。如果人手不夠，篩選研發專案就好了啊！根據我的經驗，經營不善的公司研發專案愈多。」

症狀30 愈是經營不善的公司，研發專案愈多。高層明明知道不可能全部執行，卻還不斷增加專案，結果哪一樣都無法順利進行。

我不知道還有這種事情。不禁換我問他：「為什麼會這樣呢？」

「有三個理由。首先，公司沒有明確的『策略』。所以，內部無法清楚找出一個基本思想架構來區分研發專案。」

他說的沒錯。我將上司與歷任事業部經理的臉，想了一遍（笑）。

「第二，因為**缺乏策略所以時程鬆散**。導致研發拖拖拉拉，但大家並不覺得有什麼不妥。」

是啊！我們公司的研發時程即使有點延後，也沒有人嚴厲斥責。

「第三，像這種公司大多不知道由誰來決定研發的事情。這個跟缺乏明訂策略的人是同一個病徵。」

這家公司的確責任歸屬不明，老實說，這個組織「即使失敗了也很容易矇混過去」。

「你呀，說起來C、D商品群為什麼商品都這麼類似呢？商品這麼多研發也照顧不過來，不是嗎？」

「不光是研發，連工廠與業務也搞不清楚要主推哪個商品。」

「而說到新事業，卻連E、F商品群都插手，結果虧得更多。」

結果我們就是一路碰運氣走了過來。

說完這個以後，事業部經理竟將問題的矛頭指向我。這種緊張感……像是一種許久未有的快感，又像是我自己也拚命地回應著似的……（笑）。

「你可以說一說現在研發中的新商品，有什麼**客戶利益**嗎？」

這次經理又想知道什麼呢？

「新商品的零件性能提升了三成……」

我正在解釋商品的規格。但是，馬上又被經理打斷了。

「我不是問你性能，而是想知道對於客戶有些什麼好處。比方說，客戶的經濟利益如何呢？會增加多少利益？」

「……」

「我換一種方法問好了，這個新商品的價格高還是低呢？客戶又是怎麼判斷價格是否合理呢？」

這麼簡單的問題我卻答不出來。我們公司一直認為新商品的價格就是根據過去的價格再往上加就是了。

症狀31 研發小組未能完全掌握「客戶利基的構造」、「客戶的購買邏輯」。這樣還能研發商品嗎？

當天晚上我回家後，一邊喝酒一邊想了起來。

如果一開始面談的時候，事業部經理就一拳打來罵說研發不行，我一定會心生不滿的。過去也曾有人這麼做喔！

但是，當我們**並肩一起**仔細討論以後，雖然他還是說我研發有問題，但這樣一來，我就比較聽得進去了。

經理又是怎麼想的呢？嗯……後來想了一想，卻覺得有點不可思議。

他應該不懂商品或技術才對啊！可是，他為什麼能夠將我逼問到這個地步？他是不是有什麼經營良方？

他應該是那種很容易樹敵的人。然而，這個事業部束縛太多，若不是這樣的人也沒有辦法勝任吧？

缺乏策略與不信任感

黑岩莞太心想，最重要的是盡早聽聽市場的評價。所以，就趁跟主管面談的空檔安排行程去拜訪客戶。

這樣一來，也可以與同行的業務或分店長講講話。

虧損嚴重的C到F商品群，是由子公司的亞斯特工廠銷售系統負責，以委託代理店銷售的方式為主。全國約六十家代理店組成亞斯特加盟店。

而C到F商品群的用戶市場約為三萬家中小企業。

代理店大山商事董事長大山郁夫的說法

我們公司與太陽產業的交情快三十年了。

前幾天，新上任的事業部經理黑岩先生來我們公司。看起來他的年紀跟我差不多。

黑岩比我更了解歷任事業部經理的事……前一個小時我們幾乎都在談一些以前的事。但是，看起來他不像是單純的來打招呼而已。

「我知道我們過去給貴公司添了不少麻煩。希望今天能聽聽您的意見。」

他說得懇切，話說到一半我也變得認真起來，便將平日感覺到的事情都說了出來。

「以前亞斯特事業部的業務都是精神抖擻的喔。但最近卻都只知道抱怨。我們因為來往久了，也就這麼聽著……可是都是抱怨研發中心不好，所以研發不出新商品，或者工廠不好，所以品質不佳之類的……這讓我們代理店該如何是好呢？」

症狀32　員工對外訴說公司的不滿。忘記自己是公司的看板。

一同前來的分店長臉上的笑容消失了，但我卻不在意地繼續說下去。我以前跟那個分店長說了不少話，可是都徒勞無功。

幾年前，有一段時期亞斯特事業部的商品客訴不少。因此，不僅是客戶，連代理店的業務也開始有人對亞斯特敬而遠之。

事實上，售後服務的人都很盡力。但是，在發生問題以前，身為廠商應該先預防客訴的問題。

黑岩先生很專注地聽我說著。因為我們跟不同的企業有生意往來，所以我就比較各公司的因應方式，具體地說給他聽。

「亞斯特事業部在因應客訴的方面完全輸給其他競爭對手。即使發生大問題，也很少看到研發或者工廠的人出來解決……。」

以前，我們公司所經手的商品中太陽產業占了快五成。現在，只剩不到兩成了。

「只靠亞斯特事業部的商品是撐不過去的。」

我一五一十的全都告訴他了……基本上，我們還是顧及道義，並不大推銷競爭對手的商品。

另外，還有一件事。

「五年前，亞斯特事業部提出直銷的方針，之後卻又收回去了。我們簡直像是被耍了一樣……這件事讓我們代理店對貴公司很不信任。」

這個市場的終端用戶C至F商品群合起來約有三萬家公司，這個量是亞斯特工廠銷售系統一百位左右的業務無法應付的。

總而言之，你們得靠代理店來支撐場面，卻突如其來的提出一個增加直銷的業務方針。

當時的事業部經理想的事情都很奇怪。

症狀33 過去的通路政策太過愚蠢，缺乏策略，讓合作廠商與客戶產生疑慮。

分店長看起來愈來愈不安了，但是一起來的業務卻一副事不關己的樣子，看著我像是說：「把握機會盡量說。」（笑）。

一般說來，太陽產業的業務都很紳士作風。我想，如果不再死纏爛打一點，是贏不了關東工業與橫田產業的。總歸一句話，我覺得他們就像是一個上班族的團體。

是啊，我對黑岩經理相當有好感。因為歷任的事業部經理，從來沒有人像他這樣跟代理店開誠布公溝通。

說不定，太陽產業可以因此而有所改變呢……。只是，到現在為止大部分的事業部經理都光出一張嘴而已……還得再觀察看看才知道呢（笑）。

業務們的受害者意識

亞斯特工廠銷售網大阪分店副店長的說法

每次都跟我們說危機啊危機啊什麼的，早就**聽慣了**（笑）。公司中也沒有什麼太大的改變。倒是裁掉一些人，但也就只是這樣而已……。

這兩天，事業部經理去名古屋與關西地區拜訪八家用戶。

我們一坐在會客室的沙發上，經理馬上就拿一張表給我們看。那張表將二十個新商品的市場推廣結果用○△X來評比輸贏。從這張表來看，我們這五年內沒有一項成功的商品。

「你認為我們『慘敗』的原因是什麼呢？」

我平常就認為研發與工廠問題不少，但卻沒有勇氣跟事業部經理說。

但是，在我東談西談以後，發現經理很認真地在聽我說話，所以說到一半我就興起了說吧這樣的心情，將自己平日的不滿說了出來。

「我們常覺得都是在幫研發工程師賣他們依據個人**興趣**所研發出來的商品。也看不出來工廠眼中有『用戶』或『客戶』的概念。他們都想自己沒錯，不是客戶太奇怪，就是業務不好，都是這種態度。他們認為世界都繞著研發中心轉的。他們那些人這樣每個月就可以領薪水……雖然赤字連連，但我們畢竟是大公司，也還撐得住。」

事業部經理用有點不可置信的表情看著我。不知道是因為我說得太多而嚇到，還是我說的內容……應該兩者都有吧（笑）。

「難道都沒有機會將分店的想法轉告給研發知道嗎？」

「唉，我們做業務的是公司的末端，總公司內部在討論些什麼，我們根本不知道。」

總而言之，分店屬於「這一邊」，亞斯特工廠銷售系統的總公司營業部卻是「那一邊」。就好像遠在天邊的中央政府一樣。所以，母公司的亞斯特事業部就像神的國度一樣（笑）。

分店的人只要調去總公司，不用多久，連說話的樣子就都變了。一定是總公司裏有我們**看不到的角力**暗中運作的緣故吧？

到底是根據什麼擬訂方針的……連這個也是變來變去。

但是……事業部經理或亞斯特工廠銷售系統的董事長更迭不斷。公司內部的人事安排也是朝令夕改。

新主管上任了以後一句「這樣不行」就改弦易轍，等到摸清楚狀況了，卻又被調走。下次走馬換將以後，又重來一遍。這裏就好像是殖民地一樣。

可是，競爭對手卻是由同一位經營者採用一貫的思考方式搶攻市場的。而我們這邊「經營的持續性」卻斷斷續續，落差很大。所以我們跟對手差這麼多也是理所當然的。

總公司只顧著自己，將全部的壓力都讓業務來承擔……我們業務就被逼著去打一場沒有道理的仗……那些年輕的業務很可憐呢！

症狀34　組織末梢正瀰漫一種**受害者意識**。

之後，他又問了我營業活動是怎麼訂定的。

「總公司的商品別銷售目標與分店的活動是怎麼訂定的呢？」

「是，分店的推廣方針會加上分店長自己的方針。只是一定要涵蓋總公司所訂定的五大重點項目。」

「這麼說來，如果將這五個項目拿掉的話，就表示總公司的策略商品與各分店長告訴業務的重要項目不同，是嗎？」

「遇到不好賣的商品，就用其他的來替代……」

我也覺得自己很蠢（笑）……這一句話簡直是火上加油。其實，我還搞不懂事業部經理到底在意什麼。

「可是很奇怪，如果用這種方法的話，就會變成**『賣什麼都可以』**。**總公司的銷售策略根本就沒有用**，不是嗎？」

「可是，亞斯特工廠銷售系統的業務經理也只問總營業額。品項別頂多是產品說明而已……」

「產品說明？」

「在意這個的只有亞斯特事業部的產品經理而已。他有時候會打電話來問。」

我覺得事業部經理好像非常失望的樣子。

症狀35　實際上，總公司↓分公司↓業務是一種「賣什麼都可以」的關係。總公司的商品策略未能傳達到客戶端。

接下來，他又追問一些更詳細的內容。

「這家分工司的業務平均每人要負責四百家客戶呢。這根本不可能照顧得來。你們是怎麼決定重點客戶的？」

「我們是挑過去兩年內業績最好的客戶，進行重點拜訪。」

「這種做法的話，競爭對手的客戶，或者以前的好客戶就拜訪不到了。」

「說的也是，可是，事實上我們也跑不完那麼多家……。」

症狀36 營業活動的能量分配管理不佳。業務容易去的地方並不等於公司應該搶攻的客戶。

症狀37 當業務人數較少而市場較大時，更需要有效率地搶攻市場，但內部卻缺乏「篩選與區塊」的概念。

「你是怎麼管理業務行動的呢？」

「就是看他們寫的日報，然後指點一下。」

事業部經理的眼裏一副「聽你亂說」的模樣（笑）。

「你有十三位業務，一個月的日報就接近三百張。如果要全部看完，然後根據**不同品項**跟催每位業務的行動，再確認**各個客戶**的推廣進度，特別是**新客戶**的開發……這麼多的日報，內容又都不一樣，你怎麼全部跟催得了？」

的確是做不到（笑）。說真的，全被經理說中了。

「最後，只要有機會成交的就孤注一擲，每天追著客戶跑，到月底了才擔心總營業額有沒有辦法達成。就是這樣，對吧？」

他說對了，實在很厲害。雖然這不是我佩服的時候。

「業務不去跑客戶的話，就會忘記總公司的重點方針是什麼了，對不對？」
「不會的，我們基本上還是遵照總公司的方針行動的。」
我這個話也是隨便說說而已（笑）。
事業部經理也笑了起來，一副你就招了吧的表情，讓我完全無招架之力。
「用這個方法管理的話，如果我是業務，那些不好賣的新商品或者被對手搶走的客戶就不碰了。因為不去也不會怎樣。」
他說的這麼白，讓我很難受。可是，還都被他說對了，這真讓人……。

症狀38 業務之所以「做不做都一樣」的原因有二：❶公司的「策略」未配合業務個人的水準，❷每天的「行動管理」系統過於鬆散。

啊，我被他轟炸得都快撐不住了（笑），可能是我一開始就將業績低迷的問題推給研發而搞砸了。

蔓延的官僚作風

黑岩趁著與幹部們面談的空檔，也抽空參加了公司內部的大小會議。不只是總公司的，連亞斯特工廠銷售系統的內部會議或是大阪、名古屋等分公司的業務會議，他都出席。

有一天，黑岩察覺到一個奇怪的現象。

當黑岩去參加營業部的業務會議時，業務經理身為召集人，卻只在會議開頭與結尾說幾句話而已。

會議內容全部委由一個小小的營業推廣課長代為主持，業務經理只是不發一語從頭坐到尾。

「這個業務經理到底是為了什麼，今天花了一整天坐在這裏呢？真個是無趣的男人哪！」

當黑岩莞太這麼想的時候，突然發現了一件事。

「對，就是這個症狀！」

這個念頭一閃，他就去看看分店的業務會議了。結果發現分店的店長也只是在會議開始時說幾句話而已，接下來就是擺擺樣子，不到緊要關頭絕不輕易開口。

會議由分店的管理課長主持，如果只是主持也就算了，他卻連一些新的指示都隨意的交代營業所長去照辦。

去參加研發會議時，也發現會議由研發管理室的室長主持，而研發部經理只是靜靜地坐著。

去參加工廠的生產會議，則是由生產管理室的室長主持，廠長同樣安靜無聲。

仔細一想的話，從黑岩參加經營會議開始就是這個樣子。

當時事業企劃室的山岡室長超越主持會議的職責，向經理們提出一些尖銳的問題。有時連身為上司的廠長或業務經理都沒有說話的餘地。

事業企劃室為管理系統的中心，所以室長也可以說是事業部的頭了。

山岡確實將會議主持得很好，但是如此一來，身為會議召集人的事業部經理又該做些什麼？

黑岩光是聽說春田常董讓山岡全權主持會議，自己就像參加日本天皇的御前會議般靜坐不語，就對一切了然於胸了。

黑岩自己也知道如果他是事業部經理，這樣做的話再輕鬆不過。

症狀39 公司中蔓延著**代理症候群**。當第一線業務的推廣力量愈弱，內勤員工的力量就愈強。

代理症候群是他在重建東亞技術時想出來的名詞。他認為這是歐美企業少見，日本企業獨有的組織官僚化現象。

一家採取攻勢的成長公司都是由第一線的主管**親自**架構會議內容，**自己**主持會議，**親口**指出問題點，自己斥責，自己獎賞。

然而，當時的東亞技術或這個亞斯特事業部，卻是擔任會議召集人的現場主管讓員工「代理」執行自己應盡的義務，自己卻扮演著**山大王**的角色。

不僅主持會議的人，連參加的人都感染了這種代理行為。

會議中常可見經理級的主管只說些場面話，然後再由一同出席的部屬詳細解說的情形。

代理症候群不僅出現在會議中而已。

當一家沉滯的企業，第一線減少搶攻市場，而以內勤為中心的「防守業務」成為主流時，比起應該扮演中流砥柱的第一線來說，原本是附屬地位的**內勤員工連絡網**卻更加發達。

原本第一線的主管與部屬應該直接溝通，向下指示或向上報告之類的，卻由各部門的內勤員工傳達。

因此，就常見業務放棄與第一線的主管通電話，而透過內勤員工了解主管的想法。

一旦這種現象成為常態，最後連「策略的決定」也委由內勤員工來進行了。

最後，冷靜觀察的話，就會發現一種本末倒置的現象，內勤員工並不是協助第一線，反倒像是第一線是承包內勤業務似的。

這樣的組織一定有一個大哥級的強勢內勤員工，類似政府機關中事務官的存在，大部分的事情都遵照那個人所規定的步驟進行。

這就是大企業典型的「組織官僚化」。

代理症候群的責任並不在於代理者本人，而是容許這種現象發生的第一線主管。因為這樣他們可以高高在上又不費事，所以組織高層一旦流行代理症候群以後，很簡單地就傳染到組織末端了。

症狀40

代理症候群一旦擴散，組織中會出現各種小大哥。他們在內部有舉足輕重的「地位」，而且會因派系問題而妥協。事業的發展全部取決於這些**頭目的肚量大小**。

但是內勤人員再怎麼說也只是個辦事人員。一旦遇到重大決策時，是無法決斷的，但當第一線像被拔了牙的老虎以後，一遇到事情也無用武之地了。

這樣一來事業組織就會因為缺乏領導，像斷了線的風箏一樣。大家都不想擔風險，所以當然就慢慢地打敗仗了。

黑岩莞太在早期時，已經嗅到亞斯特事業部中正擴散著這種組織體質。

改革人才的埋沒

黑岩調來事業部一段日子以後，五十嵐也常常參加黑岩的面談。二人最關心的事變成挑選改革任務小組的成員。

只要選錯人，改革的方向就會出現致命的影響。面談時，會說好聽話的並不一定優秀。而言詞激烈的人也不一定適合改革任務小組。

黑岩的面談時程在接近尾聲時，遇到一位他極有興趣的中階員工。他是工廠的生產管理室室長，川端祐二，五十歲。

川端自進入太陽產業以來，一直在亞斯特事業部任職，只是他的經歷與常人不同。

他原本擔任工廠的生產工程師，但年輕時曾外派歐洲，四處奔走成立歐洲銷售公司，也曾在日本國內的營業企劃部負責市場推廣業務。

四十歲時，亞斯特事業部購併了美國的一家小企業，他轉調去當董事長，經過四年辛苦經營，他調回日本當工廠的生產管理部經理。但湊巧那時正逢亞斯特事業部業績惡化，川端便訂定了一套嚴謹合理的計畫。

那是一套類似無晶圓廠（fabless）的方案，他計畫將所有的生產活動轉交給協力廠商處理，亞斯特事業部則專門負責研發與銷售。

川端祐二當時雖然是下一任廠長候補人選中極端的右翼分子，但卻親自推廣切割工廠的計畫。因為他認為那才是解救這個事業的「正途」。

結果，亞斯特事業部從十年前顛峰時期的一千六百名員工刪減了近六成，只剩下七百一十名，若非這個生產部門採取嚴苛的瘦身計畫，根本無法辦到。

然而，這個計畫卻未能如川端祐二所願進行。廠長與工廠員工頑強反抗，使得春田常董或前任高層最後只能妥協了事。

現在，工廠雖然還生產部分產品，但因為縮短製程，反而使得生產效率更差，因此製造成本受到工廠間接部門費用的影響而提高不少。

「你可以說一下，這一年來，工廠怎麼降低成本的嗎？」

如同其他的面談一樣，黑岩莞太問得很細，但川端卻回答得很中肯。

「工廠對於客訴的回應快不快？」

「我們從兩年前就將工廠從接到客訴到回覆的時間，用顯示器可視化了，我們把它叫做TAT（Turn Around Time，回應時間）。從前，我們都將客訴放著不管，常常要超過三十天才回覆客人的。最近已經進步到五天內就回覆了。我希望百分之六十的客訴，能在一天之內先提出初步回應。」

黑岩還詢問了生產交期（lead time）的刪減計畫、庫存減少狀況等等，他都很爽快地回答了。

川端在內部年輕員工中頗受歡迎。

然而，他與廠長或生產部經理等第一線責任者卻格格不入，黑岩嗅到他們之間存在某種緊張關係。

黑岩聽別人說過，川端兩年前曾向春田常董建議：

「我認為改革不宜放慢腳步，不然會恢復原狀的。」

在事業部的業績表面上出現盈餘，大家都很興奮時，川端祐二卻對事業部經理提出以上看法。

他的這個行動雖然博得不少年輕員工的好評，但同時也有人批評他是「在外頭（海外）待過的」，也讓高層將他視為頭痛人物。

黑岩莞太對川端相當感興趣。

這不僅是因為川端有時具備引起話題的行動力，他在亞斯特事業部的中階主管裏，算得上是才能傑出、視野寬闊且言詞有力。

當川端祐二結束面談踏出會議室以後，五十嵐突然輕輕說了句：

「總算出現了。（笑）」

他是指總算找到改革小組組長的理想人選了。

我希望讀者能仔細體會一下他這句話的意思。該見的人都去見一見，那麼就能夠一舉發掘公司中被埋沒的人才。

如果沒有這次的會面，這個體質老舊的組織就會埋沒了一位改革的人才。

生產管理室室長川端祐二（五十歲）的說法

我在美國當董事長時，常去矽谷拜訪創投企業。

當時美國的經營者都很拚命，從早忙到晚。看到他們的熱情，我就覺得那是一種威脅。甚至想美國人如果這樣拚命下去的話，日本就危險了。

然後當我四年前回到日本時，感覺到一股強烈的不一樣的氣氛。

不同於以往的日本企業，亞斯特事業部的辦公室一到下午六點就變得空空蕩蕩了。就像公家機關準時下班似的（笑）。

在日本，如果大家都能打起勁的話，即使讓大家早點下班，大家也一定會廢寢忘食工作的。

說什麼這種**拚命精神**太陳腐的人，絕對是大錯特錯。

因為美國的創投公司都是拚命三郎。從早餐會議一直工作到半夜。週末還將工作帶回家繼續做。

症狀41　現在再說日本人勤奮什麼的是一派胡言，辛勤工作的美國人比比皆是。特別是日本企業的高階幹部或菁英層，最是悠閒。

日本管理階層的薪資還高居世界之冠呢。日本企業的管理階層享受與美國MBA同等或更高的待遇卻無所事事，也不覺得有什麼不對。

連我在內，這些人本來都是公司中應該主導經營的菁英。

但是，我們有像美國的MBA一樣雙眼發亮，帶領年輕後輩站在第一線打拚嗎？

說到市場的競爭，我想已經高下立判。

即使年輕一輩提出事業策略的問題，就會被主管訓斥：「先從自己能力範圍可及的工作做起。」或者「你應該先從自己做起！」

用這些話來指導部屬也無不可。不過，我覺得這也是身為主管的逃避方式。

症狀42　不少人將應該由**經營階層**從根本改變結構的責任，用改善個人或狹隘職場的話題來敷衍。

總而言之，當面對公司的現實狀況時，明明應該要從高層做起的事，卻找部屬來墊背。

有骨氣的員工雖然都鬱悶難消，卻是淡定地過一天算一天。

症狀43 組織中缺乏感動，沒有表情。說實話成為禁忌；大家都是事不關己地過著。

大家只會徹底執行在中午休息時把燈關掉、用過的紙回收再用、準時下班之類的事情，最重要的「提高組織戰鬥力」，卻沒人敢碰。

從上到下都認為保守做法才是上策。

在這種封閉的狀態下度過人生，對彼此都是人生的浪費，不是嗎？

症狀44 公司未能提出「進攻策略」讓員工分享並形成共識。公司喪失**善於進攻的組織文化**。

我已邁入五十大關，當我四十歲去美國當董事長時，覺得自己大開眼界，見識增長不少。

但回來日本已經四年了，我還沒有感受到工作的樂趣。公司就像一潭死水，那種氣氛，唉……。

我同學現在在獵人頭公司工作，許久不見的他突然打電話給我。我們約下個禮拜見面。我不知道他是有目的的，還是只是喝一杯敘敘舊。

在這個職場永遠不得出頭，我真的想趁著自己乾枯以前，再做做自己想做的事。

缺乏串連組織整體的故事

拉回黑岩莞太的說法

我雖然來亞斯特事業部才一個月，但已經在公司內部到處走動過了。連終端客戶包括關東、名古屋、大阪周邊跑了十五家左右。代理店也去拜訪過了。

我雖然預計到這個月底為止盡量走動，但我想我已經看得差不多了。

六年前我去東亞技術時，花了近半年才看出一點實際狀況。

在不知不覺中，我覺得自己的經營經驗或對事物的看法變豐富了。

話說回來，你不覺得我在面談時都問得很細嗎？

公司內部好像有人很驚訝我的做法。他們認為我都身為上市公司的高階幹部了，應該顧全身分，就大局全盤思考才對。

但這卻是錯誤的想法。

因為情況不佳的公司，「高層所談的大局策略」與「第一線的實際狀況」根本連結不上。

症狀45　公司缺乏綜合分析能力與經營概念。停滯的企業如果只在策略上做文章也改變不了事實，但光是處理現場的問題也同樣無濟於事。雙方各自為政是不行的，一定得一起拿到檯面上解決才行。

因此，我才會親自去最底層，將第一線的黑盒子撬開，從那裏出發，並描繪**整體與部分互不矛盾且緊密結合**的一張圖。

即便如此，如果是你的話，會用怎樣的**架構**（framework）來整理這個組織的病狀呢？

這個事業部的幹部是要在經營會議中，就是那個死氣沉沉的大型會議上，決定研發方針的。

但那個時候，他們連商品對客戶的真正好處卻都沒有討論過。

花錢研發出商品以後就交給產品經理，在那個時候才開始想該怎麼賣給客戶。

商品做出來以後才去想，這根本是本末倒置的做法。但是，還有更奇怪的事情等著呢。

亞斯特工廠銷售系統的董事長對新商品總是不屑一顧，他只推廣他有興趣的商品。

總而言之，花了一大筆錢與時間所研發出來的新商品，卻因為工廠銷售系統的想法而半途而廢或功虧一簣。

當我再去亞斯特工廠銷售系統的分店時，分店長用一句「地域性」，就讓總公司的銷售策略轉彎了。

如果以為結果就只是這樣的話，還早得很呢！

如果去問終端的業務，他們就會說：「隨便賣什麼都行。」因此，連總公司的方針、分店長的分針都極有可能在業務身上煙消雲散。

有趣的是，當我與業務們在一起時，他們卻表現出被逼著去打一場不可能的敗仗，一副受害者的模樣。

但去研發部門的話，工程師也是籠罩在受害者意識中。他們心裏想著，我們拚命研發出新商品，可是工廠卻不當一回事，業務也不努力推廣。

當我去工廠時，他們心裏卻想大家從早忙到晚，但是新商品的設計很奇怪，而業務老是將一些無聊的客訴問題推給工廠……。

一家營運不當的公司**各個功能組織都會累積著受害者意識**。而且，大家都覺得公司整體的赤字或打敗仗都跟自己無關。

然而這幾年來，當公司想打破僵局時，卻因為缺乏領導力，使得組織變更或人事異動頻繁而半途而廢。員工也都覺得很失望。

症狀46 公司缺乏貫穿整體事業的劇本，組織中各個等級的**策略有名無實**。

症狀47 治標不治本的療法，讓組織變更或人事異動頻繁，因為毫無成效，導致員工對**改革感到疲乏**。

亞斯特工廠銷售系統的董事長或業務部經理只會嚷嚷著他們在第一線跑來跑去忙死了。反正他們覺得自己為了達成每個月的目標都有去拜訪營業所或各個大客戶努力推銷。如果就這個面向來看，他們確實遵守了所謂的現場主義。

但是身為總指揮官的人卻缺乏**整體（Macro）的策略感**。換句話說，就是缺少市場規畫或整體策略的敏感度。

他們以為企劃或策略的事情只要交給年輕部屬去思考就好，業務部經理應該與業務一起拿著大刀在草原上奔馳廝殺的。這就是我們公司傳統的思考模式。

當然我並不是說在總公司閉門造車，紙上空談才是上策。因為，這世界上有太多人這樣做了……。

然而，這家公司的總指揮是由注重人際關係且業績優良的業務按照年資一步步熬出來的。

本來應該藉由這個升遷過程磨練業務對市場規畫的思考或策略的看法，但在這家公司卻都看不到。

像這樣的**知識或技術都是受到公司外部的刺激**而提升，所以如果不讓他們好好學習，就根本無法培養專業能力。

症狀48 公司整體在策略方面的知識技術過低。然而，現在卻是以策略的創意決勝負的時代。

症狀49 公司的幹部缺乏經營素養。因此，才會被內部的角力牽著走。

但是，亞斯特事業部的員工並不是一群笨蛋。如果一個一個人去看的話，基本上他們都是優秀的，而且很多人的知識水平都不低。

然而，他們在公司這個「小團體」中日復一日的一起工作，鞏固了類似的價值觀……因此，當某一個人的行動或言論脫軌時，就會被斥責、冷凍或下放……如此頑固的價值觀並不是那麼容易瓦解的。

症狀50 同樣的思考模式在內部的「小團體」中傳播，大家只能表達類似的想法。對於外界所發生的一切反應遲鈍。

我們必須改變拖垮這家公司的天真散漫的結構。然而，同時間**日本組織的優點**卻應該盡可能保存。這並不是一件簡單的事。

以上的事情都是我在亞斯特事業部中，自己四處遊走之後所得到的實際面貌。總而言之，公司中找不到一以貫之的故事。

我想從今而後，我所推廣的改革需要有**中心概念**。

我需要看清楚問題的根本所在，鞏固基本思想，有心理準備堅持下去並貫徹到底。

對於我而言，這個基本的切入面便是如此。

亞斯特事業部只是一個小組織，但從研發→生產→業務→客戶的距離卻架構得異常遙遠。

本公司中研發工程師所想的事與業務末稍所做的事完全風馬牛不相及。雙方溝通不良，大家分崩離析，於是公司的策略就半途而廢了。我們周遭的一般員工，卻沒有注意到自己已經變得很官僚；但如果跟他們說，難免他們會心有不平。我該如何讓他們理解，如何讓這家公司變得敏銳呢？

如果我們的動作能比對手更快，更徹底的話，應該還有轉敗為勝的機會。還有兩年的時間，事情會怎麼發展呢？改革如果失敗的話，這個事業當真會被裁撤嗎？算了，我也只能盡人事聽天命了。

三枝匡的經營筆記 2

改革推動派與反抗派之類型

黑岩莞太與五十嵐直樹在公司內部的觀察期已經結束。從現在開始他們終於要正式動手改革。公司裏有人暗地裏期待改革，相反地，那些抱持戒備或反抗心理的人也開始有所行動。

高舉改革的旗幟時，員工們會有什麼樣的反應呢？

今後，改革先驅、追隨者與反抗者等各種不同類型的員工將在這個故事中登場。而改革者又該用什麼態度與之周旋呢？

接下來，我將現身說法，將組織的

【圖表2.1】改革的推動與反抗類型

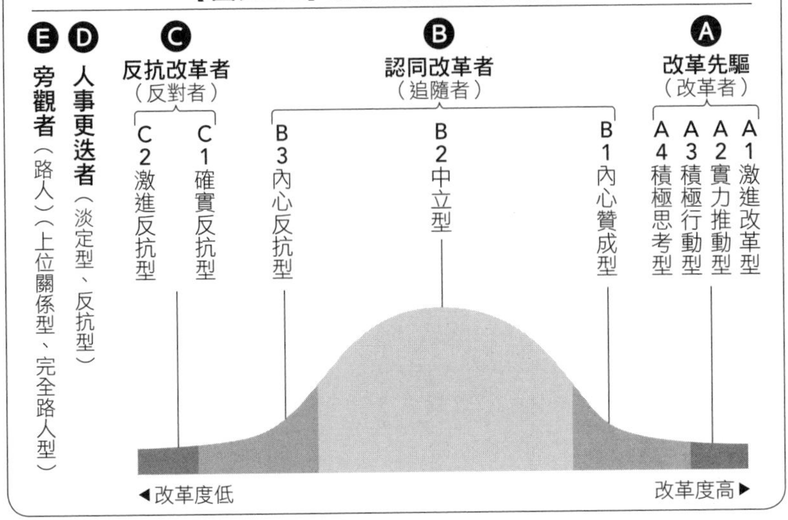

員工對改革所抱持的態度分成幾個類型加以說明。

以下是員工對改革的反應類型。改革是否成功端賴於這些員工屬於哪些類型，隨著改革的進行他們又如何變化。

改革者必須看清每位員工屬於哪種類型，並配合每個人採取合適的溝通方式。

A改革先驅（改革者，Innovator）

A1 激進改革型

指激烈地否定舊制度，打著改革理論身先士卒的人。數千人規模的公司只會有一、二位這種突變基因（必然殘存幾位）。他們的思想較為前進，但因為太過突出，反而得不到組織的支持。這種類型的人大多缺乏具體落實的實務能力。如果主管能夠強勢領導的話，就能發揮所長不失為可造之才，一旦放牛吃草就危險了。如果讓這種類型的人來領導改革，就容易讓計畫半途而廢。

A2 實力推動型（改革領導）

指不畏高度風險，平衡感佳，能夠符合邏輯且實際推動改革。另外，抗壓性強，同時具有骨氣能在緊急時切割既有的體質。在體質老舊的公司中，這種類型大多被視為激進改

三枝匡的經營筆記　2

革型而遭冷凍或下放。

本書的黑岩莞太是這種類型的明日之星，因黑岩而獲得提拔的川端祐二也在短期內從A3積極行動型蛻變為這個類型。

他們受到香川五郎董事長與企業顧問五十嵐直樹的支持，這四個人強勢的改革領導力是構成本書故事的主因。

A3積極行動型

指在**行動上**支持改革領導者的人。這個類型的人雖然缺乏經驗或者能力不足，但有希望成為未來的改革領導者。黑岩挑選了星鐵也、古手川修與貓田洋次等不少這種類型的人加入改革任務小組。

這個類型的人如果在缺乏經驗的情況下，過早領導改革的話，就容易突出而「獨斷獨行」或者「操之過急」，稍有成就會變得「傲慢」等等，有時還會自毀前途或遭到下放。

這些影響對這種類型的人而言，就像是出麻疹一樣，只要能夠度得過這個失敗，便能變成耐操的「A2實力推動型」。

培養經營人才的關鍵，就是盡量讓他們在年輕時「出麻疹」。日本企業的經營能量枯竭的最大原因是人事制度拖延了出麻疹的時機，而且習慣將這種寶貴的經驗安上失敗者或下放者的烙印。

這種類型的人有些會在改革途中與指導者理念不合，一涉及利害關係便起身反抗，這些激烈行為會讓他們一下子變為「C反抗改革者」。

A4積極思考型

這種類型的人在思想或行動方面與改革領導者一致，但本身的性格卻不適合當領導者。他們生性聰明，人際關係良好，能夠圓滑地應付一些反抗，相反地，有些人也不尋常，不僅思慮較深，也具備改革的創意。一般而言，他們都長於分析及撰文。

這些人雖然牙尖嘴利，但卻出乎意外的抗壓性不高，如果讓他們在戰場中衝鋒陷陣的話，最先陣亡的往往就是這種類型。另外，有一些人看似開朗熱心贊同改革，但讓他們身體力行的話，就會發現他們一無是處卻不讓人討厭，這些人容易與A4型混淆，讓人判斷錯誤。

B認同改革者（追隨者，follower）

B1內心贊成型（改革早期的追隨者）

指心理上認為改革的想法是「正確」的，但卻規避風險，採取觀望態度。偶爾也會否定改革以自我保護。

三枝匡的經營筆記　2

當改革順利進行的話，這些人就能隨著A3、A4型成為儲備的改革先驅者。重要的是，在改革的準備階段**至少必須先讓內部的人才成為這個類型**。

他們的所作所為看似積極，但一旦情況不對，就會將改革的責任或風險推給部屬或空降部隊，公司的某些高層或高階幹部狡猾地潛藏在這個地帶中。

B2中立型（改革中期的追隨者）

指危機意識較低，不願改變的「普羅大眾級」員工。他們都是先「遠遠觀望」，然後根據改革的進度、自己的利害得失或周遭的反應等等決定是要贊成或反對。

他們常持贊成與反對的兩種言論以求保險。如果改革成功的話，就可以說：「我一開始就贊成改革了。」如果改革碰壁的話，就說：「我早就知道行不通了。」他們是無辜的一群，認為不管改革失敗與否都跟自己無關，但改革的成功卻一定要讓普羅大眾級的員工動起來不可。

黑岩莞太說，他希望「反抗改革者」至少能夠進來中立型採取觀望態度的區域就謝天謝地了（參閱第四章）。

B3內心反抗型（改革後期的追隨者）

指對於改革雖然不至於採取攻擊的態度，但卻保持一定距離。是一種輕度的表面順從，背後反抗的類型。他們的性格與普通人無異，一離開改革領導者的視線就對A3或A4冷言冷語。

當這些人認同改革的走向就會往B2類型靠近，最後被新的組織同化。當改革一有失敗的徵兆時，他們就會快速繁殖，一窩蜂往C1型移動。

C反抗改革者（反對者）

C1確實反抗型（反對改革的領導者）

這些人不是一口「否定」改革，就是在情緒上對改革者強烈「反感」。事實上，這個類型的人大多感性勝過理性。一旦鑽牛角尖的話就會往C2型移動或辭職。

他們是重度的陽奉陰違者，習慣利用**大放厥詞且不受管教**的在野黨，背地裏大動作到處批評，甚至傳到改革者耳中，讓雙方產生嫌隙。這種人如果在美國的話，不是自己早早辭職，就是被炒魷魚了。但在日本卻不這麼做，大多都是在公司繼續待著。因此，即使改革成功以後，他們也無法融入新的組織（或者被新組織排斥），只好縮在公司一角。

日本企業的員工大多像小孩子一樣過於天真散漫，因此，有些人完全沒有察覺自己對公司產生什麼樣壞的影響。有些人當看到改革的成果以後心想糟了（察覺到自己太感情用事，缺乏理性誤判形勢），心裏留下疙瘩，所以想要修復也難，同時也悔不當初。這樣一

三枝匡的經營筆記 2

來，一些行動型的人就會想不如離開這裏，另外尋找快樂的人生比較正確，但他們又沒這樣的膽量，所以只能在陰暗處抑鬱一生。

當一位改革者缺乏事前的溝通，劇本不夠精湛、跟催散漫或操之過急，都會製造更多的確實反抗型。如果雙方能夠正面溝通，互相理解痛處及不同點就有可能讓他們維持中立，但事實上事與願違的居多。

但是，改革者一旦有所遲疑就會慘遭追殺。與其讓這個類型的人持續反抗改革、對積極員工潑冷水、推垮改革的積木，倒不如鼓起勇氣「斷尾求生」。

C2 激進反抗型

指與改革者在檯面上對決的人，這些人有時還不惜利用工會或尋求法律途徑反擊。但是最後也不見得會被公司解雇，反而與公司打起官司來。這種類型在內部雖然得不到什麼支持，但是一旦出現就會讓員工對改革熱情冷了下來。

而這就是他們的目的。只要不涉及個人對於改革者的怨恨或理念等，這種類型是很少見的。即使出現了，改革者也不能退縮，因為這是一場不是你死就是我活的戰爭。

D人事更迭者

D1淡定型

指認知自己過去的責任，乾淨淡然地與後任者交接，自行辭職。

D2反抗型

指無法接受自己被炒鱿魚一事，因此便煽動周遭反抗改革，然後才離開公司。

E旁觀者（路人）

E1上位關係型

例如總公司人事部、會計部等能夠牽制改革的部門之上位組織，或者是有業務關係之其他部門的員工。他們扮演傳播八卦的媒體角色，有時還會在總公司形成一種無法忽視的「輿論」。總而言之，一旦改革面臨困境時，他們的重要性便更加顯著。如果總公司內部支持反抗派的話，那麼就能策動總公司的高階幹部換掉改革領導者。

三枝匡的經營筆記 2

E2完全路人型

指雖不具組織上的關係，但過去曾在那個部門待過的員工，或者同一期進入公司的同事、友人、廠商或者客戶的員工等。

對這些人來說家裏的另一半才是最大的存在。他們平常雖然不會發生什麼作用，但卻具備傳播謠言的功能，有時還會以重要關係人的身分出現。

基本上，公司裏的員工都屬於上述這些類型，同時因為他們的「屬性」而決定改革的結果，但其屬性會隨時間而產生變化。

「屬性的移動」雖然是自然發生的，只不過是反應改革的「結果」（「大眾」大多是根據結果決定態度，也就是「勝者為王」的現象），但並非全是如此。成功的改革會由強勢的改革者隨意地「移動屬性」——讓大家知道他堅定的意志與見識，吸引贊同者向此「移動」。

而如何喚起大家強烈的反應，接下來即將登場的「概念」、「簡單的故事」、「熱烈討論」等都是重要的因素。

第3章

探尋改革的線索與理念

◉召集改革先驅
◉分析原因
◉分享改革概念

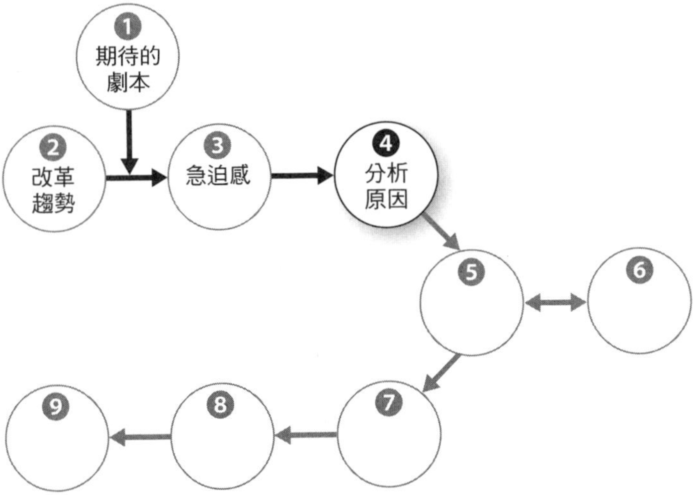

遭到埋沒的人才

黑岩莞太到亞斯特事業部上任二個月後的十二月一日，啟動改革任務小組以研擬事業改革的劇本。

這個部門仍然每月持續虧損，已經沒有時間讓大家和樂融融相互討論。

無法跳脫既有框架的人，就不可能大刀闊斧地打開這個困境。這是黑岩在重整東亞技術時的親身體驗。

重點1　改革小組的人選對改革的成敗有極重大的影響。改革小組中尤其不能有玩弄「派系鬥爭」的人。

小組成員必須是亞斯特事業部中**有稜有角**的人，但如果找了一匹不合群的孤狼，也會讓人頭痛不已。

他們需有解決問題治本方法的意願與不畏風險的骨氣。能夠新鮮獨到地闡述自己的意見，將大家團結起來。

改革任務小組的工作結束之後，這些成員並不是繼續留任，而是**進入第一線**，自己背負盈虧責任，滿身泥濘地推動新事業，成為未來的儲備幹部。

當然，如果這個事業部能夠找出幾位這樣理想的人才，就不用那麼擔心了。

但黑岩相信公司裏，絕對埋沒著幾位**素質愈磨愈亮**的人才。

「人選的關鍵在於**骨氣與邏輯性**。只要具備這兩種條件，再來狠狠**鍛鍊**他們就好，這樣馬上就能發光發亮了。」

黑岩在面談的時候一開始最在意的是川端祐二（五十歲）。

黑岩將川端祐二找來說明任務小組的工作以後，川端就毫不猶豫地躍躍欲試。他的態度很像黑岩當初去見香川董事長時所展現的決心。

就這樣黑岩、五十嵐與川端三人形成改革小組的**主導成員**。

第二天他們就開始挑選小組成員。川端祐二也推薦了幾位候選人，這份名單與黑岩的重疊性很高。

總算決定了專職的四位小組成員。

除了熟悉生產製程的川端祐二以外，還有在前一章出現的D商品群產品經理星鐵也課長（三十九歲）與研發中心的工程師貓田洋次課長（四十五歲）。

再加上亞斯特工廠銷售系統營業企劃室的課長古手川修（四十一歲）。

除了這四位以外，另有四位留在原單位任職，必要時才支援的兼職成員。

他們是工廠製造部的次長大竹政夫（四十六歲）；具備A、B商品群產品經理資歷，目前擔任亞斯特工廠銷售系統售後服務部的課長赤坂三郎（三十八歲）。

以前曾待在工廠的品質管理部，現在擔任事業企劃室的代理課長原田太助（三十五歲）。最後是小組成員中年紀最輕，曾待過總公司的人事與總務部門，目前在亞斯特工廠銷售系統大阪分店負責銷售的業務主任青井博（三十二歲）。

這八名中階主管不只代表了各個年齡層，在某種程度上還涵蓋了這六大商品群的知識與從研發到業務各種不同功能的組織經驗，形成一個「跨功能（cross-functional）」的組合。

如果可以的話，黑岩也希望挑選一位女性當小組成員。但是，即使已經跨入二十一世紀，女性主管在這家傳統企業中還是少得很。

黑岩雖然說過選中的人才只要「狠狠鍛鍊」就行了，但是畢竟一決勝負的時間太短。他反而想：「每個人都缺乏經營改革的經驗，倒讓我有點擔心呢……（笑）。」

但不論如何，這些成員都已經是上上之選了。

公司頒布緊急人事命令，於是改革任務小組便在二個星期以後的十二月一日啟動了。

黑岩在經營會議上向主管們明白表示：

「改革任務小組直屬事業部經理。兼職的成員不用將工作進度向各自的主管報告。公司內部必要的說明全由我一人負責。」

這是為預防改革任務小組被內部角力的熱鍋給溶化。然而，事業部經理這一番話卻是一個「大事件」。

改革任務小組這個名詞雖然有點陌生，但卻很快地滲透入主管心裏了。

重點2　組織文化的變化需要靠組織內部所發生的「**事件**」（大事）當成觸媒才能有所進展。如果經營者或主管只想著避開事件，盡可能平安無事地進行的話，是絕對無法改變組織文化的。

當改革者下定決心以後，就要極力地敲鑼打鼓，製造一個夠動搖人心，讓大家印象深刻的「事件」才行。

而且還不能只是表演或者精打細算。改革者應該將自己的理念、生存方式及謹慎且簡潔的策略，熱情地宣揚出去。

星鐵也（三十九歲）的說法

當大家傳說「公司要開始大刀濶斧改革」時，我起初想「又來了……」。我最初的改革經驗是十三年前。當時連改革的目的都模糊不清，我負責企劃的改革方案都付之一炬了。

第二次來了一位別的事業部經理，開始從外面請來一位管理顧問，改革到一半經理走馬換將，在改革方案沒有下文的情況下便草草收場。真的是笑死我們了。

第三次的改革是幾年前，其他事業部的經理又動腦筋想大幅度變動組織。當時，我參加規畫改革流程，但就只是改變組織而已，其他一切照舊。

過去的改革對公司或對我都沒有任何收穫，不，反而因為太過投入而留下一股強烈的無力感。我心裏想著天啊，饒了我吧。

但當主管說這次還指定了專職的小組成員時，真是嚇了我一跳。我心想又來了（笑）。這個時候還搞什麼呢？

一聽到改革很多人都拔腿就跑……上次就有人說過這個笑話。

有一位經營企劃室的室長本來是帶頭改革的，不料在改革前夕被調職了。他卻很高興地說：「好險逃過一劫。」

原本應該驍勇奮戰的人，從一開始就腐敗了。

亞斯特工廠銷售系統大阪分店青井博（三十二歲，最年輕的成員）的說法

我為什麼會入選？嗯，我自己也不是很清楚。

大概是以前改善工廠的客訴處理，推動ＴＡＴ運動的時候，那時承蒙川端先生看得起，他還滿關照我的。

分店的氣氛陰暗，我每天都很鬱悶，所以覺得這是從天而降的機會。

同事們好像有點注意到了，還有人半開玩笑半嫉妒的說：「為什麼是你？」

不知道改革任務從什麼時候開始，真讓人期待。因為這是一個難得機會，可以影響公司的未來。我知道不應該這麼說，但我倒是有一種玩遊戲的感覺（笑）。

也有人在剛踏入四十歲的時候熱心關注公司的經營問題，但說到改革就退避三舍了，真讓人覺得受不了。

沒有不可能的事

改革任務小組第一次的會議就是三天兩夜的集訓。大家星期四早上十點在伊豆半島伊東的太陽產業研習所集合。

大家都是便服參加。川端祐二穿著牛仔褲，青井博則是運動鞋。

黑岩說開會吧，大家就圍著會議桌坐了下來。

黑岩靜靜地在白色的牆上放映一張投影片。

黑岩莞太翹著腿，一派輕鬆地開口說話。但是，大家看著那張投影片，卻一點也輕鬆不起來。

「你們將大半的人生都賭在這家公司上，但是，這個事業如果倒了，你們的人生就會天翻地覆……換句話說，你們這個世代正站在人生的交叉口呢。」

黑岩打算從這個世代裏挑選出未來的**經營儲備人才**。

【圖表3.1】下定決心

各位已經無法置身事外

- 站在經營者的視野
  這是你的宿命
- 愈想逃避
  事情愈是不上不下

前兩個月是勝負關鍵

（作者註：我必須向各位讀者說明，本書中所出現的投影片或圖表，全是真實存在的某家企業實際所使用的資料。）

「我們這個團隊真的是什麼人都有，簡直像個動物園⋯⋯（笑）。」

他的意思是這個團隊的成員形形色色，各有不同的性格與知識。

「我們的任務是從現在起，要在四個月內，也就是說最晚在三月底之前，提出事業部可行的改革方案。」

「你們的討論範圍**沒有所謂的禁地**，想到什麼都可以儘管放心開口明說，不管是要結束事業，關閉工廠，裁撤多餘的部門，改變銷售路線等等⋯⋯。即使你們覺得該叫誰走路，也沒有關係；因為，改革不可能不牽涉到人事問題⋯⋯我希望你們能夠做全方位的考慮⋯⋯因為，什麼都是有可能的。」

如果是一般的經營者的話，一定不會這麼說。他們喜歡預設討論的範圍或主題。因為如果那些年輕員工提出一些不成熟的方案的話，那就有得頭疼了。

然而，高層這麼開誠布公地丟出問題，反而是輪到年輕一輩頭痛了。

重點3　在剛開始檢討改革劇本時不能侷限選項。找問題時應盡可能擴大範圍，等看到問題本質以後再進行篩選。

老實說，星鐵也還沒有融入這個小組，他抱著猶豫的心情來伊東，但一來就馬上感受到「這次與以前的改革不同」。

黑岩才不過說了幾分鐘的話，就將過去改革花了半年也做不到的事給做到了，他當真嚇了一大跳。

而且突然要他們去思考這樣龐大的內容，自己該想些什麼？該用什麼方法？從什麼地方著手呢？

我開始覺得坐立難安。對這些沒有經營經驗的中階主管而言，過去從未處理過的各種大量的數位與類比訊號開始突然在他們的腦細胞中穿梭。

星鐵也的腦中還沒有足夠的「辦公桌」或「抽屜」，可以整理這些資訊。

接下來，腦細胞開始不知如何處理這些突如其來的問題了。換句話說，這也是人類的煩惱或者混沌的開始。大家的狀況都一樣。

然而，組織想要「變化」或「成長」的話，就無法避開混沌的局面。

跟先前提到的所謂「事件」的話題一樣，為了讓組織產生變化，反而需要故意讓局面變得混沌不清。

重點4 不管是人類或組織當面臨「混沌（chaos）邊緣」，也就是從秩序掉落至混沌的緊要關頭時，就會促進腦細胞活動，創思源源不斷，行動變得柔軟圓滑，以便盡快適應新的變化（參閱莫什・魯賓斯坦〔Moshe F. Rubinstein〕、愛麗絲・弗斯騰伯〔Iris R. Firstenberg〕合著《大腦型組織》〔*The Minding Organization*〕）。

當一家公司死氣沉沉時，這個流程都是遲鈍停滯的。員工受限於以前的秩序，害怕靠近「混沌邊緣」。

俗諺云「需要為發明之母」，同樣的我們也可以說「混沌為變化之母」。

就這層涵義而言，任務小組的成員目前不管喜不喜歡，都已經開始進入從未經歷過的「混沌邊緣」。

黑岩繼續說下去：

「改革任務小組應該找出能讓這項事業賺錢，打一場『勝仗』的方法。不過，如果清楚知道這是無法達成的話，應該馬上研擬『裁撤事業』的對策。」

香川董事長與事業部經理二人，已經在公開場合表示過這個最壞的打算。

「你們要想如何將財務的損失降到最低，以裁撤這個事業。只要你們站在經營者的立場來思考，當然就會想到這一步。」

重點5　所謂「最壞的劇本」，是變革的努力無法順利進行時的停損點，領導者對於這點需要事先有某種程度的打算。

這個言論又讓星鐵也的心沉重了起來。如果有個萬一的話，就像是拿個鏟子自掘墳墓。黑岩的意思是，連改革的步驟都得他們自己來想。

強烈的反省

這時，黑岩莞太接著說明這個任務小組的指導體制。

「這次改革的總責任者是我，任務小組也由我直接指揮。但是，我無法與你們隨時在一起，工作的進度管理等實務上的事情由川端擔任小組組長來負責。」

接著，黑岩跟大家介紹策略顧問五十嵐直樹。

「五十嵐先生曾陪我重建東亞技術。我們兩個就像戰友一樣。」

用到戰友這個名詞可見不是簡單的交情。川端祐二覺得有點羨慕。他想著這二人過去到底做了些什麼呢？

「我們的工作不能用**業餘療法**進行。一切的想法或具體的工作步驟等，都聽五十嵐先生的指示。五十嵐先生相當於我的代理人，我希望你們將他的指示當作我的指示。」

川端祐二跟著五十嵐已經快二週，彼此合作無間。

「對你們來說，五十嵐先生就好像**特訓營**的指導教官一樣（笑）。」

五十嵐直樹站了起來。

他今年四十九歲，比川端祐二小一歲，但看起來反而比較老成。

「我這一個月左右，陪同黑岩經理在公司內進行面談。我的感想是，事業都已經弄到這個地步了，公司裏卻沒人說得清楚為什麼會變成這樣。原因不明，造成沒有人覺得『痛』了。」

如果能夠冷靜地分析原因，就能夠看出問題的根源所在，還有弄清楚這些問題跟自己的部門或個人之間究竟有什麼關係。

「但是，在這家公司中卻看不到嚴格分解問題的跡象。所以，大家心裏只會想：『我很認真工作』『全都是經營者不好』『這是其他部門的問題』。」

重點6　正確的經營行動都是從嚴格的「面對現實」開始。從各種角度眺望，目不轉睛地看清楚「實際狀況」。同時將這個內容分解到「自己可以處理」的大小。這件事說來簡單，但大部分的經營者卻都逃避現實。

五十嵐接著說：

「所以我們集訓的第一天要從徹底找出『打敗仗』的原因開始。再根據這個結果找出**改革的**

按鈕。」

星鐵也的心複雜了起來。心想：「對啊，我也快四十歲了……，但是，在此之前的人生，我只是別人的手下敗將。」

他之所以心情複雜，是因為這位外來的管理顧問簡簡單單一句話，就將自己的人生徹底切割，讓他有點不甘心。

事業部經理說他們是「慘敗」時，他都無話可說，但是被一個外來的人，說他們是在打「敗仗」，卻讓人很不舒服。這就是鄉村型公司對外來者典型的反應。

然而，幸運的是，星鐵也仔細想了一想五十嵐說的話。

「從旁人的角度來看，如果這不算敗仗的話又是什麼呢？他這麼說，也有他的道理。」

這或許是簡單的一句話，但對於改革來說卻是一個非常重要的分水嶺。

星鐵也將組織中角力鬥爭所有的「喜歡或討厭」的**情緒反應**，試圖替換成「正確或不正確」的**邏輯反應**，設法說服自己。

事實上，以策略至上的企業員工已經習慣這種替換方法，而反其道而行的公司其員工則易流於情緒上的反應。

如果問這個分歧點是什麼的話，就是大家是否能夠分享組織的「**目標**」或行動的「**意義**」。

就星鐵也來說，他已經完全理解任務小組的目的，至少他是肯定這個改革的。因此，五十嵐的話即使聽起來刺耳，也比較能夠聽進去。

五百張卡片

會議室的牆壁上被貼上白色的壁報紙，五十嵐將任務小組的成員叫來集合。

「現在，我想讓大家將問題寫在卡片上，然後貼在牆壁上整理「改革的切入面」。

壁報紙上分成三大類列出許多項目，以便整理出事業的「強項與弱項」。

A　經營實務（研發、生產、市場調查、銷售、服務等）之強項與弱項

B　策略（長期凌駕競爭對手的策略因素）之強項與弱項

C　組織（商業流程、危機意識、領導素質等）之強項與弱項

「突然叫你們在卡片上寫些什麼，可能大家都一頭霧水吧？那就讓我先寫一些自己的觀點，為大家『拋磚引玉』。」

五十嵐這麼說著，首先提示了一個主題。

●顧客的不滿在哪裏？為什麼我們做不到？

大家拿著卡片，回想客戶常有的不滿與抱怨，然後馬上寫下幾個內部的問題點。

但是，也有人不知道客戶有什麼不滿。

每寫下一張卡片，就要大聲念出來給大家聽，然後自己貼在牆壁上。他們說好，今天可以提問其他人所寫卡片的內容，但不可以批評。這是為了鼓勵大家表達不同意見。這是改革不可或缺的要素。

大家寫出二、三十張卡片，朗讀的聲音中斷之後，五十嵐就接著進行下一個主題。

●對手為何會比我們強？我們輸在哪裏？

還是有人什麼也寫不出來，這個主題的卡片出乎意外的少。員工**不知道競爭對手的情況**，這是業績低迷的公司必有的特徵。

●部門與部門間的問題點？

●對於領導力的看法。這會帶來什麼問題？

一提到內部問題，卡片就像水壩潰堤般貼滿牆上。

「你們都太客氣了。你們應該早就一肚子火了吧？不老老實實寫的話，就無法真實傳達喔！」

被五十嵐這麼一激，很多人又重寫了一次。

擔任業務的古手川修一寫出「研發都不將業務的話當一回事」，事業企劃室來的代理課長原田太助接著寫「業務都不想知道研發的想法」。

這時候，工廠來的製造部次長大竹在牆上貼著「工廠與業務總是衝突不斷」，如此一來，牆上就呈現這三個重要部門的縮影。

在會議室中，大家都體驗到在公司裏從未有過的奇異氣氛。

如果是在平時，大家都能冷靜面對這些情緒性的問題，心平氣和地溝通。

●事業策略長期以來的問題點是什麼？

當古手川修寫下「從一開始就沒有策略」，大聲念出來以後，川端與貓田也不約而同地寫下相同的內容，所以大家都笑了出來。但是，大家又感覺隱藏在背後的寂寞，所以就笑不出來了。

此時，已接近黃昏，牆上已經貼滿快五百張卡片。新的卡片幾乎寫不出來了。

一直靜靜在一旁觀察的黑岩莞太，這時開口了。

「全部吐完了？你們對問題的想法全都寫出來了？」

星鐵也回答：

「除了批評那個人缺乏責任、這個人沒有幹勁等等個人的不滿以外，幾乎大家所有的心聲或問題點都寫出來了。」

黑岩雖然不認為怎麼可能在一天之內就將大家的心聲全都寫出來，但卻覺得這個時候沒有必要再繼續追究下去了。

然而，大家都一副意猶未盡的感覺。因為卡片貼滿了一整片牆，大家都被這個數目給嚇到了。

「好了，問題是，接下來我們可以從這五百張卡片找出些什麼？」

被他這麼一問，大家都沉默以對。在場的人都靜靜地看著這片牆。

每個人的意見都表達在這五百張卡片中，站開一點看的話，整片牆像是在說：「所以呢？那又怎樣？」似的。

概念的必要性

吃完晚飯後，大家開始整理這五百張卡片。從早上到現在已經工作九個小時了。

製造部的次長大竹政夫自從進來這家公司以來，還沒有用這種方式思考過。青井博雖然年紀最輕，但卻看起來最累。

有人說：「用『KJ法』（譯註：日本東京工業大學教授川喜田二郎〔KAWAKITA Jiro〕所發明的A型圖解法）來整理吧！」其他人又說：「用品質管制（QC，Quality Control）的魚骨理論吧！」

五十嵐早就知道大家會這麼說。然而，他從一開始就知道即使大家這麼做，也「於事無補」。

但五十嵐暫時什麼話也不說，看他們怎麼進行。他有這個膽識。他認為這個多此一舉是必要的步驟。

接下來，大家花三個小時把這五百張卡片翻來覆去。

這對在場的成員而言，並不是單純的研習課程。他們都感覺到死神的逼近，再這樣下去，大家就要沒飯吃了，這群菁英們正拚命尋找出口。

然而，每張卡片都有各種說法可以解釋。

從工廠來的大竹一說：「這張卡片跟這張放一起吧！」負責服務的赤坂就說：「不，跟這邊也有關連。」青井則一旁插嘴說：「不對，還是放回去比較好。」年紀最大的川端出來打圓場：

「那麼就這樣吧……」

不同看法或態度相互撞擊，就是希望能引起各種溝通。

變革的第一步首先是認清眼前的事實就是事實，同時讓不同的見解或各種價值觀浮出檯面，並互相承認彼此的差異。

因此，需要有**面對現實的心**。

然而，這卻是一個成效不多的工作。在場的任何一個人都看不出來他們所整理的工作有何意義。當時鐘的時針指向十點的時候，大部分的人開始感到不安。

五十嵐感受到這種氛圍，因此說：

「大家休息一下，你們的討論好像都在原地打轉呢！」

他一邊笑一邊說著：

「你們看，這個樣子，就好像我們部門遲遲無法改革一樣呢！」

組織內部各種看法或大家不同的態度，即使勉強讓它們浮上檯面也只是改革的第一步，但光是如此反而會加深彼此的對立，或讓局面變得混沌不清。

因為只要一進入衝突的狀態，組織就不會想辦法解決。

這十年內亞斯特事業部重複著這種封閉狀態。

「我們能夠認知彼此價值觀的不同，所以這個工作也不算白費。但是，大家都以為再持續個幾天，也找不到什麼新的想法吧？」

星鐵也就是這麼想的。

五十嵐跟大家解釋他們**找不到出口**的原因：

「大家都試著將這些問題分門別類了。但是，我們現在需要的是如何分類。所以，我們現在需要的是什麼呢？」

連具備經營經驗的川端都不知該如何回答這個問題。

各位讀者又會怎麼回答呢？

重點7　即使寫出幾百張卡片或是利用「內部的常識」將一家停滯企業的疾病分成幾大類也大多找不到解決根本問題的出口。到目前為止，反覆不斷討論只是讓事情原地打轉。

小組成員繼續工作著，可是誰也沒有答案。過了一會兒，五十嵐揭曉答案：

「大家應該參考的是思考方法，也就是所謂的概念（concept）。如果缺乏彼此認知的共同基礎，也就是說，當每位員工所信仰的思考方法、理論、概念或思想等各自不同時，根本無法**集體整理現實問題**。」

現在大家是用打地鼠的方式各別討論眼前紛雜的問題。這是因為員工對於「事物」各有不同的見解。所以，就會打混仗。

「如果，大家能夠分享共同的概念的話，就能夠開始分析或討論共同的標準。」

因此，大家開始整理身邊的問題點，希望能在同樣的向量（vector）下找出解決的邏輯。這下子，總算大家的能量聚集在一起。

重點8　組織變革時，重要的是需由高層提示「概念」、「理論」、「工具」等以便員工分享。當然這些內容都需要簡潔且強而有力。

五十嵐的這番話等於是說：「當員工產生新的『共通語言』時，改善的流程才從此開始。這是建立新組織文化的第一步。」（參閱拙作《經營力的危機》，日本經濟新聞出版社）

星鐵也心裏想：「說得也是，原來是這樣啊！」然後就笑了出來。

「大家雖然各有各的想法，可是我卻不同，我空空如也，什麼也沒有（笑）。因為我這個人根本沒有自己的思想或邏輯……。」

話雖如此，他卻是從一大早開始就一副了不起的模樣說東說西的。

同樣的，在場的小組成員如果沒有什麼了不起的觀察力卻喜歡高談闊論的話，他們如同一盤散沙也是理所當然的事。

星鐵也腦海浮現每位事業部主管的臉，心裏想著這個現象也正是亞斯特事業部的縮影吧？

「什麼是概念呢？這個留待明天早上來做吧！」

五十嵐提議大家暫時離開這五百張卡片的牆壁。

「先喝一杯吧！」

五十嵐一邊看著時鐘一邊說時，大家都鬆了一口氣。

餐廳將準備好的飲料、冰塊送進來。

事業部經理黑岩一口氣乾掉加水的威士忌，重新開口：

「這面牆壁代表著歷任事業部經理的煩惱。」

一時間，大家都聽不懂他的意思。

「現實中，與其不知道如何是好，倒不如亂搞一通。這就是歷任經營者所面臨的真實情況。」

公司內部的意見遠超過這五百張卡片，大家情緒不滿升高，有時卑鄙地相互對立，在看不到出口的封閉狀態中堆積心中的鬱悶。

黑岩認為歷任經營者枉顧現實，除了打地鼠，卻提不出解決辦法。

「經營者需要提示出概念，可是哪那麼簡單呢？你們閉上眼睛當成沒看到這個現實的話，時間就這麼過去了。這次一定得找出個答案。還剩四個月。好了，我們該怎麼辦呢？」

問我們該怎麼辦？誰也不知道啊！大家都是一副困惑的樣子。

但是，黑岩看看大家的臉及牆上的卡片，說了：

「事實上，這個答案大家**其實都已經知道了**，答案就在你們之中，在這面牆上。但是，如果不將這個混沌的局面整理成一個故事，是看不清楚的。」

他這番話背後的意義非常深遠，幾乎可以適用在所有的企業改革，但大家也是聽聽就算了。黑岩話中的意思，在他們這個階段還無法理解。

這天晚上，他們雖然喝著酒，但場面卻有點冷清。

因為大家晚上夢中出現的，可能都是這五百張卡片。

深夜的孤獨

星鐵也（三十九歲）的說法

之後，我雖然在會議室裏跟大家繼續喝酒，但因為明天還要工作，所以過了晚上十一點以後，大家就解散各自回房了。

跟我同一個寢室的古手川先生很快就入睡了。我雖然也想睡，但頭卻繃得緊緊的，根本睡不著。

我只要想著那五百張卡片能夠找出什麼呢？就更睡不著了。

因為睡不著，我乾脆爬了起來，想說去剛才的會議室看看好了。

我想與其睡不著，不如看著那面牆思考一下，或許可能找到什麼線索。對於自己竟然那麼投入，自己也覺得不可思議。

但當我靜靜地下了昏暗的樓梯，走廊轉彎以後，卻發現會議室的燈部分亮著，透過房門的玻璃可以看到裏面微微透出光亮。

剛開始，我還以為是誰忘了關燈。

我在鋪著地毯的走廊上盡可能輕聲地走著，從玻璃窗悄悄往裏看。

我看一眼不禁嚇了一跳。不，我不是在說鬼故事喔！

在會議室的最裏面有個男人正呆呆地坐著。有人比我早到呢！

從我這邊只看得到背影。

那個人穿著和式浴衣，直盯著正面的牆壁看。他的樣子在五百張卡片中投射出一個黑影，造成一個不可思議的景象。

到底是誰呢？我凝神細看，寬闊的肩膀、高大的體格，竟然是黑岩經理呢。

他的身影透露著些許寂寞……。

自他上任以來，我們部門每個月持續虧損，經理的壓力應該很大吧。

在伊東的員工研習中心，寂靜無聲的深夜中，經營者獨自一人，在公司如海似的問題中沉思著……。

「這個人還真是拚命呢！」

我這個人本來就很直，所以當下突然覺得很感動（笑），好像看到不該看的東西一樣。

我本來想進去叫他，但突然感到有什麼東西靠近。

所以我就這樣慢慢倒退著回房去了。

回去之後，卻更加睡不著了（笑）。

改革概念一：事業的原點

集訓的第二天早上，星鐵也來到會議室晃了一下，已經看不到黑岩經理的身影了。

黑岩一大早就離開研習所前往東京，夜晚又趕回伊東。事業部經理的來往奔波，讓大家再一次認知此次集訓的重要性。

五十嵐開始利用簡報說明改革所需的基本概念。他說這是他在幫一些虧損公司重建時，認為基本中的基本項目。

第一個概念是事業的原點——「**做生意的基本循環**」。

這並非什麼複雜的理論，倒不如說是有點無聊且非常簡單的想法。

【圖表3.2】改革概念一：做生意的基本循環

- 各個商品如無法在此循環中快速運作的話，將淪為市場敗將。
  但對於大組織來說，卻會在不知不覺中無法循環。
- 所有員工是否能像個店長一樣「生意」至上？

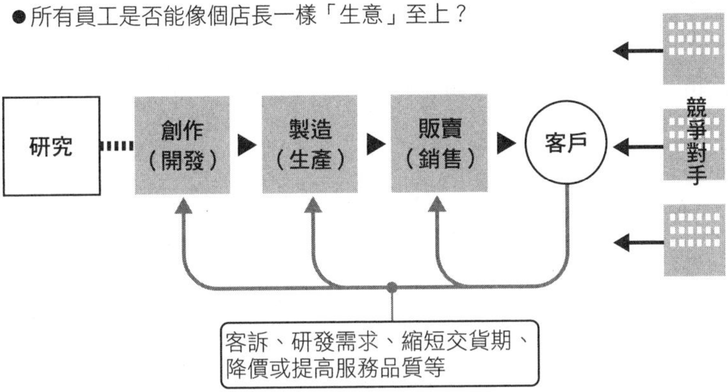

「但是，你們也不能太小看了喔！日本的經營者大都忽略這個單純的圖表，擺在一旁不管。不過，這個單純的圖表，卻可能讓一家死氣沉沉的公司起死回生呢！」

五十嵐接著說：

「亞斯特事業部規模不大，但從研發、生產、銷售到客戶的距離卻相當遙遠。這個現象引發公司許多問題，削減企業的戰鬥力。這面牆所貼上的五百張卡片中，應該有不少張卡片跟這個問題息息相關。」

事業的原點是讓客戶購買商品或服務。即使是「薄利多銷」也是要在「交易」成立以後才有錢可拿的。

於是，公司照著研發→生產→銷售→客戶這樣的循環將商品或服務送到客戶手中。

但競爭對手也一樣。

雙方發揮各自的「創作、製造、販賣」的

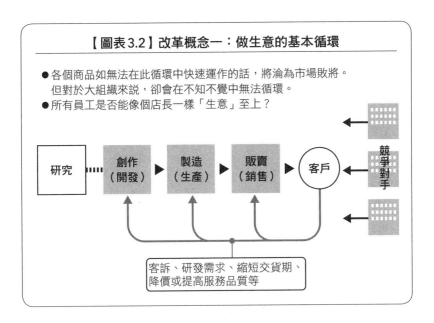

循環在客戶面前競爭，在對峙中客戶選擇某一家廠商進行交易，購買他們的商品或服務。

在這一連串的行動中，客戶必定會跟業務提出一堆抱怨，例如「算便宜一點吧」、「服務不夠好」或是「品質有問題」等等。

企業競爭的關鍵在於面對客戶五花八門的要求時，能否**以組織之姿**迅速回應。

總而言之，就是針對客戶的要求公司內的相關部門如何迅速的回應，同時該部門如何盡快處理。

「公司內部如能緊密運作這個流程（循環），快速行動打倒競爭對手的話，這家企業一定會凌駕在其他公司之上。」

如果握有極強的專利，能在技術面或成本面上占得優勢，或許還有可能獨霸市場。但不管企業規模如何龐大，競爭的原點是不會改變的。

於是，五十嵐將「創作、製造、販賣」的流程稱為「做生意的基本循環」。

重點9 「創作、製造、販賣」是**企業競爭力的原始構圖**，快速循環此週期是**滿足顧客需求**的本質（在拙作《經營力的危機》中，此概念也是該書主角伊達陽介改革企業的觀點）。

為何管理顧問的五十嵐會如此執著於「生意」這個字眼呢？

「就好比商店街的老闆們習慣將『生意、生意！』掛在嘴上一樣，即使是大企業，除了業務以外，研發人員、工廠的作業員、人事或會計部門的員工也都應該念念不忘『生意，生意！』，比**競爭對手更快的速度**跑過做生意的循環，如此一來，一定會贏得客戶的心。」

然而，速度是相對的態勢，如果一方動作快，另一方就是落後。

「當一個組織不把競爭對手或客戶看成是眼前的『生意』時，就表示該公司某個地方的因應能力出了問題。」

不論理由是什麼，這表示該公司**自己**製造了競爭上的劣勢。

總而言之，「生意的基本循環」愈是往左愈跟客戶疏遠，而漠視「生意」的員工也就愈來愈多，這是分工制組織的宿命。

當這些人對這樣的企業體質毫無知覺，而且讓這種現象蔓延下去的話，組織就會隨著時間的流逝節節敗退。

最後，當市場成熟而事業不再成長時，組織體質早已定型，屆時想改也為時已晚。

「我在二十幾年前，在幫某家虧損的企業重建時，發現到『創作、製造、販賣』的基本循環在該公司早已瓦解。」

五十嵐在那家公司仔細找出欠缺效率的原因。發現原因大部分不在於各個部門，而是部門與部門**的交界之處造成停頓**所產生的。

在一個部門中，現場的主管需有能力解決內部的矛盾，且以發揮「部分最高效能」為目標。

然而，當一個問題牽涉到不同部門與幾位主管時，一些未解決的課題就會被到處擱置，整個公司陷入散漫的運作模式，而喪失「整體最高效能」。

這個突然在眼前出現，再簡單不過的概念，貓田洋次卻深受震撼。

他過去一直在內部奮戰著，沒想到竟然有這麼簡單的方法可以用來說明這個組織無可救藥的病狀。

五十嵐接著說：

「後來，我讓工廠實施豐田生產方式時才發覺與此相同的模式出現了。」

過去傳統的工廠只記得在各個**製程中**追求最高效能，但製程與製程間卻明顯停滯，導致整體而言，生產線成本過高的情形。

「這類的工廠一旦模仿豐田的看板管理（譯註：看板管理為豐田獨特的生產管理模式，是指生產線將所需的零件與數量開立作業指示單（稱為看板〔kanban〕）交由零件供給部門下單，以降低零件庫存及產品成本的生產模式），有時會讓效率或競爭力大幅提高。如果是追求整體最高效能而非部分最高效能的話，常常有非常好的成效。」

而這個看板管理的手段，就是利用「創作、製造、販賣」的整套模式打造一個「小型組織」去經營每個商品。

「看板方式適用於生產現場。而『生意的基本循環』則適用於涵蓋業務與研發等整個事業體。儘管工廠的製程跟公司的部門名稱不同，但基本的概念卻是一致的。」

他的這番話跟改革亞斯特事業部有什麼關係呢？

美國企業復甦之原因

五十嵐出人意外地表示，他所說的這些事情，其實跟美國在一九九〇年代之後重拾榮景，但日本企業體質變弱的歷史息息相關。五十嵐的言談似乎從集訓的目的離題了，但他仍繼續說明。改革小組成員之間能共享歷史觀是很重要的事。

「很偶然的，美國的管理顧問在一九八〇年代提出與我這個『創作、製造、販賣』模式看法相同，但概念截然不同的一個進化版本。」

一九七〇年代的美國，輿論批評大企業的組織僵硬化與「官僚化」（形式主義，red tape）的聲浪持續升高。

進入一九八〇年代以後，開始有人提倡小型組織（即「小而美」的思考方式）或自律創作組織的重要性。

總而言之，當時美國企業所罹患的正是後來發生在日本企業身上的組織僵硬化或官僚化的現象。

「美國企業一直與日本苦戰，一到一九八〇年代以後，積極地從日本引進豐田生產方式。但美國人為何能夠因為日本的經營手法而讓企業強壯，剛開始我並不明白這個成功的機制究竟為何。」

這個方式對於現在日本的經營者來說很多都沒聽說過了，對於當時的美國人而言更是一個疑問。

於是，在一九八〇年代中期那些以創意見長，優秀的美國管理顧問們便開始分析豐田生產方式。

而以研究日本聞名的波士頓顧問公司（BCG）中的二位美籍管理顧問也是其中之一。

這些厲害的美國管理顧問們所進行的分析作業不同於過去日本的手法。

他們的結論也出乎意外。

「看板管理並非單純的降低庫存的方法。看板管理是一種追求**時間價值**的嶄新策略。當企業追求**時間策略**時，就能夠架構新的競爭優勢。」

他們竟然得出這樣驚人的結論（參閱喬治・史塔克〔George Stalk〕與湯馬斯・胡特〔Thomas M. Hout〕合著的《時基競爭》〔*Competing Against Time*〕）。

「各位知道這件事的歷史重要性嗎？它代表著企業策略的基本要素除了『人、物、資金、資訊』以外，還需要『時間』。」

星鐵也一邊聽著，一邊對於自己從未關心過經營理論而感到羞愧。

他一直認為管理顧問或學者只是光說不練的行業，沒想到卻對國際競爭或經濟歷史卻有如此深遠的影響。

「這個分析震驚了美國的經營者，讓看板管理不再是一個單純改善『生產現場』的方法。」

總而言之，「時間策略」所帶來的革新將視野從「工廠」提升到「企業整體」，導引出研發↓生產↓業務↓客戶等一貫的流程構想。

它的理論就是當企業能讓這套流程快速運轉的話，就能夠架構競爭優勢。

「改善現場的手法發源於日本，但是很遺憾的是，**日本人竟然沒有好好活用**，反而讓美國人把改善現場的手法進化成強而有力的策略概念。」

而這個差異，是美國復甦與日本凋零的經濟變遷歷史的轉捩點。

原本看板管理的目的在於讓現場的作業員能夠「一眼就看出浪費的地方」。

然而，美國工廠的工人素質並不像日本那樣高，也欠缺與經營者一體的意識。

要期待他們像日本一樣，現場的員工在假日加班，下一點工夫，或開職場小組會議熱烈討論是不可能的事。

「所以，他們才想出利用美國最擅長的電腦技術來解決這個問題。他們利用電腦網路進行零件調度、生產管理及同步（concurrent）研發等研擬出超越過去的物料需求計畫（MRP，material requirement planning）的方法，並且到處測試。」

這種做法隨著後來網際網路的發達，成為刺激美國急速發展企業網路技術的源頭之一。

「美國人的嘗試開始拉開美日雙方的差距，但一九八〇年代末期，卻沒有任何一位日本人察覺到來自美國的威脅。」

當時，日本人都認為美國只是模仿日本的經營手法，用美國人的方式在處理而已。

「好了，另外與此不同的潮流也正在進行，當時，美國有其他學者利用『創作、製造、販賣』的概念，提出一套系統化的策略理論。」

他就是哈佛大學的管理大師麥可・波特（Michael Porter）教授。他曾在一九八五年發表的《競爭優勢》（*Competitive Advantage*）一書中提倡**價值鏈**（value chain）的理論。

這個理論是提倡企業利用「創作、製造、販賣」建構一個具有附加價值的流程。這個觀點後來孕育出核心競爭力（core competence）等各式各樣的經營理論。

終於一個劃時代來臨了。

就在這些新的理論在美國各處不斷地嘗試與修正時，突然匯整合一並蛻變成一個全然不同的東西。

在《時基競爭》出版後的一九九三年，麻省理工學院的麥可・韓默（Michael Hammer）、詹姆斯・錢譬（James Champy）合著的《企業再造》（*Reengineering the Corporation*）一書造成空前暢銷，掀起美國再造狂熱。

「後來回顧這段歷史，我以為這些理論對於當時凋零了三十幾年，持續呻吟的美國人來說像是總算從暗無天日的隧道鑽出來一般，具有象徵性的意義。奇怪的是，當年正是日本面臨經濟泡沫化的時期。」

韓默教授的概念是融合美國一九八〇年代所編織的❶時間策略、❷價值鏈、❸資訊技術、❹以客為尊（顧客導向）、❺立竿見影的變革而成。

因此，他提倡一種讓研發→生產→業務→客戶的整體流程能戲劇性快速循環的手法。

「這就是所謂的企業流程再造（ＢＰＲ，Business Process Reengineering）。ＢＰＲ雖然曾風

行一時，但也有人認為這個理論是失敗的，但那是一種錯誤的看法。」

美國人從此以後換湯不換藥的，替換成組織轉型、敏捷（agile）管理、變革管理或供應鏈（supply chain）等各種表現方式，繼續堅持速度經營與活化組織的概念。

這個動向持續到二十一世紀。

五十嵐休息一下，接著笑著說：

「日本所想出來的創意卻幫助美國活化他們的企業……而我們自己的企業卻因為失去活力而凋零。亞斯特事業部就是最好的例子。」

星鐵也感受到有一面大牆正擋在自己面前。

因為他似乎看到這個改革任務小組所揹負的並不只是太陽產業一家公司的問題，而是日本過去數十年的歷史。

他不禁在心裏咒罵：「開什麼玩笑！想讓我們這一代扛歷史的共業嗎？」

利用日本手法所研發的各種經營概念之後也套上供應鏈管理等名稱，經由美國管理顧問公司或電腦公司將這些know-how賣給日本企業。

但是，五十嵐斬釘截鐵地說：

「搭上美國做生意的系統模式，就能一下子改善日本公司的問題嗎？這樣想的日本人都笨得很。你們看看這面牆上的五百張卡片，難道說，大家覺得這可以用電腦系統解決嗎？」

五十嵐針對改革所做的第一次說明總算告一個段落。

一氣呵成之組織功效

下午由任務小組自行討論。

所有成員都清楚亞斯特事業部並未快速運作「創作、製造、販賣」的循環。

目前，亞斯特事業部的組織採用分工制，類似工廠用製程來分工一樣。每個部門都經手A至F商品，所以當一個部門處理完以後再交給下一個部門。

各個部門的員工雖然熟悉自己份內事務，但上下相關的部門或整體流程卻與他們無關，也很難說得上話。

每個部門對於自己的工作各有各的優先順序，因此，內部在做事前的溝通或調整，相當曠日費時。

若站在客戶角度，以「生意的基本循環」的觀點來看的話，這個組織簡直就像是一盤散沙。

「我剛才說過，『創作、製造、販賣』代表組織的價值鏈。但同時也代表『**時間鏈**（time chain）』。」

這是五十嵐結合「時間策略」自創的名詞。

不賺錢的企業之所以賺不了錢，是因為員工在工作時賦予商品的附加價值過低之故。也就是說，組織的「價值鏈」太弱。

相同的，未能即時回應客戶的企業，該組織的「時間鏈」也必定鬆散。

五十嵐問道：

「我希望你們討論看看，如果亞斯特事業部的『時間鏈』能夠突飛猛進，快速運作的話，會得到什麼樣的效果。你們可以從『小型組織』，也就是小而美的觀點去思考。」

五十嵐現在使用的步驟是先拋出一個假設的結論，再讓他們去驗證是否可能反映在實務上。

重點10 如能善用假設驗證的手法，便能大幅縮減分析或撰寫劇本的作業時間。熟練的管理顧問大多精通此道。

面對五十嵐所提出的問題，在場的人首先想到的莫不是先將亞斯特事業部中A至F的商品劃分出來。

讓各個商品群能夠有一個從研發到銷售**一氣呵成的組織**。

暫且將這樣的組織在亞斯特事業部中稱做「業務單位」（BU，business unit）。那麼，事業部中的事業部就將如同一個小型事業體一樣。

單一的商品群如果能架構一個「創作、製造、販賣」的循環，一口氣加強「時間鏈」的話，那麼事業的發展必定能夠突飛猛進。

這就如同看板管理已被證實的原理一樣，是一種以企業再造或供應鏈為基礎的商業模式。

「好，今天我們先建立假設。比方說，讓D商品群獨立出來，成立一家小型公司。各位想像一下，這只是一個假設，所以，如果按照這個理論來推敲……。」

在亞斯特事業部四百一十億日圓的總營業額中，D商品群占了一百億日圓。整個事業部有七百一十名員工，如果只處理D商品群，因為製造部分是外包，所以從研發到業務或售後服務等大約只需要一百五十人吧？

「就業務單位而言，『總公司』的大概就是十名左右的規模吧。從研發、生產到業務等各位經理在狹窄的樓層中臉對臉，而前面坐著業務單位的老大，姑且叫他BU董事長吧？」

這個組織不同以往，反倒有一點像中小企業的味道，也就是「董事長一發飆，連樓下都聽得到」。

業務分散四處，但只賣D商品群，營業組織也不像現在這般龐大。

古手川一直聽著五十嵐所說的假設，但心中卻有一團疑惑揮之不去。

各自分工型的組織若依商品群細分的話，那不就分散了組織的力量了嗎？不就分散了各個部門所累積的專門知識或know-how嗎？各個部門原本可以好好運用的人力會變得更難調度，反而得增加人手而降低組織的效率不是嗎？

事實上，這些疑問如同工廠剛開始實施看板管理時，表現出的反抗是完全一樣的。日本的業務人員長期以來被教訓大就是好，依組織或分工比較有效率。說得誇張一點，世界上的業務大都接受亞當・斯密（Adam Smith）分工論的薰陶，從學生時代或踏進社會開始，腦海裏就深印著「規模經濟」才是正確的想法。

任誰也想不到竟有一天會因為企業再造的登場，而讓否定亞當．斯密學說的時代來臨。或是大家都想不到戴爾電腦充分利用看板管理的「一個流程」原理，成為數兆日圓的世界級企業。

所以在今天的集訓中，所有參加者對於五十嵐直樹的假設，本能上懷疑也是理所當然的反應。

但他們卻也沒有什麼強力的理由，可以立即拒絕五十嵐的意見。

於是，大家都乖乖地在五百張卡片的牆壁之前熱烈地動手。

首先，研發的貓田洋次開砲了。

「換成這種組織的話，D商品群每個月的虧損就會一清二楚，大家就會有一個鮮明的印象。如果組織不再採取過去分工型的方式的話，這一百五十名員工就要與D商品群同歸於盡，這樣一來，大家就只好拚命了。」

接著，大家就提出各式各樣的意見，討論的氣氛愈來愈熱烈。

仔細想一想，現在各自分工的方式讓所有的部門經手一切商品群，換句話說所有事情都是兼著做的狀態。

現在的產品經理跟一般員工沒有兩樣，沒有什麼權限。因此，在公司任何一個角落都找不到各個商品群的負責人。

赤坂三郎心想「這就是所謂的跌破眼鏡」，這麼簡單的事實，以前早就知道了，但卻感受到一股從前未有的壓迫感。

這個新的制度一旦要負起事業責任的話，就得包山包海，所有重要事項難道都要黑岩經理一個人去扛嗎？如果他不在，什麼事情都決定不了。

然而，對於D商品群的嚴重虧損，雖然大家都心知肚明，但是，除了**事業部經理以外，沒有人覺得那是自己的責任**。

古手川修也覺得，如果仔細想一想，就會發現這個組織還真可怕。

「如果能夠架構一個一氣呵成的組織，就不需要現在這種半吊子的產品經理了。所謂『BU董事長』，就好像過去產品經理的加強版。」

聽古手川這麼一說，赤坂表達自己的意見：

「這種大小的組織，其實只要四、五個主管圍在董事長身邊，就能夠決定一切了。召集三十名幹部召開經營會議等這樣的**大型會議也該廢止**。」

一言不發的星鐵也說出平時難以啟齒的話：

「事業部再也不需要那些『老大哥』，只要『BU董事長』自己帶頭指揮就行了。」

如果山岡也來參加這個集訓，這些話大家就說不出口了。雖然這些批評句句實在，但這些實在話以前卻沒有人敢說。

「有一就有二，也不需要『委員會』了。」

「以前每個月都要花上一天調整銷售計畫與生產計畫，如果只剩下D商品群，負責的人只要坐在一起，**每天微調**就夠了。」

這樣一來就會降低**庫存過多**或**缺貨**的問題。看板管理之所以能夠讓庫存驟減是因為不斷縮短「時間鏈」之故。

然而，這個事情卻不單單解決庫存的問題，事實上也涵蓋「人性」的本質問題。我就借用美國加州大學洛杉磯分校教授魯賓斯坦（M.F. Rubinstein）與弗斯騰伯（I. R. Firstenberg）合著的《大腦型組織》（*The Minding Organization*）中的故事說明：

> 做椅子的師傅都是親手打造並組裝每一張椅子，同時自己將成品拿去賣，因此對於客戶是否滿足自己的椅子相當敏感。如果客戶不中意自己的產品，那個難過是相當實在的。
>
> 因此，手工師傅才會不斷的精進技術，下工夫設計摩登的造型，努力讓商品添加新的感性。
>
> 然而，椅子的世界慢慢的也有人奉行亞當・斯密的分工論，讓工廠每日專門生產「椅腳」。工廠需按公司決定的零件規格或品質標準生產，以便保證他們的椅腳能夠與其他師傅所做的零件密合，要緊的是，工人需像機器一般操作。
>
> 如此一來，個人漸漸的就不再感受到動手做的樂趣了。此外，對客戶的不滿再也無法感同身受了。
>
> 愈來愈多人，只在意拿不拿得到工資，而不關心完成後的椅子，究竟賣出去多少張。

這個暗喻（metaphor）的意義相當重要。

自從工業革命以來，工廠中的勞工的改變，也發生在二十世紀後半日本企業的白領階級中。日本總公司裏的大部分菁英們，原本應該身在經營高層中，找出「經營的樂趣」或「經營的創意工夫」，卻被關在分工制組織中，成為如同工廠中只負責製作椅腳的**零件師傅**，不是嗎？

任務小組的所有成員開始對「小而美」的組織改革效果非常有興趣。

川端想起美國丹佛的一家小公司，他說：

「如果是小的業務單位，大家就能夠比現在更能**感受到客戶的存在**。所以，就能提高大家的**急迫感**，自己快速轉動『生意的基本循環』了。」

在不知不覺間，大家的論調一致了。

這個討論是從「單純的假設」與五十嵐強調輕鬆談開始的。

首先大家根據這個誘導式的發問方式相互配合。

然後，大家互相討論，形成一個「磁場」，讓以前從未注意到的新構想自由地脫口而出。

「事業部與亞斯特工廠銷售系統應該合併才對。他們之間的『時間鏈』早就切得一乾二淨了。不論如何，只讓業務出去跑客戶的做法，就是一種愚蠢的策略。」

「營業組織如果能分成各個小型的業務單位的話，就可以常常將全國所有的業務聚集起來，直接說明營業方針什麼的。」

「這樣一來，事業部→亞斯特工廠銷售系統的董事長→業務部經理→分店長→營業所所長→

業務，這五個層級一下子就縮減成事業部→業務的一個層級了。」

這代表戲劇性的縮短「時間鏈」。

利用電子郵件「縮短組織距離」，是一家小型組織在草創初期理所當然的架構，然而，現在他們卻想回歸原點（面對面討論）。

「在那個營業會議中，生產或研發的人都一起出席，大家當場討論就可以了。」

「這樣一來，工廠的員工也會變得敏感，就能夠快一點回應客訴了。」

原本小組織就比大企業更適合培養經營者。

「業務單位的經營團隊責任清楚。跟現在不同的，沒有可以推卸責任的對象了。」

「經營團隊是要接受鍛鍊的喔。採用這種模式的話，確實很適合**培養儲備的經營人才**。」

一個人必須經過遭到嚴厲地追究虧損責任的過程，才能真正成為一位經營者；但是，過去的組織中，只有事業部經理才能歷經這樣的過程。

然而，各個事業單位的高層若能與其他主管組成一個**管理團隊**的話，就能夠**同時同步培養**以往無法想像的大量的儲備幹部。

這個話題，讓大家的討論更加熱烈。

當伊豆的山裏籠罩在暮色中，大家也感覺到累了一天了。

這時，黑岩莞太突然踏進會議室。他從東京回來了。

一網打盡的解決對策

組長川端祐二（五十歲）的說法

不，這個集訓對我來說很刺激。

其實，我不久前還在偷偷地想要換工作呢（笑）；我一直沉睡的腦細胞突然被敲醒，要我使勁的用呢（笑）！

我想這個集訓教我們的就是**現場可用的概念**。

我雖然曾經當過美國分公司的董事長，但今天這些話都是我以前從來沒有聽過的。

我聽了五十嵐先生「創作、製造、販賣」的概念，自己覺得有點不好意思，難道我以前都做錯了？

那是我從二年前負責TAT，改善客訴時發生的事。

我在改善工廠收到客訴資訊到回覆的流程時，都注重「工廠內的處理」。也就是說發揮「部分最佳效能」。

客訴的處理應該採用「整體循環」的做法，從客戶端發生問題開始，各個部門的合作因應，直到完全解決客戶端的問題為止。

但是，老實說，不要說出去喔！我本來不覺得將那個亞斯特工廠銷售系統的吉本董事長及他底下那些遲鈍的業務、怕麻煩的研發工程師給拉進來是我的責任。

反正，他們是動都不肯動的一群人。所以，我才會只在工廠內部推動改善運動。

但是，這卻錯失了「客戶的觀點」，忘了「做生意」這一回事。這就是我要自我反省的地方。

吃完晚飯以後，大家把椅子挪到那五百張卡片的牆壁前集合。我很好奇接下來要做什麼。

「如果我們將D商品群當作一個業務單位，那麼在這五百張卡片中能夠解決且大幅改善的有哪些呢？我們將那些卡片貼到隔壁的牆上。」

聽到五十嵐先生這麼一說，大家又七嘴八舌討論起來。

討論之中，有趣的事發生了。不時可見以前在做分類的時候，那些讓大家吵翻天的卡片，毫無異議地被移到隔壁的牆上了。

例如「研發都不把業務的話當一回事」、「業務不了解研發的想法」或是「工廠與業務鬥得太厲害」這些卡片都貼在一起。

我們現在的組織如果用某一個立場去解決問題，一定會招來其他人的反對，反正就是三人抬水沒水喝，最後總是動彈不得。

但是，我們今天晚上的工作卻氣氛融洽地將這三張卡片移到隔壁的牆上，而且蓋上「可解決」的標印。

那是因為新的組織基於「主管不多、組織較小，所以內部溝通能夠出乎意料地順暢」、「部門融洽，容易看到互相的痛處」、「可以分享虧損的危機意識」、「大家的行動變快」等理由，自然而然的減少互相牽制的現象，這是再簡單也不過的道理。

終於大家得出驚人的結果。五百張卡片中事實上有近三百張卡片都因為「可解決或極可能改善」而被移到隔壁的牆上了。

一個營業額四百一十億日圓的事業部門，對一家上市公司來說算是相當平常的，但實際上卻有這樣嚴重的組織浮腫現象，枉費**資遣那麼多員工**。

這個假設作業讓我的想法有了一百八十度的改變。

我想如果能以新的概念去追究根本原因，或許能夠找出**一網打盡的解決對策**……。

分工制組織肥大化的缺點

亞斯特工廠銷售系統營業企劃室課長古手川修（四十一歲）的說法

我大概在業務部待了五年負責企劃，在這之前與星鐵也一樣是產品經理，更早則是在研發中心開發D商品群。

我的經歷在這家公司算是罕見的橫向調動。應該是我常跟上司衝突，大家都把我當頭痛人物，所以被踢來踢去的關係吧（笑）。

【圖表3.3】分工制組織肥大化的十大缺點

❶ 事業責任不明
❷ 盈虧責任曖昧
❸「創作、製造、販賣」的環節不順
❹ 與客戶的距離過於遙遠
❺ 人數過少就無法決策
❻ 公司內部溝通不良
❼ 策略不明
❽ 新商品不易培養
❾ 內部的競爭意識過低
❿ 經營者的人才培育遲緩

我本來以為自己比一般員工能夠更客觀的看整個公司，參加了這個集訓以後，才發覺自己的看法太狹隘了。

後來，五十嵐先生指示最後的作業。

「好了，大家將這三百張『可解決並且改善』的卡片區分一下以前都在公司裏引起哪些問題。」

我們花了兩個小時將這三百張卡片分成十大類。

然後做成投影片，放映在牆上。

亞斯特事業部現在的煩惱正是「分工制組織肥大化的十大缺點」。

當事業走投無路時，就無法用各個**部門的邏輯**因應。

但是自從進來這家公司以來，一直以來都是在類似的組織下工作，光是一點點的刺激很難讓大家改變「意識」。

所以，我想才需要混沌（chaos）或革命這樣的討論。

從此之後我們的改革，為了讓所有員工能夠接近市場與客戶，只好讓**組織抄捷徑**了。

五十嵐先生將此稱為**組織捷徑**。只有這麼做才能強化「時間鏈」。

日文的捷徑大多是負面用法，但未來卻是「捷徑**化**的時代」了。

劇本的構思

大阪分店營業業務課主任青井博（三十二歲）的說法

任務小組聚集了這個事業部的前輩們，我來參加集訓以前是完全沒有自信的，但跟大家熱烈討論以後，開始覺得事有可為了。

當五十嵐先生解釋完改革的第一個概念以後，那五百張卡片中約有六成就被移到隔壁的牆上，好像在變魔術一樣。

他只是將組織圖旋轉個九十度，上下左右對調而已（笑）。

但是……我還是不太懂。雖然新的組織變小了，但不知道具體上會是個什麼樣子。

第二天晚上也是過了十點以後又開始喝酒，大家紛紛開口問：

「A到F商品群全部分成各個事業組織的話，業務就會被切割成不同的小團隊。那這樣不就大大降低業務能力了嗎？」

「工廠也很複雜的。生產線有可能根據組織分成不同生產線嗎?而且，廠長呢?」

「研發也一樣。如果依照商品群分成不同研發團隊的話，公司就沒辦法分享技術了不是嗎?」

這些都是我心裏的疑問。最主要的是，反而會因此失去組織的綜效，喪失競爭力或效率，不是嗎?

針對這些，黑岩經理卻不懷好意的笑一笑，然後說:

「你們不要來問我，我自己也不知道啊（笑）。大家想一想改革的劇本，預測接下來四個月做些什麼事可以得到什麼效果，這才是改革任務小組啊。」

「現在我什麼都還沒有決定。什麼都沒做公司裏就有人反對了，如果你們想的方案自己都不認同了，一旦執行起來也不會順利吧。」

我當時心裏想:黑岩經理特地從東京趕回，是要跟我們說這個嗎?

但是，把任務都交給我們處理，還一副自信滿滿的樣子，好像在教我們，又好像不是（笑），可能在我們背後捅一刀，然後又逃之夭夭。

事實上，我是一邊幫事業部經理斟酒，一邊說這些話的（笑）。經理的臉開始有點紅，回說:

「喂，青井啊，你不要要求這麼多啦（笑）。所謂經營者都是在**忐忑不安之中**不斷找答案啊。」

這種心情，恐怕還要持續一陣子吧？

今天真的是累壞了。五十嵐先生和事業部經理都有夠強的，出乎我意料之外。

這是集訓的第二天，我都頭昏腦脹了。

明天是星期六，早上可以慢一點開始，所以今天晚上大家就決定喝個痛快。

只要高層肯投入的話，大家就會追隨。所以，任務小組的士氣都很高昂。

大家心想自己是被挑選出來的，所以都有一種責任感支撐著。

改革概念二：策略鏈

星期六是集訓的最後一天，伊豆山籠罩在十二月的雨中。

那天早上，首先五十嵐站在前面，他的話題是「策略」。

「如果我們能夠讓公司快速地運轉『生意的基本循環』，但是，『策略』卻模糊不清的話，也不會有效果的。如果**快速執行粗糙的策略**，反而會很難收尾（笑）。」

說完以後，五十嵐走向還未整理的二百張卡片的牆。

牆上的卡片有很多內部所發生的現象，都是因為事業策略不明所引起的。

- 新商品的設定不明確。總是在競爭對手的後面追趕。
- 一決勝負的資源投入總是半途而廢。
- 公司的「商品策略」未能傳達到業務端。
- 不十分清楚競爭對手的策略。
- 缺乏策略，因此沒有打敗仗的自覺。
- 只關心眼前的營業額。

五十嵐一口氣讀完以後，簡單的總結問題：

「現在的亞斯特事業部都不知道公司在做什麼，大家都看不到**策略的故事**。因此，才會各自行動。」

接著，他將這個現象歸咎於兩個原因：

「員工之所以看不到策略是因為第一，策略未能『傳達到組織末端』。」

這是經營的意思未能傳達，末端也沒有員工執行的狀況。

五十嵐將此稱之為「『**策略鏈**』的瓦解」。這是接著昨天的「價值鏈」、「時間鏈」第三個自創名詞。

「業務單位中如果策略鏈能夠連結起來的話，整體策略、研發策略、營業策略或業務活動等的矛盾或裂痕就會不見。」

接著，五十嵐看著每個成員的臉，老奸的笑著說：

「具體設計那個『策略鏈』也是改革小組的任務喔。」

改革任務小組的工作又增加了。

星鐵也注意到了，隨著這個集訓的進行大家不知道該做什麼的疑問減少了。相對的，自己的工作也增加了。

接下來，五十嵐分析缺乏策略的第二個原因。

「策略即使能夠正確傳達到組織的末端，但如果策略的內容不對的話，會怎麼樣呢？公司裏就會像堆了一大堆垃圾。」

重點11 經營改革需要將「組織的重新架構」與「策略的重新審視」配套。但是，現實中，大部分的經營者卻喜歡把組織變來變去的。

五十嵐將第二個原因的「策略內容太過粗糙」再細分成二個原因。

「策略的內容過於貧乏，可能的理由是第一，高層的『**策略意識**』太弱，疏於研擬策略。第二是缺乏策略的『**研擬技巧**』。編織策略的技術或知識過低的話，當然想出的就都是些陳腐的策略了。」

星鐵也聽五十嵐這麼說，心想亞斯特事業部這二個問題都有。

於是，五十嵐在牆上放映改革的第二個概念。

「好了，能夠打敗對手，不斷成長的企業都能夠啟動『勝仗的循環』。這個循環在不行的公司中總是有個環節被切斷了。」

- 客戶需求隨著時代的變遷而改變，因此，**競爭之鑰**——關鍵成功因素（KSF，key success factor）也隨之不同。現在我們的事業能夠滿足客戶什麼需求呢？將來又會如何變化呢？
- 誰才是真正的競爭對手？最近業界的定位曖昧，在意想不到的地方可能就埋伏著潛在的競爭對手。
- 在競爭的市場中，我們能夠**一直加入成長領域**嗎？
- 還是能夠不落人後，承擔風險，隨時衝鋒陷陣？
- 我們能夠在那個市場中，**執著且專注地**一決勝負直到成功為止嗎？
- 為達到這個目的，必須根據事業的重要性**重新分配資源**。
- 一家成功企業能夠利用這樣的攻略獲得成功，並成為該業界的龍頭。而且，享受只有龍頭企業才能享有的優勢（成本或資訊的優勢等）。
- 然而，長期安於這種優勢的話，事業或商品就會變得「陳腐化」，開始失去競爭力。或者是該業界的經濟地位**相對地**逐漸萎縮。
- 因此，即使只贏**一小步**，也需調整內部資源，讓商品或事業研發隨時搶先，不斷努力以便

【圖表3.4】改革概念二：勝仗的循環

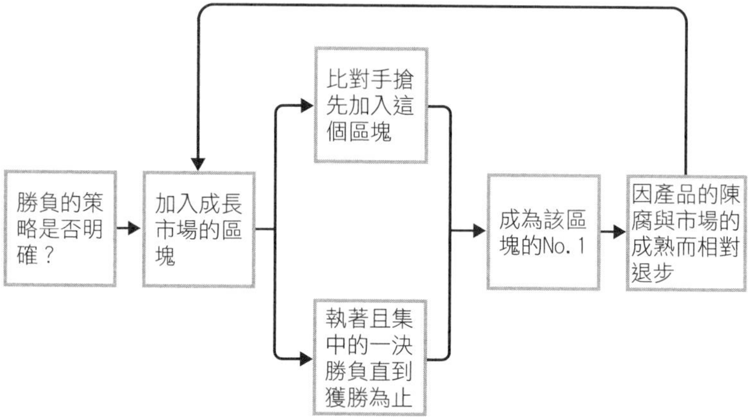
勝負的策略是否明確？
加入成長市場的區塊
比對手搶先加入這個區塊
執著且集中的一決勝負直到獲勝為止
成為該區塊的No. 1
因產品的陳腐與市場的成熟而相對退步

加入下一個成長的領域。

- 運作這個循環的企業都能隨時保持緊張感，大家分享共同的目標，提升整體力量。
- 相反的，這個循環在落敗的企業中總是在哪個環節運作得不順利。

在集訓中每聽到一個新的概念，改革任務小組成員的心就七上八下。

他們清楚看到自己公司之所以如此隨便的理由。

「真讓人火大。亞斯特事業部真的是亂七八糟。我的人生，竟然是在這樣的職場中度過的啊！」

任務小組的所有成員心裏都充滿這樣的情緒。經過將近十年的歲月，現在總算開始動搖他們的自尊心了。

重點12　從外頭學到理論或原理以後，才看得到內部的問題。

就如同當國民的知識水準提高，開始關心政治以後，就容易批評時事一樣，員工的經營水準如果提升的話，就會挑剔高層的方針或策略。

國民知識水準愈低，國家愈容易管理，也就是所謂的愚民政策，為政者或許可以因此而永遠君臨天下，但國家卻無法長期發展，國民將永遠無法從貧困中翻身。

公司的經營也是一樣的。

當封閉的經驗法則或僵硬的等級觀念在組織內作威作福時，就會壓抑年輕的員工與公司的改變，當員工發現到這個壓抑的結構時，當然就會忿忿不平。

他們一般都是覺得很恐怖，會想說：「原來我是讓這種蠢才給欺壓的。」

然而，任務小組的成員將這個集訓當成分水嶺，他們知道今後不需要再勉強自己壓抑感情，他們可以自由發洩心中的怒氣。

這個直率的感情才是逼迫組織「深刻反省」過去，讓大家同心協力努力「打造一家好公司」的原動力。

各部門既有的問題

大家一邊吃午飯一邊繼續開會，五十嵐走向還留下一大堆尚未整理卡片的那面牆。

「昨天那些可以用『小而美』的方式解決的卡片，都被大家移到那一邊的牆上了。今天我們來整理剩下的這兩百張卡片吧。」

這麼一說，五十嵐提示第一個觀點。

- 明白提示整體事業的「事業策略」就能解決的問題。
- 明白提示各個「商品策略」就能改善的問題。

於是，大家把與這些有關的卡片給抽出來，移到隔壁的牆上。

而且，也包含剛才黑岩經理唸的「新商品的定義不明」、「研發的主題過於隨機」、「資源的投入總是半途而廢」等等。

如此一來，又減少了七十張卡片，原來的牆上只剩下一百三十張。

接下來，五十嵐讓他們整理與「間接或支援部門」相關的卡片。

- 改變「員工評比」系統就能解決的問題。

●改善「數值管理」，亦即會計報告或成本計算的方法就能解決的問題。
●改變「資訊系統」就能解決的問題。
●充實「教育或研訓」課程就能解決的問題。

他又問了幾個相同的問題，這樣又移開約五十張卡片。現在隔壁的牆上已經貼滿了卡片，原來的牆壁卻變得空空蕩蕩了。

「最後剩下的八十張卡片是不屬於『生意的基本循環』、『策略鏈』或『間接・支援功能』的。」

於是，五十嵐提出最後的假設：

「這樣說來……大概應該都是研發、生產與銷售等各個部門自己的問題。」

●各個部門的既有問題是各自內部應該自行解決的問題。

大家從這些卡片歸類出降低成本或縮減生產交期（工廠）、改革業務組織（營業）、引進外部新技術或縮短研發時間（研發）等問題。

不管哪一樣都是重要的改善項目，其中不少都與日本企業長期以來的分工制有關，有些還因為一成不變而失去實際效用。

這個集訓為了避免讓成員們陷入那樣的傳統看法，因此採取的順序是先讓成員們從不同的角度討論，最後才拋出這些議題。

另一個打算就是先實現「小而美」的組織，再去改善過去的議題，以期待新的改革效果。

轉眼間，已經下午三點了。

牆壁上已經沒有卡片了。大家總算將那五百張卡片整理完了。

五十嵐讓大家坐下以後，慢慢地說：

「大家在這三天內，已經將亞斯特事業部近十年來，大部分模糊不清的問題都找出來了。」

在場的成員都有一種成就感。

「這些卡片都可以歸為某一個大類，『從某一點切入就可以改善』。首先，我們要先想一想**每個分類**的具體改革方案，其次再將那些方案與整體的劇本結合起來，確認兩者的整合性與優先順序，制訂可以落實的改革方案。」

這是一個非常重要的說明，提示任務小組今後的進行方向。

每一張卡片的現象並不像打地鼠般處理，而是隨時確認「思考方式」與「概念」，消除大部分症狀的矛盾，尋找能夠一網打盡的解決辦法。

再過一個小時，這個集訓就要結束了。

改革概念三：事業改革的原動力

此時，黑岩莞太再次站了起來，為這次的集訓做一個總結。

「我想問大家一件事……」

說完以後，黑岩莞太放出最後的圖表，說明改革的第三個概念。

在這張圖表中有一個圓形是空著的。

「改革任務小組需要重新審視亞斯特事業部過去的『策略』。同時用整合的方式讓組織的『生意的基本循環』，用最新的說法就是『商業流程』快速運作。

但是，重新審視這兩個部分，我們又能產生什麼呢？」

黑岩莞太要大家在那個空著的圓形內，寫下答案。

「是『利潤至上』嗎？」

「是『現金流量』嗎？」

聽到這二個答案，黑岩搖了搖頭。

「利潤或者現金流量的問題應該在研擬『策略』時都考慮過了。我問的是比這個更前面的事。」

「所以是企業的『繁榮』？」

「實現自己的夢想嗎？」

【圖表3.5】改革概念三：事業改革的三大原動力

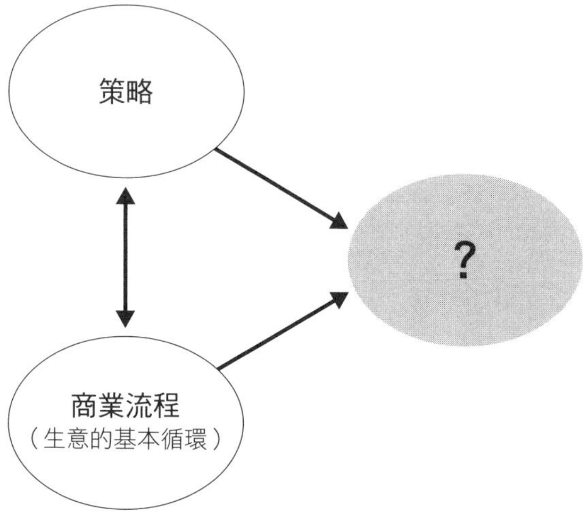

黑岩問的是足以做為「改革公司**原動力**」的東西，所以這些答案也差很遠。

「是『人』嗎？」

川端祐二這麼一說，黑岩的表情動了起來。

「『人』？……嗯……『人』的什麼呢？」

貓田舉手了。

「大家的『幹勁』嗎？」

對於這個意見，黑岩大大點了點頭，自己揭開答案：

「我想填入的是『心與行動』。」

能讓公司改變的最大原動力就是員工的心。

黑岩熱情地說：

「不管企業做些什麼，如果不能集結員工的能量就什麼也辦不到。不管是誰當經營者，他們從早到晚想的就是這個問題。」

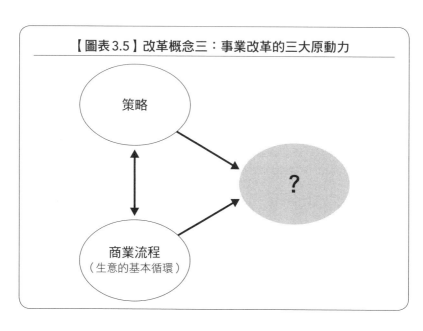

【圖表3.6】熱忱組織必備的五大鏈

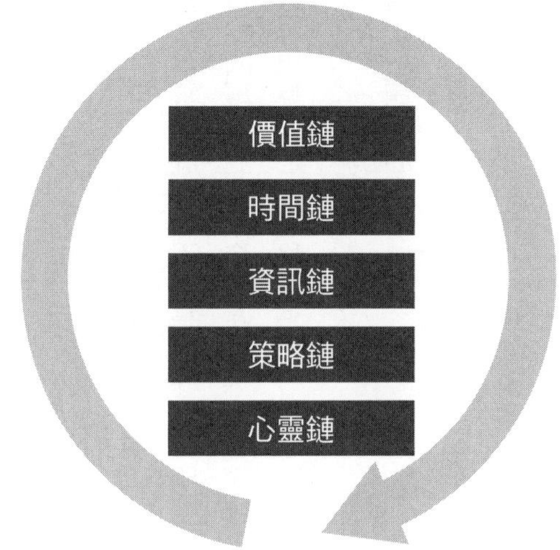

業績低迷的企業為了改變員工的心與行動，不管再怎麼疾呼「大家要有經營意識」或者「大家缺乏危機意識」，效果都無法維持太久（無法讓組織的結構變強）。

想改變經營文化就說「讓我們來改革公司文化吧！」，想改變員工的意識就說「來改革大家的意識吧！」，但是，當事情的本身成為一種目的時，就對營業額沒有什麼幫助。

大部分的員工對於這樣的課題都無動於衷。他們的內心完全沒有熱情。

大多數的組織成員除了自己實際的工作以外，如果不能清楚知道「目的」與「意義」，同時又不能分享的話，就無法發揮組織的力量。

「為了讓員工的心與行動團結一致，需要明確的『策略』、訂定簡單的商業流程，以便讓員工知道該如何向前衝。這兩件事是關鍵所在。」

「但是，只要明白確立策略與商業流程，公司就會變好嗎？事情也沒那麼簡單呢。」

我們研擬「策略」究竟是為了什麼呢？

一群看起來頭腦不錯的人聚在一起訂出卓越的經營策略，就能讓公司變強嗎？設計新的「商業流程」，成立新的組織，公司就能自動變得敏捷嗎？

「**經營策略什麼的只不過是個道具**而已，光是用寫的，根本解決不了什麼問題。那些耗時費力卻無法落實的計畫，不就是最好的證明嗎？」

這樣的現象並非只發生在日本，其實連美國的企業也時常可見。

黑岩想說的是，讓我們來想一個可以**撼動人心的策略**吧！

「我們之所以需要將『策略』或『生意的基本循環』翻來覆去，只有一個目的，那就是讓主管與員工**一體同心**。」

「當大家能夠分享『目的』與『意義』時，我們的行動就能合一，產生無比的力量。」

因此，任務小組所提出的策略需要能在組織中成為一種新的共同語言，扮演凝聚員工心情的黏著劑，並且達成使命。

這個時候，黑岩又說了個新名詞。

「總而言之，我們需要讓這個組織產生一個**心靈鏈**。」

這句話也可以換成「熱情五鏈」或「熱忱組織必備的五大鏈」等名詞。

最後再加上「**資訊鏈**」，黑岩莞太認為連結組織的「五大鏈」就齊全了。

重點13 一個事業的健全必須從根本改善「五大鏈（價值鏈、時間鏈、資訊鏈、策略鏈與心靈鏈）」，以便貫穿「生意的基本循環」。如果**放任複雜的組織維持原狀**，即使一個個轉動五鏈，也不會有任何改善的功效。

而簡化組織的關鍵就在於「小而美」的概念。如果能夠落實這個概念的話，就能夠同時且顯著地改善這「五大鏈」。

這就是黑岩莞太與五十嵐直樹為這三天集訓所做的總結。

危險的吊橋

集訓的所有議題都結束了。黑岩莞太這時候鬆了一口氣，微微笑了起來。

這個集訓對小組成員來說，或許還不知道何去何從或何處是終點，但對黑岩與五十嵐而言，卻幾乎都是按著他們的計畫進行的。

「各位，這三天下來的作業讓大家累壞了吧。可是，我們也沒有白費工夫。你們證明了自己都是優秀的人才。」

這是他的內心話。

「但是，這個集訓才只是一個起步而已，真正的工作才剛要開始。」

這麼一說，他在牆上打出一張投影片。

牆上映著「下定決心」、「各位已經無法置身事外」。

這是集訓第一天大家看到的那張投影片。

大家都不覺得才剛過三天而已。他們反倒有一種不可思議的感覺，好像跑了好久似的。

「接下來的幾個月，我想大家得不分日夜地勞心勞力。我希望大家將它當成一個人生的機緣，努力去幹。」

投影片上還寫著「愈是逃避，事情愈是不上不下」。在這個世界上因為做事拖拖拉拉，讓自已陷入半吊子狀態的人太多了。

缺乏心理準備的中高階主管，在**危險的吊橋上**進退不得，反覆的遲疑或者明哲保身的推拖，改革的動能消失，錯失事業再生的機會。

這種公司即使能夠苟延殘喘，最後還是會掉入貧窮的困境。

然而，大家聽著黑岩最後的一番話，心中的不安卻沒有減輕。他們都不確定自己是否能夠達成事業部經理的要求，寫出一個精彩的改革劇本。

每位任務小組成員的心中都想，未來的路還有得走了。

日本所欠缺的「創造性經營」

在太平洋戰爭如火如荼時，日本將英語視為敵國的語言，禁止日本民眾使用。相反地，美國卻興起一股研究日本的熱潮，努力分析日本軍隊的密碼；因為他們相信「知己知彼，百戰百勝」。

同樣的，從一九六〇年代到一九九〇年代前後的三十年間，美國人像不死鳥一樣浴火重生，拚命分析日本的經營手法並向日本取經，積極地從中找出反擊的方法。但是在這段期間，日本經營的專門知識或策略手法卻看不到進步的蹤跡。現在，日本經營的密碼已遭美國全部破解，日本再次淪為美國遊戲中的配角。

借鏡美國打造「新版日本解體大全」

第二次世界大戰之後的日本，進入經濟成長期，從上至下都充滿求知若渴的精神。大家像被新興宗教附身一樣，日以繼夜辛勤工作。當時大家對自己眼前的目標比現在更清楚明白，不管是主管或是員工也都充滿活力。

早在一九五〇年代，就有美國人注意到日本企業的「團體性」，而且以專書介紹日本組織的特性。他就是當時三十二歲的社會心理學家詹姆斯・阿貝格連（James C. Abegglen）博士。他所寫的《日本的經營》（*The Japanese Factory*）最後獲得日本學者的贊同，他認為「三種神器」（終身雇用制、年資給薪制與企業工會）正是支撐日本經營的三大條件，同時成為一個定論。

後來，有一個美國人認識了阿貝格連，注意到日本將成為美國的一大威脅。那就是我從前所服務的波士頓顧問公司（ＢＣＧ，Boston Consulting Group）的創辦人布魯斯・韓德森（Bruce Henderson）。

後來阿貝格連與韓德森合作，成為ＢＣＧ副董事長。兩人在一九六六年，當時ＢＣＧ尚未為人所熟知，總公司才只有十位左右管理顧問時，就進軍日本設立ＢＣＧ東京辦事處。這在當時真是不可思議的高瞻遠矚。

他們分析出日本企業的發展機制是依「擴大世界市場版圖→提高營業額→降低成本→擴大市場」的模式進行的。

一九七〇年，他們利用這個分析成果，完成了世界首創的經營策略理論與產品組合（product portfolio，簡稱ＰＰＭ理論）。

而我是在這個理論發表的前一年——一九六九年，成為第一位ＢＣＧ在日本國內雇用

三枝匡的經營筆記 3

的日籍管理顧問。

韓德森看到日本企業的成長機制，查覺到日本總有一天會大到成為國際間不可忽視的存在。美國的經營者如果想跟日本分庭抗禮的話，就需實施同樣的成長主義，用長期觀點增加投資，改變短視近利的做法。若非如此，美國大部分產業的企業經營就將岌岌可危。這就是BCG公司組合理論所發出的訊息。當日本採用他們的「企業成長理論」以後，這家公司在一九七〇年代初期首次對美國企業發出了警訊。

看看之後日美兩國的競爭，就知道當初這個警告相當正確。

日本人只是本能地到處為事業奔波而已，但美國人卻老早就分析了日本人或日本企業的行動特性，並努力在理論上推廣成一般的策略理論。

向日本取經

從一九七〇年代後半到一九八〇年代初期，美國對於「厲害的日本人」的印象愈來愈深刻。一九八〇年代前後，美國掀起一股「日本經營」的風潮，讚賞日本的書籍陸續出版。

「日本是美國的老前輩，從以前就一直實施美國所需要的政策。」（參閱傅高義〔Ezra Vogel〕的《日本第一》〔*Japan was number one*〕），「仔細凝視日本這面鏡子的話，會驚訝到讓人全身發抖。」（參閱理查・帕斯卡爾（Richard Tanner Pascale）、安東尼・阿索斯（Anthony G. Athos）合著的《日本式管理》〔*The Art of Japanese Management*〕）

這些褒獎讓人看得背脊發涼。但是，日本的組織文化卻無法那麼簡單的移轉到美國公司。當美國人一發現了以後，那股日本熱一下子就退燒了。只是美國企業以此為出發點，想出可以對抗日本的新的經營手法，並且不斷在失敗中做各種嘗試。

他們注意到日本企業之所以那麼厲害，是因為第一線業務的「效率化」與「素質」。日本曖昧的組織文化雖然不容易模仿，但改善第一線的手法卻是可以抄襲的。這樣一想，他們就拚命著手實施豐田生產方式與品質管理了。

美國不少的第一線主管與員工都組團搭飛機來日本參觀工廠。他們甚至還為品質管理設立以商業部長馬可姆・波多里奇為名的國家品質獎（The Malcolm Baldrige National Quality Award）。

但日本的手法卻不是那麼容易實施的。美國工廠的勞工跟日本不同，他們的教育水平較不平均。他們的經營意識不高，ＱＣ週期或提案制度雖然有些改善，但勞工缺乏自動自發的精神。然而，美國人卻了解這才是日本的經營技術，同時腳踏實地的努力再努力。

豐田生產方式本來就在汽車界造成風潮，其他如電機、電腦、底片、飛機、醫療器材、玩具或塑膠射出成型等各種領域也都被採用，累積不少改善案例。除製造業以外，物流、郵遞或營造等也採用相同的概念，此外，醫院也實施ＰＦＣ的手法以縮短病人的住院天數。

尤其值得注意的是，因為美國企業這樣積極的努力，造就美國一些顧問公司以學習日本為賣點，而形成一個龐大的產業。他們從一九六〇年代開始就持續「解剖」日本，持續寫著「日本解體大全」。而日本的手法不光是在美國國內擴散而已，同時也落實成為美國的一種概念而發揮功效。

剛開始的時候，美國還不是那麼清楚什麼策略可以對抗日本，而且也找不到出口。但從一九八〇年代後半，開始出現了幾個突破點（breakthrough）。

就如同本書故事中管理顧問五十嵐直樹所說的，時任麻省理工學院教授的麥可・韓默（Michael Hammer）等人所寫的《企業再造》（*Reengineering the Corporation*）一書扮演著黏著劑的角色，將美國以前發生過的幾個突破點給連結起來。大部分的美國人都對這個理論有興趣而去一探究竟。當時，我曾去韓默在波士頓舉辦的經營研習會中看了一下，發現會場反應相當熱烈，都是美國各地組團前來的改革推廣小組。

企業再造在日本只形成一時的風潮。不少負面的論調紛紛出籠，有人批評那只不過是另一個外來的經營手法，或者純粹只是一個裁員的方法而已，美國自己的失敗率也很高等等。然而，美國人經過三十年凋零的歷史以後，他們追逐的並非金錢遊戲，而是改造目前事業的手法，因此具有極重要的歷史意義。

被美國看破手腳的日本

美國在二十世紀後半，研發出各式各樣的經營手法並在職場中試行。

比方說，一九六〇年代的現金流量（cash flow）或長期經營計畫，或是一九七〇年代席捲全美的策略管理理論。

一九八〇年代的Z理論、卓越企業（excellent company）、企業家精神、自律創造、創投（venture capital）、價值鏈（value chain）或時間策略等。

一九九〇年代有企業再造、顧客滿意、供應鏈（supply chain）、組織轉型（transformation）、變革管理（change management）、核心競爭力（core competence）、最佳實務（best practice）、資訊科技、標竿學習（benchmarking）、接單後生產（BTO，built to order）、六標準差（six sigma）等等。

特別是當我們追溯一九八〇年代之後的潮流，便可以發現大部分的經營理論都用某種形式回歸企業再造、之前的豐田生產方式或者品質管理等概念。於是他們學習日本人自己培育、自己想出來且傳播至國際的手法，最後卻成為對抗日本企業的概念。

美國人在經歷三十年來不斷地研究日本與實地嘗試後，終於在九〇年代初期破解並成功分析日本經營的大部分要素。日本經營的密碼至此完全遭破解。

戴爾電腦（DELL Inc.）創立於一九八四年，在十五年內營業額成長至三兆日圓，成

三枝匡的經營筆記 3

為美國代表性的大企業，他們凝聚了接單後生產的系統或庫存管理等原本由日本所研發的經營概念。

當我問及年輕的創辦人麥可・戴爾（Michael Dell）提及此事時，他說：「就是這樣啊。還真的是要感謝豐田生產系統呢！」

戴爾電腦等於結合了美國的「創業精神」與日本「第一線（現場）改善手法」。因此，我將戴爾稱為日本經營的歷史之子。為什麼反而**日本人**卻無法孕育這個三兆日圓的企業呢？

思考至此，就不難看見日本企業在一九九〇年代所陷入的苦境了。

總而言之，戴爾所顯示的正是日本歷任經營者被傳統的概念所束縛，忽略了革新經營觀念，以致錯失了某些商機的事實。現在雖然日本國內有些企業開始模仿戴爾，但在人後追趕終究無濟於事。

另外，促使美國快速發展的另有一個主因。那就是美國創投企業的興盛。創投的輸贏極大，而且還有效率不佳的一面，即使缺乏經營人才的日本想模仿，但馬上就會懷疑這真的是活化經濟的王牌嗎？另一方面，美國創投企業卻習慣利用「速度」一決勝負。美國用一整個集團的力量去博拚這場遊戲，結果讓產業快速活化，席捲全世界的先進產業。

支撐日本度過高度成長期的是狂熱工作的員工（即使他們效率不高），但是，日本企業隨著組織的僵化、員工的高齡化、喪失熱情的目標等原因，速度卻與日俱減。

另一方面，這三十年內美國人在痛苦呻吟中學會日本的專門知識，現在卻利用「速度」凌駕於日本之上。

日美在時間速度上的交錯對兩國的企業競爭力產生極大的影響，我認為這就是日本企業在一九九〇年代的背景。

而這是美國人在**智慧**上的勝利。

日本的經營者創造了什麼？

當美國人努力於經營概念時，同樣的四十年內，我們日本企業是否想出了新的經營手法或革新呢？

我並不是偏好美國的經營概念，一味稱讚他們。他們也有很多唯利是從，但毫無用處的理論。比方說日本對MBA的評價就過高，若說MBA就一定是優秀人才的話，那也不過是個幻想罷了。

但是否定美國傳來的概念，認為日本有日本自己的經營方式的話，我們自己在這四十年內難道創新了什麼配合時代的經營知識了嗎？

幾乎什麼也沒有。在看板管理與品質管制（QC）之後，日本企業在這四十年中有關日本經營手法的「創意」幾乎為零不是嗎？日本國內雖然流行企業制或執行董事制，但那

三枝匡的經營筆記 3

也只是模仿美國的部門（division）經營。

日本企業本來就不擅長策略思考。日本擅長的是由中階主管以下的年輕員工推動改善第一線的手法。

這本來不應該是總公司的經營高層親自掌舵的「策略」。為了自下而上（bottom up）推動改善活動，大家對於歷任經營者的**策略領導力就不加苛求**。

當我們驕傲地以為自下而上的組織營運是日本的經營特色時，就會造成神轎式經營，而延緩經營者的培育。於是，日本歷代經營者便依賴第一線的改善成果，同時誤以為這是最有效的企業策略，所以才招致九〇年代的困境不是嗎？

就好比當日本的全面品質管理慢慢地形式作業重於實質時，就會讓許多員工陷入筋疲力竭症後群。因此，第一線找到改善的議題，但當員工「對改善感到疲乏」時，就會讓日本企業停止向前躍進。

除此之外，日本歷任經營者或管理顧問、學者們（包括我在內）都缺乏創意。因此，在利用QC或看板管理方式的改善第一線的手法上輸給**美國人**，而無法讓策略進一步發展，創出更新的經營概念。

以下，我就列舉一個日本國內的常識，來說明事實的另一種看法。

日本從以前就習慣**功能別分公司化的制度**，在各地設立與營業無關的銷售據點，或者讓生產線獨立出來等等。

美國的部門（division）以一整套的「創作、製造、販賣」的概念讓經營團隊揹負整個事業責任。因此，事業部制度當然會有所作為，以避免「經營領導力」隨著企業的成長而稀釋。

但在日本，那些稱為事業部的部門所能做的事也不過是銷售而已，在內部橫行的反倒是那些對客戶說「行銷不關我們的事」的生產部門等，但卻很少有經營者對這種現象感到質疑。

這是因為日本企業缺乏讓一個人擁有「創作、製造、販賣」的領導力，策略性推廣事業的概念。因此，他們就習慣依照分工制去取得**規模利益**的「效率」。無庸置疑，功能別的分公司制度因為「部分最高效能」能得到一定規模的利益，因此有助於擴大競爭。

但是，這種情勢如果長期放任不管的話，就會變成一種宿命，切斷「創作、製造、販賣」的循環，引起內部的派系鬥爭，降低組織的速度，扼殺事業的創造力或策略力。

但長期浸染在這個組織文化裏的人卻全然不曾察覺這些問題。當雪印乳業發生驚動社會的中毒事件而讓經營虧損以後，他們自省「資訊傳達太慢」而廢除事業總部制與分公司制度。他們因為這些制度迷失了「創作、製造、販賣」的循環，直到公司受到**不良影響**才想辦法改過。

但是日本企業之所以無法作育英才，是因為將優秀的人才放逐在部分最高效能的世界裏，直到他們都快退休了都未能負起「創作、製造、販賣」的整體經營責任之故。

五十嵐為了活化亞斯特事業部，在商場上打一場「勝仗」，所以才會要大家矯正因為這個時代的錯誤（正確來說應該是不正確的策略）所造成的組織結構。

三枝匡的經營筆記 3

智慧創意的慘敗

很遺憾的，日本企業在這半個世紀裏，透過集團的努力成功地提供全世界物美價廉的工業產品，但在「經營知識」的創意研發或「經營人才」的積極培育上，卻完全輸給美國人。

經營者並不是因為在策略上用了什麼技巧而失敗，他們雖然沒有什麼大不了的作為，但最後招致失敗的案例現在如過江之鯽。

結果是那些原本由日本所創造的供應鏈、六標準差等經營概念，正由美國人積極研發成專業的經營知識，並且回銷來日本，另外，又引進現金流量或股東至上等等美國規則。如此一來就能讓日本企業重新拾回繁榮嗎？

任務小組的成員在這三天集訓中接觸到改革所應有的經營概念。他們來參加集訓前，與回去時的觀念可謂天差地遠。

總算具體的改革劇本要開始動手了。而這也是公司內部鬥爭的開始。他們對於這個停滯不前的組織，今後該採取什麼手段呢？

第4章

如何打造一個串連整體組織的故事？

◉撰寫改革的劇本

◉決定策略的意志

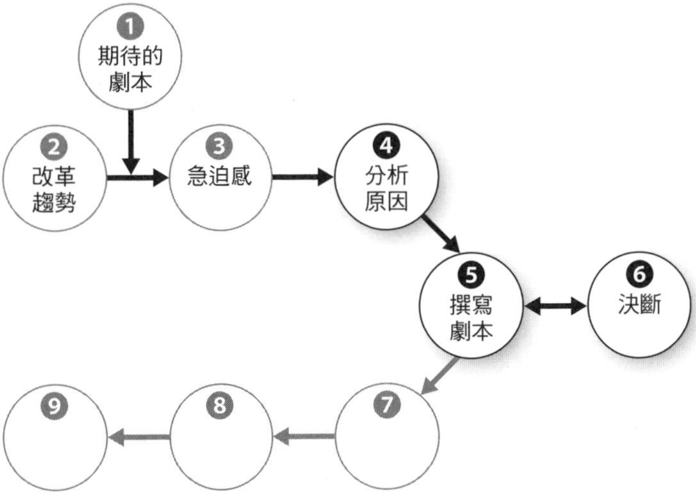

組織的快速反應

任務小組的專屬成員，全體移到總公司所準備的辦公室作業。

他們好幾次都在想：「這就是所謂的戰場嗎？」但是，他們頭一個月的動作卻是稍嫌遲緩。

任務小組所經手的第一個作業是要他們「深刻反省」過去，用具體的事實或數字佐證，同時冷靜的描述。黑岩對大家這麼說：

「這個反省需上自香川董事長下至事業部的一般員工，營業、工廠或研究所等等一一點名，讓所有的員工都覺得『過去的經營真的是糟透了』，同時強烈反省：『我無法置身事外，**自己也要負責任**。』」

黑岩莞太之所以如此強調這件事，有其理由。

重點14 「強烈的反省」等於「改革劇本」的出發點。如果經營幹部或員工對於反省的內容產生共鳴，他們就會向改革靠攏。

然而，反省如果只是半吊子的話，就沒辦法將員工集合起來。他們一定要讓幹部或員工痛切的反省，覺得自己很窩囊。

因此，任務小組為了讓現況的嚴重程度浮上檯面，便開始蒐集相關數據，做出尖銳、毫不留情的簡報。

然而，就黑岩或五十嵐的立場來看，大家的工作都還太過悠哉。

星鐵也（三十九歲）的看法

我雖然知道伊東的集訓課程很嚴厲，但腦袋的一角卻還殘留著「這是一個難得的學習機會」，所以帶著一點僥倖的心理。

任務小組開始三個星期以後，讓人無法忘懷地接近十二月底了。當我向黑岩經理提出我的工作報告時，他卻大發雷霆：

「你的工作從兩個星期前就沒有任何進展。我們這四個月的期限，已經要用掉第一個月了。我們不是在辦研習會。我們沒有時間了呀！你不再認真一點的話不行。」

我被黑岩經理的眼神這麼一看，突然驚醒了。我在這十年內曾經參與幾次「改革」，但從來沒有與主管這麼認真的相處過。

我了解到任務的重要性、時間的緊迫，以及必須主動的立場。

其他成員看到我被罵也不禁臉色一變。大家不分日夜，犧牲假日，不停的思索：「到底哪裏出錯了？」、「我們還有路可走嗎？」

大家真的都盡心盡力在工作了。他覺得自己從進入這家公司以來，從來沒有像這四個月這樣被這麼嚴厲地訓練。

我對自己從前的敷衍了事感到丟臉，為了洗刷這個恥辱，自己就打起精神準備奮力一戰（笑）。

重點15 企業改革時，如果最初不重新設定組織的速度，大多很難啟動勝利的方程式。

然而，任務小組的成員疑惑的不光是速度而已。

當成員們提出自己也無解，缺乏自信的方案給事業部經理黑岩及管理顧問五十嵐時，一下子就被識破並且退了回去。

「太嫩了。你知道嗎，這個事業部的存活就繫在你一個人的身上耶。」

星鐵也並不知道站在經營者的角度去思考策略，是一件多麼勞神費心的事。

「光是這樣連戰場都稱不上。」

五十嵐一句話就頂了回去。

主管即使從前要他「嚴厲的反省」，但不管在哪家公司的中階主管都很難在內部進行嚴厲的批評。因為，總是要顧慮到上司或同事的面子。

自己雖然盡力表現得很乾淨簡潔，但實際上卻是抱持著逃避的心理在做事，所以很多時候對方都摸不著到底他們想說些什麼。川端祐二與五十嵐不僅好幾次訓斥：

「這簡直像是學校作業似的。」

「措詞用語應該再簡單明瞭一點。」

有一天，從來只是一旁靜觀的黑岩莞太忍不住了，於是跟大家說：

「事業部都已經要關門大吉了，你們還需要對誰客氣呢？聽好，不管是香川董事長、上一任的春田常董，或甚至是我，你們都沒什麼好客氣的。」

然而，不少人都曾聽信上司的「有什麼建議儘管放心說」而開誠布公，然而日後卻遭到秋後算帳。所以，大家還是半信半疑。

像黑岩莞太或五十嵐這般從外頭來的空降部隊本來就最容易說：

「不用考慮我的立場。」

因此，抱持著村莊心態的人背地裏都會嘲諷：

「反正是空降來的，一旦失敗的話離開就好了。輕鬆得很啊。」

然而，在一家大企業中，從未挑戰失敗的人愈無法體會挑戰的艱辛，愈容易抱怨別人輕鬆了事。

在一個村子裏，那些思想前進的村民大多歡迎外來者，而無法改變自己且留在村內的人則討厭外來者的闖入。

不管是黑岩莞太或是五十嵐都很習慣這樣的場面了。從外面來的人正因為是這個組織的**歷史上的旁觀者**，因此更有立場大刀闊斧、大鳴大放。

「你們在公司內部不方便說的話，由我、五十嵐先生或川端來說。再怎麼說，你們也只是員工而已。那些後座力就由我來概括承受吧！所以，我希望你們有話直說。」

黑岩莞太這番強而有力的話，為大家打了一劑「強心針」。成員們都開始認識到如果不靠黑岩這樣的人，瓦解既有的價值觀的話，是無法改變這個事業部的。

飄盪的孤獨感

剛開始的一個月，小組成員並無法整理出一個「反省」。加上遇到過年期間大家放假，黑岩、五十嵐與川端的指導團隊開始焦急了。

然而，這是個不可省略的步驟。

在一月中旬，任務小組總算彙整完成反省的內容。下一步就是撰寫「改革劇本」。換句話說，第二階段的作業是檢討整體策略及組織方案。

當然這也應該是一個通徹完美的內容。劇本需具備強烈的說服力，設法讓劇本成為一個「事件」。

每次小組成員問黑岩莞太時，他都這麼威嚇他們：

「你們真的寫得出來一個好劇本，宣揚**事業的存在價值**嗎？真的能夠讓我們的事業**麻雀變鳳凰**嗎？如果做不到的話，還是趁早關掉這個部門比較好。」

過去的改革總是以讓這個事業持續下去為前提。

然而，香川董事長與黑岩莞太都毅然決然地表示，如果沒有把握將這個部門改造成一個有魅力的事業的話，就沒有必要讓它繼續虧損下去。

重點16　改革領導者本身只要嚴峻地面對現實，同時有能力識破虛造的計畫，計畫的制定就沒有逃避的空間。領導者應該逼迫小組成員，讓他們徹底思考大膽且兼具現實考量的成長方案。

「首先，你們先檢討看看這個部門是否可以將商品分割成業務單位（business unit），同時檢視一下組織方案。再看看這樣能有多少改革成效。」

他說完以後，管理顧問五十嵐接著提示基本觀點。

- 改變組織的目的是為了改善「創作、製造、販賣」的「五大鏈」。
- 組織與策略為一體兩面，應該同時放在檯面上檢討。
- 提案內容無需場面話。重要的是能夠立即且可實際執行的內容。
- 組織方案中的職務應嵌入實際人物。

縝密的考慮到人事問題，是改革任務小組的特性之一。這代表他們被賦予的權限極大，因此意義深遠。

重點17 當撰寫事業改革的劇本時，應給成員最大的思考權限，在「什麼都可能發生」的前提下，讓他們有各種選擇。尤其是在人事方面。切忌「這個不用你們操心」這樣的說法。

為避免遺漏重要因素，黑岩以兼職成員為中心，找了一些業務、研發與生產等各部門的關鍵人物組成幾個**臨時的輔助小組**（sub team）。

在這個時間點，他還不能在公司內部公開改革方案。在改革的實際效果尚未確認以前，最忌諱在內部散布改革的構想。

因此，黑岩不能讓輔助小組的成員知道真正的工作目的，只說是幫黑岩、五十嵐與川端他們找出部門的問題所在。

就這樣，輔助小組的作業在不影響他們既有的工作下，幾乎都選在週末進行。

有一天，其中一個輔助小組出了一點小狀況。從某單位調來參加這個小組的一位年輕成員這麼說：

「這麼糟糕的部門想要馬上讓它重新站起來根本就是錯的，改革不花個十年是辦不到的。」

這位年輕人是大家公認的優秀人才。他態度傲慢地批評：「這樣的改革真的是無聊透頂。」

他對經營團隊長期以來讓這個事業變得亂七八糟極其失望，所以再也不相信上頭說的話，才會故意這樣作對。

像他這樣優秀的人才如果對公司這樣不滿的話，應該趁早走人去別家公司高就才對。

然而，他卻下不了決心，每天禁錮在這個狹隘的組織中，只有批評精神愈來愈發達，終於變成一位憤青。

這是業績長期低迷，缺乏前途的企業常見的類型。而且，愈有骨氣的員工愈容易有這種傾向。

甚至可以說，他們是過去散漫的經營體制下的犧牲者，所以他們的行動總是充滿攻擊性，又最難處理。

「我好像看到從前的自己喔！」

古手川修看到這位他熟悉的年輕同仁的言行，彷彿是看到不久前的自己一樣。

當他去伊東接受集訓，站在那五百張卡片前感到一片茫然，又被咄咄逼問：「你們已經無法置身事外。如果你就是經營者的話，會怎麼做呢？」他的心情就跟這個男人一樣呢。

這位年輕人之後就擅自缺席輔助小組的會議。

原本就感到**孤立無援**的任務小組，面對這位年輕員工的批評行為更是雪上加霜。同年齡的青井博等人有一種去向同伴求助，卻被冷眼對待、見死不救的感覺。

黑岩也感到錯愕。這個公司竟然容許員工怠惰公司交辦的事項。

就像日本愈來愈多家庭因為寵溺小孩以至焦頭爛額一樣，在這家公司中軟弱的上司對於強硬的員工也都是放牛吃草的吧？

這樣的情況如果發生在國外早就開除了，但日本企業因為採用終身雇用制，所以就輕易地容許了。

這樣的經營方式孕育出這樣任性、無法在社會行走的人，同時這種現象也會在這個員工身上不斷重演。

川端祐二心想，事業部經理應該會斥責這位年輕員工，而引起一些小騷動吧。但黑岩卻沒有任何動作。

「好啊！不想做的人，也沒有必要勉強把他找來。」

老實說，反正現在這家公司充滿了像這樣說東道西的傢伙。

如果內部的小小反彈都要一一懲處的話，在改革旗幟尚未高舉之前，黑岩很可能就因為內部的感情用事而被替換掉。

現在還不是一決勝負的時候。不來「這裏」集合的人先睜一隻眼閉一隻眼就好。

重點18 在發表改革劇本以前的任何一件小事，只要不是造成某種程度的傷害都可以置之不理。特別是個別員工的態度，無需嚴厲斥責。

當然，在開始改革以後就要採取一致態度了。

當改革劇本發表以後，最重要的是面對所有內部的問題徹頭徹尾的親力指導。若非如此，就無法改變員工的行動類型。

然而，在目前這個階段應該避開戰局，沉潛的進行任務小組的各項準備工作。

公司怎麼可能倒閉？

就在任務小組拚命工作的時候，有一天，資材部經理秋山要求跟黑岩見面。

很多人都批評這個部門業績停滯的原因之一是上級主管的做事怠惰與明哲保身的態度。

對黑岩而言，這是不容忽視的問題。

重要的是，在即將到來的改革中，他們是屬於肯站在第一線帶頭改革的人，還是不肯配合的絆腳石？

秋山比黑岩早兩年進來這家公司，曾經與黑岩同在一個部門工作，黑岩年輕的時候也受過他的指導。

對於秋山當然沒有什麼好客氣的，但黑岩還是覺得有必要讓他理解自己的想法。

資材部經理秋山（五十六歲）的說法

嗯，從事業部經理黑岩剛進這家公司開始就是我帶他的。商品企劃部的經理或亞斯特工廠銷售系統的吉本董事長、業務部經理年紀都比他大呢！

大家聚在一起的時候都喜歡說他的八卦：「黑岩這傢伙……」他從以前就是一個很有意思的男人，很會說笑（笑）。

當事業部經理說「兩年內裁撤這個部門」時，我很在意，所以也說了一些自己的意見。剛開始我們就是這樣聊著，但漸漸地氣氛奇怪了起來。

你問我說了些什麼？我表達了兩項看法。一個是「最好避免說一些騷擾人心的話，以免降低大家的士氣。」

另外一個是「改革需要時間，好好花個五、六年調整比較好。」

公司裏很多人也都這樣認為。

但是，黑岩看起來並沒有把我的意見放在心上。說到一半他的語氣一轉，他說：

「經理，你這種想法不對喔。」

他回答得這麼乾淨俐落，倒讓我嚇了一跳。

「按照目前的狀況，花上五、六年或花個十年的想法，就已經先落敗了。」

「可是做得太超過的話，部門也是會搞砸的。」

「不，經理，這個部門早就壞掉了。我已經說了如果再過兩年還不見起色的話，就要把這個部門給關掉。到時候經理您的職位會怎麼樣就不知道了喔。」

我知道他是認真的，但這個部門怎麼可能會結束呢？

整個太陽產業是獲利的。誰都無法想像這家公司會倒。

但是，黑岩繼續說：

「一、兩年都改變不了的組織，再花個五年、十年也一樣啦。想要改變組織文化拖拖拉拉是不行的……一定要投入**一氣呵成的能量**才行。」

啊！我真沒想到他竟然變成一個說話如此嚴厲的人。

「我重整東亞技術的時候就親身體驗過。如果長年累月放任著問題不去處理的話，就會變得糾結難解，最後分不清楚什麼是因，什麼是果，或者該由誰負責了。」

唉，這個道理我也知道啊。在這十年內，每上來一個事業部經理就會喊改革啦、變革之類的，但實際上卻文風不動，什麼也沒有改變。

但是，或許是我看起來不贊同的樣子吧，所以我們繼續談下去。

「你讓我不要騷擾人心是吧？這個也不對，我就是從明明白白告訴員工實際狀況開始著手的。」

黑岩看著我的眼睛，這麼說：

「讓員工面對『現實的糟糕狀況』，才是我們的第一步。」

「面對現實啊……」

「經理，現在大家的士氣，已經低到不能再低了，不是嗎？」

士氣？好好的啊。我才想說，是你自己才士氣低落吧？

「經理，為什麼公司的事業**走到這個地步**，為什麼大家都無動於衷呢？事業部的主管應該要找出答案才行。」

他難道是在說業績滑落都是我們這些主管的責任，景氣這麼糟，又能怎麼辦？我自己的工作，可是一點都沒有馬虎。

「事業部經理你如果再這樣一味地唱衰的話，會讓很多年輕員工失望而走人喔。」

「不會的。」

這傢伙怎麼會這麼有信心呢。

「那些年輕人對實際狀況都心知肚明，現在**還想隱瞞是沒有用的**，愈是往前看的人，愈讓他知道事實，他就會接受，就是這麼一回事。」

我靜靜地不說一句話。

「您剛說我這樣做會騷擾人心，但是就我的經驗來看，就是要**人心受到騷擾**。」

我又嚇了一跳。

「不這麼做是不行的。舊的價值觀瓦解，所以人心惶惶，公司內部動盪不安。可是這才是變化的第一步。如果迴避了這個過程，這個事業部就找不到起死回生的路了。」

歷任的事業部經理從來沒有人說話這麼單刀直入的。儘管他是我的頂頭上司，但怎麼說也是我的晚輩，我還是頭一次被人這麼搶白。當然話就愈來愈不投機。

「我們都已經努力到這個階段了，拜託您幫幫忙，跟我們一起進行改革吧。」

這句話他已經說了兩次，我只好低著頭。面對現實？這種事幹嘛特地說給我聽呢？

唉……我會用自己的方法努力去改變的。因為，這份工作我可是從頭開始就是戰戰兢兢地做著。

改革者的防守之道

資材部經理步出房間以後，黑岩獨自思考著。這次的談話並不愉快。他心想讓他默默地離開的話，就會到處去說「他說我們的經營方式糟透了」。

黑岩有二種態度可以選擇。

其一是延緩對峙的情勢，花時間等待對方理解。另外一個是在現階段快刀斬亂麻的進行。

對於批評改革，臨陣脫逃的年輕員工，黑岩採取前者的做法。但面對這位資材部經理，他卻選擇了後者。

與那位年輕員工不同的是，這絕對不是一個無聊的「局部抵抗」。

本來事業部的業績低迷應該由高層的中階主管，或者在內部擁有私人實力的老員工做為代表來發牢騷。

但在這個時候，黑岩特意讓大家清楚知道**工作與年齡無關**這件事。

自古以來，日本企業的員工不可能人人都能坐上高階幹部的寶座。

即使日本企業長久以來實施依照年資升等的制度，但是，依據實力而非年資出人頭地的例子也不少，這是日本企業獨特的智慧。

但是，當業績搞成這副德性時，誰又能抬頭挺胸呢？

當黑岩剛去東亞技術時，不知道聽過多少高階幹部說：

「你不要給我說些讓員工不安的話。」

但是，他們完全錯了。如果這就是日本所謂的「保護自己人」，他很想說這只是**偽善**罷了。公司裏大家之所以都不願碰觸事實，是因為**說出來會讓人困擾**。有些人是始作俑者，有些人是因為拖延問題，因此，目前人人避之唯恐不及。還有些人是即便清楚但力有未逮，另有些人是倒數著退休的日子安然度日。

年輕員工早已識破內部之所以不願碰觸事實的原因。因此，就只能無趣地不發一語，上司說什麼就照做。

因此，一旦整理出問題所在，告知他們如何解決的時候，員工會猶豫是否該從正面去處理，這個時候才開始有能量去產生真正的變化。

日本的企業以往的反省大多避開那些「會因改革而受到影響的人」。因為他們以為對於那些無法適應新制度的員工，與其二話不說的割捨，倒不如留給他們一條努力的道路，期待大家一起改變。

如此一來，那些在美國企業會被馬上冷凍或放逐的人，卻可以在日本企業裏苟延殘喘。

而且遺憾的是，這種體貼的考量益發讓留下來的人興起「自己又沒做錯什麼」的念頭。

因此，當組織中一有什麼新的變化時，就會有人不時在背地裏潑冷水說：「這樣做也不會有什麼效果的啦」「你們這些人反正註定要失敗的」「趁早放棄了吧」之類的。

而這些冷言冷語對於那些正要面對風險的人，將造成多大的挫折呢？

顯示出問題的癥兆並非資材部經理一人而已。就人性而言沒有誰是特別壞心眼。涉及內部派系鬥爭的人並非全都性格有缺陷或者人品特別邪惡。

私底下溫柔敦厚的人，一不小心可能就是組織改革的絆腳石。

黑岩莞太的眼裏看遍了公司內部所發生的類似狀況。

這些都是必須改革的現象，而且對目前的亞斯特事業部而言已經刻不容緩。不，正確地說應該是沒有時間可以浪費了。這已經不是慢條斯理地教育員工或者循序漸進改善的時候了。

日產汽車錯失了市場二十六年，沒有道理再花個十年就可以反敗為勝。

提出這樣論調的人，一定會讓**公司內部**陷入天真散漫的狀態。

一個事業在連續三年虧損的情況下，已經是經營上可以容忍的極限了。

黑岩莞太曾經這麼祈求著，希望潛在的反對派至少能夠維持**中立**，就謝天謝地了。

如果那些人能夠安靜不語，這樣就夠了。這樣一來，總有一天他們也會懂的。

這是**只能堆積一次**的**積木遊戲**。這個遊戲只要半途失敗的話，就會讓大家的心情分崩離析。很難讓積木重新堆起。

如果批評者不能維持中立的話，就會日復一日的在背地裏對周遭說些壞話，設法讓積木搖搖欲墜。

黑岩莞太並不打算就此忍氣吞聲。

重點19 支持往前邁進的人，是改革領導者最大的任務。因此，一旦發現病灶就必須冷峻排除。

高層的參與

幸運的是，輔助小組幾乎受到任務小組熱情的感染而開始動作。

特別是研發中心的關鍵成員所參加的研發輔助小組，對任務小組帶來莫大的轉機。

新產品的研發時間平均超過原訂的二倍以上。比方說，預計一年內完成的新品研發，實際上往往要耗費二年以上的時間。

但是上市以後，品質的問題不斷。當探究在哪個研發過程中延宕時，問題就一個接著一個的出來。

研發工程師大都自尊心很強。若非如此就無法研發產品。但是這些前仆後繼的問題卻是他們**自己本身**的缺陷。

黑岩想起香川董事長曾說過：

「我們公司的研發團隊認為自己的技術是天下無敵，認為他們是天下第一。他們忽略了正是這種驕傲的心態讓我們在市場上節節敗退。」

在某一次的會議中，有一位工程師理直氣壯地說：

「我們公司在重要技術方面的水準極高，但是卻輸在商品設計。」

這番話讓黑岩莞太無法忍受。

「商品在市場上輸得一塌糊塗，還以為自己的重要技術很優秀，真的是鬼話連篇。」

不管是狡辯或是什麼，研發團隊最後的自尊就是靠此維持。這個最後的盤石卻被黑岩視若無物，一句話就橫掃殆盡了。

當一個人的自尊被觸及時，有些人會覺得不舒服，有些人會垂頭喪氣。

黑岩的話究竟會引起工程師的反抗，還是合情合理的反思呢？同樣地，在亞斯特事業部到處發生彼此掣肘的情形，也在研發團隊的心中響起。

所幸公司內部最習慣於邏輯思考的集團，認為黑岩的言論是「正確的」。

他們雖然知道如果將自己不對的部分搬上檯面，一定會成為內部批評或嘲諷的對象，但他們卻下定決心協助改革。

接下來，研發經理們自己開始大膽的反省，找出病源，以便讓亞斯特事業部起死回生。

這種態度刺激了其他輔助小組。

「只會批評業務的工程師竟然開始檢討自己的問題了。」

如此一來，業務們也只好停止批評別人。連工廠與採購也一樣。

黑岩總算鬆了一口氣。成功的改革在於**員工踏實的心態**。

雖然還是有些員工不配合或上演姑息的鬥爭劇碼，但只要公司大部分人不被感染而且單純的話，日本企業的變革就有希望。

在期盼發生變化的員工心中，各種議論叢生。而這些討論漸漸在內部流傳，產生微妙的變化並且擴散出去。

改革任務小組的孤獨感是一種宿命。而支撐任務小組的是與**高層的關係**，若非如此，那麼**一切將成幻影**。

黑岩莞太自己頻繁的參加任務小組的討論並且指點一二。

他常在跟客戶結束晚宴後，紅著一張臉，在晚上十點過後出現在任務小組的工作房間。

他的這種行動促使任務小組加快作業，得以在最短的時間內讓劇本成形。

大部分的企業因為未能善選改革的領導人而讓改革功虧一簣。

那些太投入組織的鬥爭，太關注自身安全，公司業績低迷也不肯週末加班或者不知世間疾苦的高階幹部所率領的改革團隊必定半途而廢。

改革領導者揹負著許多人的命運，面對的是生死存亡。無此覺悟的領導者愈是半吊子愈讓改革的推廣變成一種阻礙。

黑岩、五十嵐與川端所組成的領導體制看不到一絲猶豫。他們的態度一直都是斬釘截鐵的。

企業顧問的五十嵐身為黑岩的代理人，不斷地指示小組的作業步驟或分析的切入面。

他在公司放一個辦公桌，跟大家一樣從早工作到深夜。他在短時間內就融入這家公司，甚至有成員認為他應該享有高階主管的待遇。

若說黑岩是「強勢領導」、五十嵐是「智慧領導」，那麼指揮小組成員作業的川端祐二就是「行動領導」了。

用如魚得水來形容川端祐二也不為過吧？不久之前，他還在工廠唉聲嘆氣的，現在卻是一臉精神，紅光滿面的到處走動。

他在海外工作所得到的寬廣視野，對於任務小組的陣容有莫大的加分作用。

黑岩仔細觀察川端祐二的領導能力，慶幸自己沒有看走眼。

領導者川端祐二（五十歲）的說法

這個改革跟過去三次的改革完全不同。任務小組前半段的活動是「利用實際的教材進行嚴苛的頭腦體操」。

這段期間幾乎沒有放過假，但令人驚訝的是任務小組或輔助小組一個小時的檢討作業抵過我以前所經歷過的幾個月的改革，讓過去改革的失敗原因一一簡潔的浮現。

作業進行至此，我體會到兩件事。

一是事業部真的走到窮途末路了。

另外一個是支撐這家公司的自己最後也會罹患癌症。

我一直用批判的眼光在看著這家公司，所以是帶著一種自我改造的挑戰精神，很驕傲地加入改革任務小組的。

而我以前常用**好菌或壞菌**區分**組織或人**，但我終於知道這是不對的。

總而言之……不是用這個人是好的、那個人是壞的，或者業務是好的、研發是壞的來區分……因為在每位員工的心中都是好壞細菌兼備的。

因此，我了解到這個事業部的停滯並沒有哪一個人是「無罪的」。

經過這些日子的努力，我自認為是改革的先驅，不管用什麼當藉口，自己也算半個癌細胞，所以一定要趁這次的改革來革除。

這個發現其實困擾我很久了。我總算理解這件事就是事業部經理所說的「強烈的反省」，同時「這並非只是別人的事……應該想想自己也不好」。

但是，回到家以後我太太還是用相當嚴厲的姿態在看我們公司。

因為過去的改革總是半途而廢，她懷疑「這次真的可以相信嗎」。後來為了不掃我的興，她就不再提了。

總公司某位中階主管（四十歲）的說法

我雖然不是任務小組的成員，但我的座位因為靠近總公司任務小組的房間，所以看得到一些狀況。

改革任務小組幾乎都沒有高階主管，而且聽說由香川董事長與黑岩事業部經理直接推動改革。

這些事以前都不可能發生，我覺得這次的改革應該跟過去不同。

他們關在房間裏面討論到深夜，在牆上貼一張大的壁報紙，我好幾次看到他們在篩選什麼資料似的。

我也不時聽到五十嵐先生與川端先生指揮他們。

黑岩經理常來他們的房間。當經理回去以後，他們大多顯得垂頭喪氣的樣子（笑）。

然而，看到他們連休息的時間也沒有就要重新工作時，到底為了什麼目的、價值觀而工作，這個能量從何而來，說得誇張一點，簡直像是「被惡鬼窮追猛打」一樣。

但是，我只是從旁觀察，知道這還與我無關。

周圍的人也大多裝作不知情。

落實改革的契機

新的組織概念是比較早出現的部分。所幸任務小組所摸索的劇本也接近在伊東集訓時想好的內容，那就是將亞斯特事業部分割成幾個業務單位。他們極其機密地討論這種組織型態的好壞。

「囉囉嗦嗦問些什麼也不知道，真是煩死了。」

「都是第一線抓出來的優秀人才，光會做些無聊的事。」

在改革初期，一定會這樣被人家在背後說壞話。但是，像個市井小民般發牢騷的員工大多是老舊組織中無法忽視的存在。

因此，缺乏自信的經營者聽到第一線這樣背地裏的批評，三兩下就遲疑了。而有自信的經營者就會斷然地向前挺進。

第二階段的組織方案與整體策略的檢討在二月上旬，也就是在四個月的作業期剛過了一半時總算完成了。

黑岩看到這個成果，馬上做了一個決定。這個決定不光是任務小組，連公司內部都嚇了一跳。

從他們所做的分析顯示，新事業中的F商品群是怎麼也看不到未來的。

這是三年前，當亞斯特事業部陷入虧損時，在大規模裁員中所成立的新事業。

這個商品群仿照過去事業的做法什麼都沾，豎起「培育未來新事業」的旗幟，一直拖到現在。

今年的營業額是十億日圓。

這個F商品群除了分派幾位員工負責以外，其他就是在研發、生產與業務部門的協助下運作（表面雖然如此，但其他單位都將他們當成**拖油瓶**），這樣半吊子成立一個新事業本來就注定要失敗的。

各個商品群的整體責任不知由誰來負責就是個典型的例子。

分工制組織中的各個部門，對這個F商品群花了多少人事費用，也無法正確計算。

於是，任務小組分析了一下，發現會計上雖然虧損四億日圓，但研發部門對工時的掌握太寬鬆，再加上不良品的處分，售後客訴的因應費用等都計算後，才發現實際虧損可能接近二倍。

但這個差額被含在其他商品的虧損裏面。這也是日本企業經營素養太低所造成的**策略失誤**。

F商品群的撤退對於黑岩、五十嵐與川端的領導團隊來說並沒有一絲猶豫。

產品內容只會模仿他人、成本過高、怎麼賣也不賺錢。這個事業早該放手了，前一任的事業部經理卻放著不管。

重點20　虧損分「有未來性的虧損」與「惡性虧損」兩種。確認沒有再生之道的惡性虧損事業**不用顧及形象**，應該早一點裁撤才是正道。

「F商品群的事業馬上裁撤。由山岡室長主導，在兩個星期以內提出執行方案。但是，不要造成客戶或物流上的困擾。」

在二月的經營會議中，當他一這麼指示時，大部分的出席者都啞口無言。大家都知道這個事業有問題，所以沒有人持反對的意見。然而，小看黑岩事業部經理的人這下子也知道他「真的動手了」。

看到黑岩決然的態度，大家深刻體會到那個玩弄文字遊戲的時代已經結束了。連亞斯特工廠銷售系統的吉本董事長與資材部經理秋山也都低著頭默默地坐著。

有人告訴黑岩，F商品群的負責人很不甘心地哭了。

黑岩將他們全都叫來，說明虧損的實際狀況比表面上還嚴重，以及就經營者的立場所預測的這個事業未來的嚴峻發展。

「以前公司沒給你們什麼支援，真的是委屈你們了，你們就像赤手空拳拚了過來一樣。但是，人生在不行的時候就得忍痛切割，去尋找下一個機會才對。」

決定裁撤F商品群做為變革的一個新的「事件」，帶給全體員工一個深刻的印象。

就這樣打帶跑的，任務小組進入第三階段。

「我們必須提出各個業務單位的基本策略。從那裏應該可以反饋出整體的策略或組織方案。」

主導團隊的三個人將各個業務單位的策略方案稱為「商業計畫（business plan）」。

● 各個業務單位從競爭分析開始，全盤重新審視，如割捨不划算的商品、整理工廠或生產據點、整備銷售網、篩選營業方針等。

- 商業計畫最後會輸入數值目標，同時第一年的目標與明年的預算連動。

黑岩與五十嵐不厭其煩地跟成員說：

「即使你們將來被指派當業務單位的高層，也要提出自己能夠實行的方案才行。」

重點21　制訂計畫者與執行者必須由同一個人負責。他人所提出的計畫容易流於不負責任，之後常常會將失敗的原因歸罪於計畫不佳。

黑岩自然而然地說了這番話，「你們即使當了高層……」這句話的重大含意大家都疏忽了。誰也沒有預料到他的想法左右了好幾個人的命運。「任務小組分成幾個小組來檢討商業計畫，同時進行吧。沒有時間了。」

星鐵也想為C商品群注入新血，因此就當那個商品群的組長。D商品群由古手川修、E商品群則由研發來的貓田洋次擔任組長。

其他成員也都各自進入某一個商品群。大家被不知道什麼時候才會結束的工作量壓得喘不過氣來。

戰場的教育效果

客觀來看，沒有什麼比這個任務小組更適合培育年輕的儲備經營者了。

星鐵也這樣的課長普通要花上十年才能學會的艱深經營見識，透過這樣高張力的痛苦，一下子就能體驗。

這應該稱為**戰場的教育效果**。

然而，成員們要等到全部結束以後才知道心懷感謝。

在戰爭最激烈的時候，只知道不斷地思索「這個事業該怎麼辦」，整日陷入找不到答案的痛苦中。

古手川修（四十一歲）的說法

我從以前就覺得這個事業部的未來相當危險。我當時想再這樣下去的話就慘了，公司絕對無法在市場上競爭，我得好好鍛鍊自己以免輸給別人。

但是，得不到公司內部完整的資訊，每個月一到十日薪水就自動撥到戶頭，所以沒有被裁員或領不到薪水的壓力。

但當我參加任務小組以後，聽到跟自己進入這家公司以來完全不同的價值觀，關於自己所處的立場、勢在必行的改革及董事長嚴格的態度等等，只能用吃驚來形容。

有一天，事業部的黑岩經理慢條斯理地問我：

「你啊，是很優秀啦……但從來沒有受過『挫折』是吧？」

這句話讓我永生難忘。他說得沒錯，但我覺得那就是自己是純種馬（Thoroughbred）的證明。

在這家公司，我比其他同仁都有實力，我的工作也不是太難，所以當然沒有受過挫折。只要我自己安於現況，沒有比這裏更舒適的日子了。

黑岩先生想說的是，接下來我將面對艱困的局面，他擔心我的精神狀態會不會意外的脆弱。

的確我頭一次進入任務小組這樣自己不熟悉的世界，置身在前途茫茫、動盪的狀態下，頭一次體會之前的人生實在是太安逸了。

我被選上時意興風發地進來，卻發現被質疑**自己的生存方式**。對我而言，任務小組給我一個重新審視自己人生的機會。

原田太助（三十五歲）的說法

我從老早便對這家公司的經營方式感到極其危險和不滿。我也曾自己一個人彈劾高階主管的毫無作為。

我年輕時，曾想如果當上工會幹部就有機會直接跟董事長對談，所以有一段時間很熱中參加工會的活動，但是工會裏卻沒有我想要的答案。

對於事業部的歷任經理或管理階級的主管而言，我應該是那種很難搞的員工吧。

當我與黑岩經理面談時，我說了：「總之，幾乎沒有人針對事情的本質去做事，所以大家的工作效率差，盡做些蠢事」、「經營高層的意思不夠明確」、「中階主管都是明哲保身派，只會說辦不到、做不到或不想做。」

談完以後，他們就馬上將我指派去任務小組，我自己也嚇了一跳。

在伊東集訓時，有一次趁著大家一起喝酒，我問黑岩經理為什麼選我當小組成員。經理笑著說：「因為你看起來滿有骨氣的。」

那時我們對亞斯特事業部的事業策略應該如何訂定，還摸不著頭緒，所以就在星期天集合開會討論。

大家各有各的做法，很難相互配合，我當下覺得很煩，於是就像平常一樣發話了。

我只不過跟平常一樣說出自己的想法而已，但那天開了一整天會以後，黑岩經理突然跟我說：

「你總是喜歡批評別人哪。董事長不行、常董不行、會計部經理不行、業務部經理不行、廠長不行、研發不行、工會不行……。你要批評到什麼時候呢？光是批評，並不能將大家的心圈起來的。我們的目的是編織出一個未來的具體策略，提示他們一條嶄新的道路呢！

這裏可不是**在野黨的集會**。」

我突然有遭到狠敲一記的感覺。

我懂事業部經理想說什麼。但是，我還是一肚子火。

黑岩經理或五十嵐先生習慣那樣罵人，他們或許罵過就算了，但我卻怒火難忍。

過去我為了矯正這家公司的經營方式，不斷地認真提出想法，現在卻有一種被人全盤否定的感覺。

當我深夜踏入家門，心裏感到一陣空虛，當下就想辭職走人算了。

但幸運的是，那時剛好碰到公司的創辦紀念日放了幾天假。連假過後再去公司上班時，因為有重要的工作進來，所以只好先勉為其難全心工作了。

之後，事業部經理與五十嵐先生、川端先生及其他的小組成員也都沒有再提起那件事，我也埋頭在改革的工作上，所以就將自己的不滿拋開了。

但事實上，那件事讓我重新認知自己所應扮演的角色。

每每暴露自己的弱點時，我就會不自覺地挺直腰桿，我覺得自己應該改掉這種膽小的毛病。

我學習到自己應該更單純地去看事情，而非短兵相接，重要的是要有耐心地行動。

我深切體會任務小組的工作讓我逐漸打開自己的視野。

貓田洋次（四十五歲）的說法

我所負責的商業計畫是E商品群，其中有些商品技術獨創、具競爭優勢，但從推出以來經過幾年業績也不見成長。

比方說有一個商品就被業務批評：「這種東西賣不出去。」

我身為研發工程師，也當過產品經理，自認為有能力架構商品策略。

於是，我在任務小組中也是用同樣的思考方式去整理商品的策略。

當我想好一個自己認為不錯的行銷故事，有一天晚上十點多去向黑岩經理與五十嵐先生做簡報。

但我卻被他們兩個人痛罵一頓，讓我這一輩子的自尊掃地，顏面盡失。

「這樣的資料對營業活動一點幫助也沒有。業務不會想賣這種商品的。你的話缺乏『暢銷的味道』，所以客戶根本沒興趣。以前這個商品之所以賣不動，不是業務的錯，而是你的市場敏感度有問題。」

我進來這家公司快二十年了，從來沒有因為工作被人家罵得這麼慘的。

但是細想一下，我之前在跟事業部經理面談的時候，已經被他這麼說過了。

一直以來，我都以為銷售策略那些東西讓業務自己來想就好，我們幹嘛得幫他們做這麼多呢？

所以，當我被指著鼻子罵：「就是因為你，這個商品才賣不出去的。」時，當真是晴天霹靂。我後來回想真是覺得丟臉死了。

在這家公司從來沒有上司會這樣罵我。

我在想為什麼呢？說不定這家公司的上司他們對**工作滿足標準**比一般來得低，所以也沒有什麼事會惹他們生氣吧（笑）？

任務小組的工作相當辛苦，但我開始知道自己該做些什麼，所以當我完成以後，心情真是爽快。

我雖然曾為那個商品賣不出去而煩惱，但當我重新整理策略時，有一種從過去的亡靈中解脫的感覺。我知道自己該走向何處了。

任務小組的各個成員都受到黑岩莞太或五十嵐的嚴厲批評而震驚。不光是工作內容，他們連「如何面對現實」或「生存方式」都問。

大家最初共同的反應是「被外來的人突然這麼一問，真的很不爽」。但問他們曾經在公司裏被人這樣說過嗎，大家又全都搖頭。

也就是說這些人幾乎都沒有被嚴厲斥責過。

當前輩或上司有心想做成一件事時，一定會糾正、指導部屬，有時，遣詞用字毫不客氣。

然而，一家停滯的企業幾乎看不到內部有這樣的衝突。因為他們大多以為，在公司對部屬發脾氣或嚴厲斥責顯得太幼稚。

因為這個緣故，在上位者總是嘴上說說大家來「研究一下」而已。

美國企業對於那些沒有用的員工總是開除了事，再找有能力的人進來。無法這麼做的日本企業，就需要有一套可在公司內部嚴格磨鍊員工的方法。

但是，觀察停滯的日本企業，上位者總是缺乏自信，又顧忌著部屬是不是能夠抗壓，所以，才會造成組織就像溫水青蛙一般漸漸失去危機意識的虛弱體質。

重點22 做為改革先驅的人大多在改革企業之前，會先撞到自己的那道牆，體驗自我改革之苦。兩種改革成雙配套的來臨，因此特別苦悶，但戰場上的人才之所以能夠「脫一層皮」也要歸功於此。只要下定決心，當作是一個寶貴的人生機會，邁步向前即可。

改革小組是否具備**熱情**，是決定經營改革的第一道門檻。無法自燃熱情，又怎麼能喚起公司內部的熱情呢？

售後服務部的課長赤坂三郎，幾乎忘了自己是兼任的小組成員，來到總公司以後一頭就沉浸在任務小組的工作中。

「你部門的工作沒問題嗎？」

「任務小組的工作比較重要啊！」

他只要想到自己託付了一輩子的事業命運決定於此，就覺得坐立難安。

所幸他的頂頭上司很寬容地說：「如果只剩兩個月的話……。」那位上司以前也曾參加相同的輔助小組，完全理解改革的意義。

從大阪分公司調來，最年輕的成員青井博也同樣全心投入任務小組的工作。

他與星鐵也一起全力構思C商品群的策略，在東京的時間比在大阪分公司還長。

他好幾次從東京回到大阪分公司處理一些緊急工作以後，連家也不回，在新幹線的剪票口拿了太太幫他準備的換洗衣物，就又坐回去東京了。

年輕的青井太太挺著個大肚子，對於這種情形相當不滿，彷彿像是情婦在挽留男人一樣：

「你今晚在這兒過夜吧！」

「不行啦！我得趕回東京。」

但是，很意外的是，照說應該滿臉疲憊的丈夫，卻是神采奕奕，青井太太覺悟到，自己說什麼也沒用了。

改革作業已經進入最後緊鑼密鼓的階段，在香川董事長面前簡報的日子愈來愈近，其中有一位成員陷入低潮，半夜裏從小組的工作房間中消失了。

他跑去大樓的頂樓想清醒一下頭腦。其他人擔心他**想不開**，所以在公司裏四處找人。

當川端祐二去找人時，不小心被自動門反鎖在頂樓，他在寒風中顫抖著等別人來救他，又讓大家手忙腳亂一番，算是另外一段小插曲。

這件事雖然變成笑話一樁，但是，他們之所以這麼關心彼此，是因為這段期間正是任務小組壓力最重的時期。

但是黑岩聽了這件事，完全不在意的樣子：

「我不是在責備大家過去犯的錯（笑）。這就是所謂的『生存的苦惱』喔！才這麼一點小事就撐不住怎麼行？（笑）。」

如果黑岩、五十嵐與川端的領導小組，讓大家看到他們沒有信心跨過這個階段的樣子，任務小組高漲的情緒可能當下就崩潰了也說不定。

但是成員們因為感受到領導者的「執著」，所以才能繼續支撐自己的情緒。

當邁入第四個月的時候，剩下的就是**跟時間賽跑**。

第四階段的作業卻紋風不動。

在這個時間點整體工作拖了一個月是最大的痛處。

時間雖然緊迫，但仍然需要針對各個部門的重要改善議題檢討基本方向。

- 設定工廠的縮短交期、改善製程與提升品質等推行方向與目標。
- 重新審視零件調度或外包廠商等，改善採購政策與設定目標。
- 實施業務所需之策略手法、設計業務行動管理系統。
- 在研發方面，縮短研發時程、改善研發進度管理的手法等。

然而，時間所剩無幾。大家清楚不可能完成所有的議題。說到底，他們也不過就是在伊東集訓中上過一堂經營教育課程的人而已。

「先把與改革劇本關連性不大的議題往後延。」

黑岩這麼一說，減輕了不少第四階段的工作量。

這個決斷雖然後來也讓他們嚐到苦果，但現在已無暇顧及了。

時間只剩下兩個星期，但任務小組的改革劇本卻漏洞百出。

不論是黑岩莞太或川端祐二都想無論如何得趕在三月底將劇本交出來。

黑岩上任六個月了，但每天還是持續虧損。已經沒有多餘的時間去規畫了。

黑岩的腦海裏不時浮現香川董事長那張等著看答案的臉：

「香川董事長的簡報就決定在四月十日。」

任務小組的成員本來以為要在四月一日為董事長報告的，所以聽到那個日期大家都莫名其妙得高興起來。

「四月十日？太好了！還有十天可以緩衝呢！一定趕得出來的！」

任務小組不分日夜的工作，連喊累的時間也沒有，全力衝刺著。

黑岩莞太接連幾天到晚上十二點都還留在公司。這完全不像執行董事的行事作風。

他跟五十嵐及川端商量，決定當場一一解決成員們所頭痛的問題。他在現場陪大家一起精簡劇本。

五十嵐從旁側觀，每一個星期他都感受到成員的體格與頭腦格格作響地成長著。簡直就像遇到火災時表現出的蠻勇一樣。

雖然這段期間發生很多插曲，但是改革任務小組總算如期完成這四個月的工作進度了。

川端祐二所領導的任務小組千辛萬苦所完成的改革劇本，到底能不能入香川董事長的法眼？

赤字之謎

任務小組的每位成員都緊張萬分。

隔著寬大的會議桌，大家的眼前正坐著太陽產業的董事長香川五郎。他們都不曾這麼近看過董事長。

從去年寒冬參加伊豆的集訓到現在已經過了四個月，皇宮東御苑的櫻花早已散落滿地。

香川董事長右邊坐著負責經營企畫的飯田常董，左邊是會計部經理鈴木，連董事長都忍不住捲起袖管的樣子；高層主管具有這種氛圍是相當重要的。

剛開始的一個半小時是現況分析與「強烈反省」過去的種種。這個部分需要由黑岩、五十嵐與川端等三人來說明。

在這裏我必須請各位讀者諒解，亞斯特事業部的缺點已經在前半詳細說明，為避免贅述，以下僅描述簡報的過程。

黑岩所放映的第一張投影片，是商品群與虧損發生來源的說明。

「事業部從三年前開始虧損，但光看C至F商品群其實從七年前就開始出現赤字了；而這些赤字加總起來，實際上高達一百五十億日圓。」

香川董事長雖然面不改色，但這個數字不管聽過幾次，還是讓他心痛。

香川董事長之前聽到的是，這個事業部從虧損以來，**事業部整體**的經營虧損在這三年內也不超過三十八億日圓。

但如果單單取出C至F商品群的數字來看，這七年內的赤字卻高達一百五十億日圓。稍微細想就知道，公司內部從來沒有人去跟催過這個數字。

各個商品的事業責任不夠明確，商品別的虧損分散在亞斯特事業部與亞斯特工廠銷售系統上，因此很少合併看待，而且一旦與利潤商品的盈餘加總計算的話，經營團隊更難區分虧損所在。

會計資訊的不足，阻礙了員工應有的危機意識（參閱第二章「症狀24至26」）。

「大部分的員工都不知道這個數字。」

任務小組的成員對於這個嚴重虧損也啞口無言。

二十世紀後半，美國人常讚賞日本企業是以**長期觀點**經營企業，但這個長期行動中卻也有將見不得光的東西蓋起來長期置之不理的部分。

「再加上現實中，公司內部也沒有一位領導者願意追溯過去累積的虧損，並且勇於承認是自

【圖表4.1】亞斯特工廠銷售系統的市占率（C至F商品群合計）

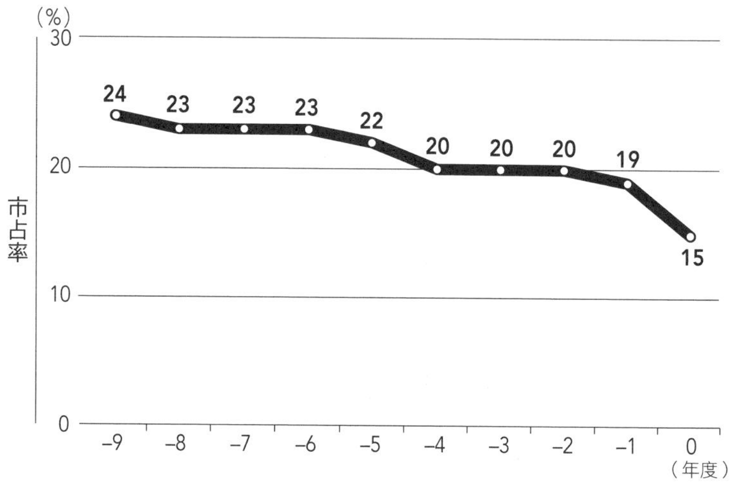

己的責任。」

如果讀者是從**不同人**得知這些訊息，聽起來會覺得只是單純的分析罷了。但這種批評過去經營者的言詞，對內部來說卻是相當刺耳。

接下來，黑岩僅針對瀕臨垂死邊緣的C至F商品群進行分析。

在他提出的圖表中，顯示出C至F商品群的市場變化。他說明在這十年內，這些商品的市場占有率大幅萎縮，**沒有任何商品**有獲利能力。

「即使我們盡量維持同樣的市占率，唉，也不過等死而已。去年C、D商品群的營業額多出百分之七十，帳面上為事業部帶來極高的利潤。」

某一位任務小組的成員在深夜十二點的時候突然用Excel敲打出海市蜃樓般的數字。黑岩的這一句話說明過去的「打敗仗」造成今天多少的**機會損失**。

這聽起來或許也只是一個單純的分析罷了，但卻讓當事者感受到「都是我們太遲鈍」的壓力而不得不挺直腰桿。

「但是這十年內，我們所失去的將近一半的市占率，其實都是在這一年內發生的。」

從這張圖表最後急速掉落的曲線，就可以知道這個事實。這代表著打敗仗，讓現在的局勢愈來愈危險。

對只經手C至F商品群的亞斯特工廠銷售系統的吉本董事長來說，這個簡報簡直要他眼珠子都跳出來了。

黑岩的簡報從一開始就充滿緊張氣氛。

董事長香川五郎心想：「這個有意思。」

自己所不知道的事實一件件如同說故事般搬上檯面。

對任務小組來說早已認定的「打敗仗」，卻在香川董事長的面前不斷提起。

如果這個論點曖昧的話，當事者一定會不悅同時反駁的。這是因為沒有打敗仗的自覺。

然而，香川董事長卻注意到了。

任務小組所指出一言一句都有事實或數據做憑證。

他們以市場競爭或客戶的觀點為主軸，找出無可挑剔的事實。

重點23　當我們被逼迫「強烈反省」時，就需要**根據徹底的事實與數據深入追究**。簡報內容中的數據需經過查證，以確保正確可信。

連香川董事長、飯田常董或會計部經理也附和著，將「打敗仗」掛在嘴邊。現在這個詞在太陽產業內部，儼然成為**新的共通語言**。

偏離事實的現場經營

簡報進入「打敗仗的原因分析」，五十嵐代替黑岩站在前面。

「在事業持續成長的時候，第一個好循環來了。但是，亞斯特事業部的循環卻在哪個環節遭到切斷了。」

五十嵐將「勝仗的循環」（參閱第三章「改革概念二」）圖表放給香川董事長看。

剛開始的圖表是「研發」。

這張圖表同樣也有很多數據。特別是成立新商品時各種失敗的數據，這是輔助小組頭一次系統性的將這個事實攤在陽光下。

接下來的二十分鐘繼續嚴格的分析，技術的不足、研發計畫的鬆散、缺乏「篩選與集中」、延後也不在意的時程管理等，簡直說得一無是處。

【圖表4.2】改革概念二：勝仗的循環——採取攻勢的研發

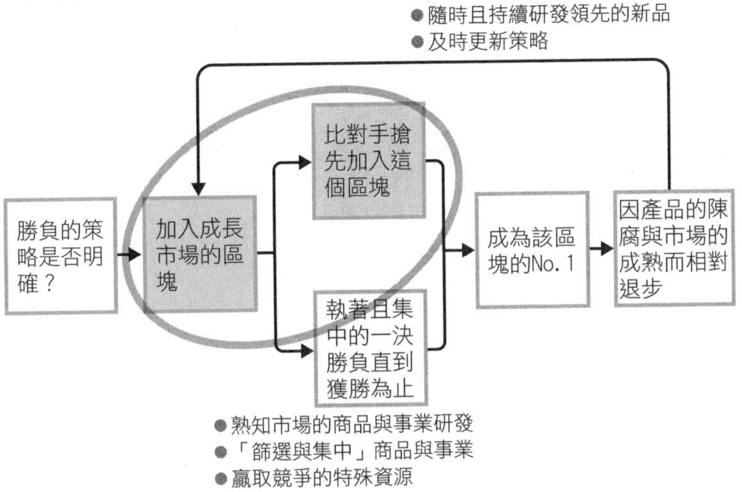
●隨時且持續研發領先的新品
●及時更新策略
勝負的策略是否明確？
加入成長市場的區塊
比對手搶先加入這個區塊
執著且集中的一決勝負直到獲勝為止
成為該區塊的No. 1
因產品的陳腐與市場的成熟而相對退步
●熟知市場的商品與事業研發
●「篩選與集中」商品與事業
●贏取競爭的特殊資源

如果研發部經理佐佐木也在場的話，像他這樣溫文儒雅的人也會反駁的。但是因為他的部屬參加輔助小組，所以他早就知道這個分析結果了。

同時，黑岩也同樣提到這件事，沒有比這個更有說服力的了。

香川董事長興致勃勃地聽著，一個疑問也沒有，只是點頭，催著繼續下去。

五十嵐的簡報進入業務的話題。這個反省也說了接近三十分鐘。

擴大銷售的指示太過籠統，策略到了組織裏，半途就消失了，於是「什麼都可以賣」就變成理所當然的事，而且還有具體的分析指示。

「日本全國的業務行動各做各的，各地分公司的管理手法也都不一致。」

這就是日本企業營業組織中常見的現象。

【圖表4.3】改革概念二：勝仗的循環——採取攻勢的業務

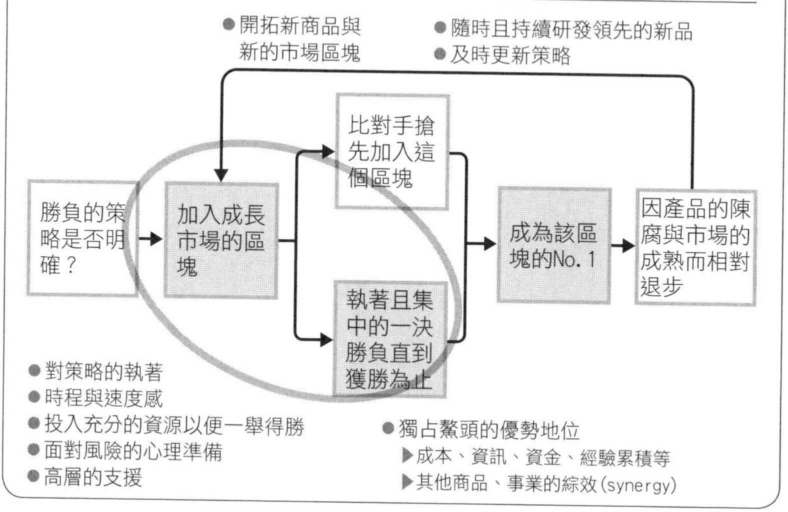
●開拓新商品與新的市場區塊
●隨時且持續研發領先的新品
●及時更新策略
勝負的策略是否明確？
加入成長市場的區塊
比對手搶先加入這個區塊
執著且集中的一決勝負直到獲勝為止
成為該區塊的No. 1
因產品的陳腐與市場的成熟而相對退步
●對策略的執著
●時程與速度感
●投入充分的資源以便一舉得勝
●面對風險的心理準備
●高層的支援
●獨占鰲頭的優勢地位
▶成本、資訊、資金、經驗累積等
▶其他商品、事業的綜效(synergy)

五十嵐單純的說明這個現象的發生原因。「即使各做各的，大家也不覺得困擾。因為總公司的策略功能本來就貧乏，長期委由分公司自主。換句話說就是「門羅主義（Monroe Doctrine，譯註：詹姆斯・門羅總統於一八二三年於國會發表的觀點，他主張美國保持中立，不介入歐洲各國之間的爭端或殖民地的戰事）」的營業體制。

像這樣的業務組織最注重「地域的特殊性」。但是，大部分都只有本人才覺得特殊，若客觀分析的話，沒有什麼特別之處。

任務小組選定一個地區當樣本分析業務的實際活動狀況，結果顯示業務一天拜訪客戶的件數極少，對重要客戶的跟催不夠。

另外，分析還指出年輕業務的培育指導太隨便。OJT（在職訓練，On-the-Job Training）對大多數日本企業來說，等於「什麼都不做」的代名詞。

這些內容對於那些下過功夫，努力過的分店長來說或許聽不下去吧？但任務小組如果避開不談，就不是「強烈的反省」。

於是，五十嵐好幾次若無其事地解釋，這個小組的目的是將整體組織的「體質」視為一個客觀的事實加以批評，並非抱怨個人的行為。

當然簡報中沒有出現特定名詞，指名是哪一家分公司或哪一個地區。

五十嵐最後彙整：

「就如同先前談到的研發團隊一樣，業務團隊也有同樣的問題。他們本身就有結構上的問題。」

用**一視同仁非特定**的表現方式，是為了避免遭到特定部門追殺。

重點24　員工的體質之所以變得老舊完全是公司自己的責任。記住這個觀點不去苛責特定的個人或部門，只針對舊的系統在現實中所引發的問題冷靜持續的批評。

接下來，由任務小組的組長川端祐二站在前面。

與年輕成員相比，他的表情自在許多。

川端祐二針對自己這幾年所在的生產部門進行反省，還淡定地描述售後服務部與品質保證體制等的問題。

聽到這裏，香川董事長內心驚訝不已。

他有一種焦頭爛額的感覺。他身為太陽產業的經營高層，他自以為多少是了解公司狀況的。

然而，在太陽產業中，這家公司原以「實在經營」與「優良品質」而廣受到好評的，但現在卻淪落至此。有這麼奇怪的組織嗎？

公司的員工一直相信自己是優秀的，不知不覺間竟然墮落至此。

然而，這個狀態為什麼被忽視這麼長一段時間呢？在太陽產業中，這個事業部簡直像**邊疆地帶**一樣。

不，說不定這個現象不光是亞斯特事業部的問題而已；或許就如同末期癌症一樣，已經擴散到其他部門了。

撤退與改革的二選一

接著，簡報前半段的重頭戲來了。

結束預計一個半小時的反省以後，就是最後的「組織論」了。

這時，黑岩莞太站了起來放映伊東集訓時大家所製作的投影片「分工制組織肥大化的十大缺點」（第三章）。

這裏總結前面所描述的「組織的毛病」，沒有比這個更適切的圖表了。

該責怪的不是員工個人，而是錯誤的組織結構或經營系統驅動員工的行動偏差。

【圖表4.4】決定的兩難：退出市場？再戰一次？

市場的慘敗、嚴重虧損、組織缺乏活力

▶「事業裁撤」在所難免

▶「無法自力再生」也在所難免

然而事業低迷的根本原因在於

▶ 現場經營偏離事實

兩大結論是

❶ 已經無救 ➡ **就這樣清算事業？**

❷ 改頭換面重新振作，或許有所作為 ➡ **最後的挑戰？**

該責怪的是組織的結構或經營系統。

黑岩總結簡報的前半段。

「過去十年內，公司內部提出過好幾次事業活化計畫又消失無蹤。老實說，若要列舉事業低迷的最大原因應是**現場經營**偏離事實。」

他最後說得斬釘截鐵，就像是要跟過去的經營一刀兩斷似的。

然而，黑岩的發言卻不是隨便說說而已。他用簡潔的理論與無懈可擊的事實打動聽者的心，他的目的在於降低風險。

黑岩之所以用「現場經營」這個詞，是為了避免連累香川董事長。但是，聽完以上的說明香川董事長卻完全沒有覺得什麼不妥。

讀者閱讀至此，應該很多人開始覺得不安吧？在現實的日本企業中，可能發生這樣的簡報嗎？

當然這並不簡單。因為在注重人際關係的

公司裏，要說得這麼明白是很不容易的一件事。但為什麼太陽產業卻能允許這樣的情況發生呢？稍後我會加以解釋。

簡報中強烈的反省是為了告別過去的束縛。這個告別愈俐落，組織這個生物就愈能產生開創新時代的能量。

黑岩提示了「二大結論」。

「我們也曾考慮過就這樣結束這個事業。但是，因為以前的做法太糟糕，所以『如果改頭換面重新振作，或許有所作為』的想法也不是不可能。」

前半段的簡報就此結束。之後，任務小組將針對何謂「重新振作」提出建議方案。

切割組織的劇本

稍做休息以後，輪到今天最大的勝負關鍵。

亞斯特事業部將如何蛻變呢？小組成員將用「改革劇本」為香川董事長做說明。

這時由組長川端祐二打頭陣報告。

他首先說明「生意的基本循環」。

「我們所要打造的是，跟剛才報告的『肥大化組織的十大缺點』完全相反的組織。」

說完以後，川端祐二打出「組織變革的十大目標」的簡報。

【圖表4.5】組織變革的十大目標

❶ 事業責任明確的組織
❷ 盈虧易見的組織
❸「創作、製造、販賣」融洽且快速運作的組織
❹ 縮短客戶距離的組織
❺ 少數人即可決策的組織
❻ 內部迅速溝通的組織
❼ 策略明確、容易落實的組織
❽ 促進培育新商品的組織
❾ 內部競爭意識高昂的組織
❿ 及早培育經營人才的組織

香川董事長看了一下針對「十大缺點」所訂定的十項新內容。

創投企業或朝氣蓬勃的中小企業都具備維持組織特性的活力。這就是商業組織的原點。

但日本大多數的大企業在這半個世紀，因為成功而導致組織肥大，逐漸喪失這些特性。

再加上日本社會受到世界史上罕見的高齡化現象影響，與歐美擁有一大群願意挑戰風險的年輕人相比，日本早已萎縮凋零。

香川董事長覺得「組織變革的十大目標」相當新鮮。特別是最後的「內部競爭意識高昂的組織」與「及早培育經營人才的組織」最吸引他的目光。

川端祐二進入主題。

「任務小組在這四個月當中不斷檢討亞斯特事業部的組織該怎麼做才能達成『組織變革的十大目標』呢？」

接著放映新的組織方案。

這個方案包含以前太陽產業內部從未有人提過的思考方式。

重新再造的亞斯特工廠銷售系統將從改善一年揹負三十億日圓的虧損體質開始。

他們將成為營業額一百八十億日圓，三百六十名員工的企業。

「過去大家都認為亞斯特事業部的熱門生意是A、B商品群。大部分的員工都認為C～F商品群的嚴重虧損跟他們無關。」

「但是C至F商品群『創作、製造、販賣』的循環卻被亞斯特事業部與亞斯特工廠銷售系統給切斷了，連帶事業責任也變得模糊。」

在新的體制中，C、D、E商品群的事業盈虧如果出現赤字，都將由亞斯特工廠銷售系統負責。

「在新體制下，亞斯特工廠銷售系統的員工將與C、D、E商品群成為**生命共同體**。所有的工作都在一個屋簷下完成。」

綜效（synergy）的幻想

任務小組繼續探究「小而美」的概念。

重生後的亞斯特工廠銷售系統再分成三個業務單位（BU），各自打造成一個自發性運作

「創作、製造、販賣」的組織。

川端祐二將它們稱為ＢＵ1、ＢＵ2、ＢＵ3，分別負責推廣Ｃ、Ｄ、Ｅ商品群的事業。業務單位的規模，ＢＵ1營業額七十億日圓、一百三十四名員工；ＢＵ2營業額一百億日圓、一百四十四名員工。

ＢＵ3長期以來都只是一個任務小組而已，營業額也一直在十億日圓徘徊，所以分派二十五名員工。

與過去營業額四百一十億日圓，員工數七百一十名規模的組織相比，這三個業務單位都變身為小巧的組織。

聽到這裏，香川董事長今天首次打斷簡報，開口發問：

「川端，這樣細分下去的話，反而會影響效率而得增加人手不是嗎？」

任務小組利用這四個月的時間早已花時間驗證過這個問題。

他早已準備好明快的答案了。香川董事長看著川端祐二的臉，感覺到繼黑岩莞太之後又出現一位儲備的經營人才。

「Ｃ、Ｄ、Ｅ商品群在技術上都很類似。但是仔細分析的話，實際上卻可以看成性質完全不同的生意。」

這個分析觀點極其重要。因為小到底美不美？將讓結論截然不同。

1. Ｃ、Ｄ、Ｅ商品群的市場區塊各自不同。過去，亞斯特工廠銷售系統的業務雖然經手所有

【圖表4.6】亞斯特事業部：新組織方案

將公司分割成業務單位以達成「組織變革的十大目標」

❶ 首先將組織分成AB商品群及CDE商品群

- 亞斯特事業部專門負責AB商品群
- CDE商品群的組織由亞斯特工廠銷售系統集中負責（切割）

❷ 再將亞斯特工廠銷售系統的CDE商品群分為三個業務單位

- 自發性運作「創作、製造、販賣」，各個BU內加強五大鏈
- 利用利潤至上的策略，與赤字脫鉤

❸ 業務單位的瘦身效果

- 刪減組織層級，加快決策
- 將目前出席人數三十名的事業部經營會議改成
  - ➡各BU的經營會議（主管六名）
  - ➡亞斯特工廠銷售系統整體經營會議（包括董事長、三位BU董事長在內共七位）
- 事業部橫向的會議或委員會從十二個減至三個

❹ BU董事長啟用年輕員工（BU董事長是成功的關鍵）

❺ 亞斯特工廠銷售系統做為合併分公司一體營運

- 未來也有可能上市
- 如果改造失敗便清算脫手

的產品，但很少有客戶會同時購買不同的商品群。換句話說，在業務面上，如果一起經手這些商品群的話「綜效」也極低。

2. 研發中心的工程師也依商品群而完全分離。技術也因為有其特殊性而少有共通的部分，**人才調度性不高**。目前內部的橫向交流也不夠靈活。

3. 生產活動也依商品群分為內部生產與委外製造，同樣委外製造外包商也各有不同，因為生產技術不同，因此無法相互搭配獲得某種程度的利潤。

4. 從各個部門來看，生產管理、採購、品質管理、客服中心等負責人也都分開。

「總而言之，第一線的工作從以前就按照商品群各自分開。要建構一個『創作、製造、販賣』一氣呵成的組織，只需從各個部門將商品群的負責人叫來集合即可。這就好比是成立各個商品群的委員會一樣。如果將它改為常設的組織，『組織改革的十大目標』就能立即產生戲劇性的改善。」

如果就這樣照著讀的話，原本很理所當然的分析，對在場的香川董事長或飯田常董卻帶來極大的衝擊。

因為這對亞斯特事業部的「內部常識」是一個**爆炸性**的分析結果。香川董事長心想：「這跟我以前聽過的事情相反。原來他們都是騙我的嗎？」

公司內部過去的常識是「以A商品群為主軸，六大商品群在市場與技術上**互補**。這些事業搭

【圖表4.7】組織變革

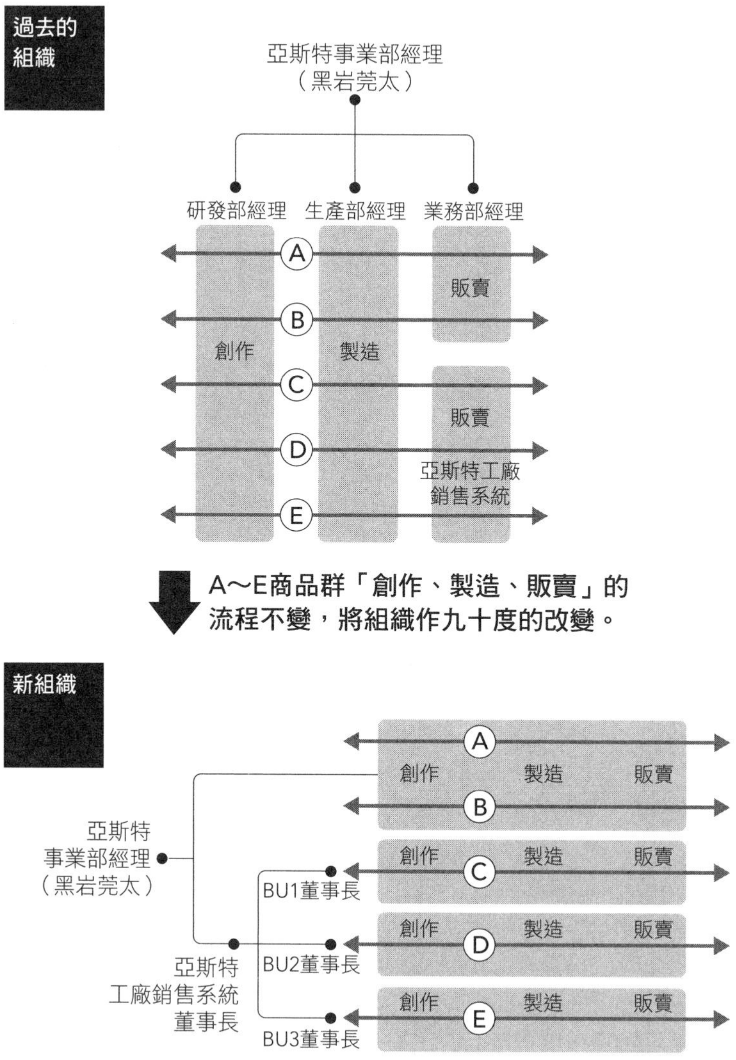
過去的組織
亞斯特事業部經理
（黑岩莞太）
研發部經理
生產部經理
業務部經理
A
B
C
D
E
創作
製造
販賣
販賣
亞斯特工廠
銷售系統
A～E商品群「創作、製造、販賣」的流程不變，將組織作九十度的改變。
新組織
亞斯特
事業部經理
（黑岩莞太）
亞斯特
工廠銷售系統
董事長
BU1董事長
BU2董事長
BU3董事長
創作
製造
販賣

配起來正是亞斯特事業部的**強項**。」

然而這次任務小組從策略性觀點整理了以後發現，首先客戶區塊是依商品群而有所不同。換句話說，A和B商品群是以大企業為主。C至F商品群是以中小企業為對象。他們的市場性簡直南轅北轍。

在中小企業市場方面，公司內部認為像粽子似地一提就一整串，約有三萬家的市場規模；但正確來說，C至F商品群的客戶各自不同，相互之間沒有什麼關係。

如此一來，即使增加商品群也無法提升業務效率。因此，在這世上當然沒有哪一家競爭對手像他們這樣同時經手六大商品群的。

總而言之，只有亞斯特事業部採取**五花八門的百貨公司式經營**。

而且再觀察公司內部時，會發現組織分散，經營散漫，找不到任何跡象證明這六大商品群所擁有的策略優勢，每一個商品群甚至上演著貧困中小企業的戲碼。

這就是任務小組所提示的C至F商品群**業績低迷的基本圖像**。

大家認為是強項的事業組合，事實上卻是虧損的元兇。

聽到這裏讀者心裏或許會想：「哪有這麼蠢的公司啊！」

然而，太陽產業的員工既不笨也沒有說謊。就世俗的標準來看，他們都是頂尖的人才。

而且我們周遭隨時可以找到像這樣策略失誤的例子。這也是經營素養與領導力的問題。

但是更深刻的問題是，失誤的策略已經長年累月置之不理。

在這個事業面臨虧損而不得不結束營業的**緊要關頭**之前，**在座的主管**沒有人肯發揮領導力主導矯正。

這並不是太陽產業特有的現象。亦非員工個人的問題。這是日本企業的經營組織廣泛可見的病理現象，也是導致日本經濟基盤下沉的原因。

香川董事長很認同川端的說明。他想照這樣分析的話，將組織分成幾部分比較合理，既不像現在這麼沒有效率，也沒有增加人手的麻煩。

然而董事長心裏馬上浮起一個疑問。

「你呀，如果要說商品群的綜效太差的話，現在才來處理這些事業又有什麼意義呢？該丟的東西就乾脆一點，把力氣用在需要的地方才對啊！」

董事長的批評相當正確，切入劇本的核心。

董事長指出問題的本質，如果能夠與部屬熱烈進行**腦力激盪**，那麼這個組織必定會朝氣蓬勃。董事長只知道問些言不及義的問題的話，那也不過是助長權威主義罷了。

坐在一旁的黑岩莞太認為該自己出場了，所以就代為回答這個問題：

「董事長，我們也是這麼想的。」

他這麼說了以後，將他們的劇本整理如下：

1. F商品群已經決定裁撤。這是第一槍的「篩選與集中」。

2.其次大幅刪減C、D商品群的品項，徹底執行「篩選與集中」的策略。相關手法稍後說明。

3.除此之外，我們也想知道這三個業務單位能夠恢復到什麼程度。過去經營太過鬆散，員工的士氣也低落，所以我們有種感覺或許能夠出人意外地大有表現。評斷這件事的期限，我們訂為一年。

4.研判不可能恢復活力的業務單位在那個時間點便會決定撤守。同時，將剩下來的經營資源集中給其他事業。

5.這三個業務單位如果全部無望，就清算同時賣掉亞斯特工廠銷售系統。這個期限，我們訂為兩年。

香川對於這個劇本相當滿意。

因為這是個尚未落實的策略，所以只能算是個「假設」。而假設的好壞只能用邏輯來推論。

打破科層組織（Hierarchy）

其次，由兼任的小組成員且具備產品經理經歷的赤坂三郎上前報告。面對董事長，他顯得緊張僵硬。

但是，當他報告如何革新營業組織時，卻讓香川董事長頗為驚訝。

亞斯特工廠銷售系統的營業組織分成三部分，BU1、BU2各有四十五名業務，BU3的體制則指派十名業務當專屬部隊。

過去的營業組織在全國五家分店中約有一百名的業務，未來全國的組織將重新劃分成三個。

「我們想，如果這樣的人數應該能讓總公司直接管理每一位業務。這是一種完全的紙鎮型（平行）組織。

「BU1與BU2各自編派一位營業部經理與兩位副理，並由這三個人督導業務，這種體制應該可以讓組織動起來。雖然多少有點吃緊，但若跟過去的分店長所管理的人數比起來也還好。」

話雖如此，但變更起來卻不那麼容易。赤坂三郎卯足全力繼續解釋：

1.廢除分店長、營業所所長。每位業務等於擁有一家自己的分店，因此需要發揮業務的專業韌性，盈虧自負。

2.今後，那些認為總公司是「遙不可及的中央政府」的末端業務每個月來總公司報到一次，不光是營業部經理，也與董事長面對面召開業務會議。直接聽取事業策略的說明，同時跟催末端的活動。

3.亞斯特工廠銷售系統的董事長、各BU的研發主管、生產主管等也出席該會議，大家面對

【圖表4.8】亞斯特工廠銷售系統：營業組織之改革

將目前的營業組織從頭改編

❶ 各個業務單位均擁有專屬的全國性營業組織

- 藉此讓BU完全一氣呵成

❷ 廢除分公司與營業所

- 各個業務單位的所有業務由總公司直接管理（所有人員為紙鎮型的平行組織）
- 每個月一次，所有業務聚集在BU總公司召開營業會議（直接溝通或進行策略指導）

❸ 確立營業活動策略跟催系統

- 確定策略商品
- 確定區塊市場、重點客戶之篩選手法
- 個人訪問管理
- 客戶進度管理系統

❹ 整備銷售工具、充實業務訓練

❺ 確立考績評比

- 排除「做不做都一樣」的心態
- 重新檢討獎金制度

面交換交貨日、客訴因應或研發計畫等各種資訊。

4.廢除總公司舊有的營業總部或營業企劃室。BU如同小型公司，由他們自發性研擬市場策略或管理營業狀況等。

5.保留分店或營業所等工作地點。分店的業務保留最低功能，負責送貨、接電話等工作，以大幅刪減間接人手或經費支出。

對於過去習慣亞斯特工廠銷售系統的董事長→業務部經理→分店長→營業所所長→業務這樣的層級制度的業務而言，簡直就像哥白尼（Copernicus）轉向。

這個新組織能夠大幅改善「五大鏈」是顯而易見的事了。

當然黑岩莞太是知道的。總公司之所以能用紙鎮式的平行方式管理日本全國的業務，是因為業務人數不多的關係。

如果成功地重振業績，業務人數又大幅增加的話，以地域或者團隊為單位的中間管理階層，只能**僅有一層復活**。

然而，那也比過去不易傳達訊息的組織方式敏捷許多。

香川董事長剛開始雖然不免懷疑「這樣做好嗎？」，但聽到一半他的眼神就不同了。因為他相當訝異變化竟然如此不同。

長期以來，「內部的常識」都深信亞斯特事業部這七百一十名的組織是不可切割的。大家都以為這個組織不可能細分下去了。

但現在卻分成了四份，而且還不見其害，有利策略的執行。難道只要繞著一氣呵成的構思轉，就能夠引起這麼大的變化嗎？

香川認為黑岩等人所提出的概念有助於「打破組織的封閉感，是個滿有趣的**原理**」，「稍微下工夫變換一下，連大組織也可能適用。」因此突然覺得有興趣了起來。

事業的「篩選與集中」

各位讀者還記得在伊東集訓時，五十嵐曾經這麼說過嗎？

「如果快速執行粗糙的策略，反而會很難收尾。」（參閱第三章）

任務小組接下來要說明的是，公司改成新的體制以後要**做些什麼**，也就是策略的內容。

換星鐵也（前D商品群產品經理，三十九歲）上前報告。他要說明的是自己所負責的BU1（C商品群）的商業計畫。

「BU1有七項主要商品，約兩百種的品項。這些商品幾乎全部虧損。因此，我們計畫『篩選與集中』事業內容。」

星鐵也等人在篩選方法方面吃了不少苦。

他們想過許多方案都遭五十嵐駁回。因為這個作業的延宕，導致任務小組最後的工作宛如戰

【圖表4.9】篩選事業的矩陣圖

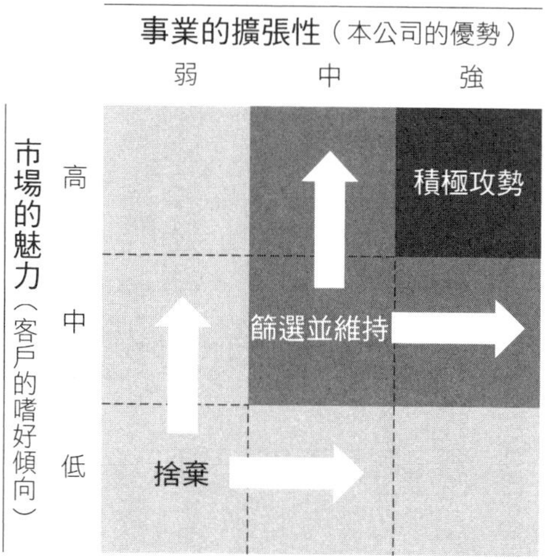

場般激烈。他們甚至連續好幾天都不得好眠。

總算，他們用「市場魅力」（未來的成長性或市場規模等）與「本公司之優勢」（商品特性、技術能力、管道、品牌等預測市場的未來，比較競爭能力），做出一張矩陣圖（matrix chart）。

這種類型的矩陣圖乍看之下沒什麼特別之處，但卻需符合該公司當時的狀況，以便區隔市場。

關鍵在於「客戶的需求是什麼」。業務聚在一起開會，集中調查「友善的客戶」「心不在焉的客戶」的探聽狀況，努力掌握客戶需求。

他雖然沒有針對內容詳細解說，但星鐵也等人在縱軸橫軸所組成的矩陣圖中，還各自隱藏一個矩陣圖，實際上是將五個策略要素，設法以立體的方式組合。

星鐵也利用這張矩陣圖說明「篩選與集中」的策略。

「被分配到矩陣圖右上欄位的商品採用『積極攻勢』進攻市場。其次，嚴格選擇下一個等級的商品『維持』現況，列入最後等級的商品則全部『停止銷售』。」

根據這個手法，BU1的主要商品中有兩項屬於積極攻勢，三項屬於維持，二項撤退。

香川董事長再次認為「幹得好」。

舊體制長年累月無法切割的問題，卻讓這位三十九歲的員工利用策略斷然得出「篩選與集中」的結論。就商品數來說，大膽刪減了約百分之四十三的品項。

重點25　所謂策略圖是幹部徹底執行高層想法的策略指針。矩陣圖是不錯的工具。日本大企業的計畫書大多流於紙上談兵，包山包海，缺乏策略圖所需的溝通效果。（參閱拙作《經營力的危機》）

之後，研發策略也同樣用矩陣圖進行報告。總而言之，矩陣圖扮演部門間串連的角色。這就是策略合作。

「新的研發策略縮短過去平均兩年的研發時間，從『積極攻勢』的類別中挑選一個品項成立緊急專案，在六個月內將研發商品推出上市。因為是既有技術的組合，所以應該沒有執行上的困難。」

香川聽了以後內心五味雜陳。如果這個辦法可行的話，過去亞斯特事業部都在幹些什麼？

星鐵也接著同樣用矩陣圖，說明生產部門如何決定降低成本專案的優先品項。

「這些方案的想法都很單純，但要實際發揮功效卻不那麼簡單。關鍵在於ＢＵ公司的董事長是否能堅持到底。也就是說，高層能不能**執著地跟催**。」

重點26 本書中「想法單純」這樣的寫法不時可見。**基本上**，只要**老老實實**地打造一個忠實的組織，幾乎都可以讓公司恢復活力。

「另外，業務部也與研發採取同一個策略推廣市場。」

過去亞斯特工廠銷售系統的業務負責Ｃ至Ｆ商品群所有的商品，事實上他們的業務方式卻是「亂槍打鳥的胡賣一通」。

太多的商品讓業務腦筋一片混亂。對每個商品的知識也嫌不夠。

然而，分派到ＢＵ１的業務今後只要專心於Ｃ商品群即可。

而且，他們要接受二項「積極攻勢」商品的研訓，從早到晚想著同一件事到處奔波。

被列為「維持」的品項是在推銷積極攻勢的商品時，順便賣的商品。

重點27 營業策略的關鍵是確保業務的頭腦隨時清醒，也就是說，讓他們**專心**。

最重要的是，業務團隊的背後與過去全然不同的是，擁有以策略商品為主軸的業務單位提供「創作、製造、販賣」的強力後援。

緊急研發專案則在短期間內研發新品。工廠的成本刪減活動也優先執行。

小型組織能讓客訴對策等快速運作。

這樣設計的目的在於讓業務恢復活力，激發他們不拿出成績的話，無顏面對研發或工廠同仁的努力。

營業活動的「篩選與集中」

「提示業務的重點推廣商品是每一家企業都會做的事。但是，我們的目標比那個更先進。」

這麼說完以後，星鐵也接著說明ＢＵ１的**營業策略圖**及跟催辦法。

這是他與五十嵐促膝長談好幾天，討論再討論才得出來的策略工具。

這個工具是導引業務判斷在前往自己負責地區的**某位**客戶時，Ｃ商品群的策略商品「成功賣進去的機率高低」。

也就是說，「營業策略圖」不單單教導業務「這位客戶是重點推銷目標」，而是讓他們知道「哪些客戶是不用去的」。

在業務的電腦裏灌進那個軟體以後，業務可以自行組合各自的營業活動。而且還跟業務部經理的電腦連結。

「透過這些數據，ＢＵ的業務部經理就能夠掌握業務是否有去指定的市場區塊中拜訪客戶，或者去了不該去的地方。

「而且，也可看出『客戶進度』，了解各個重點客戶的推廣狀況進行得如何。」

重點28 根據筆者的經驗，高層是否能夠執著地跟催組織末端的執行狀況，比策略內容的好壞影響更大。當策略一旦決定以後，不少高層都認為沒有自己的事了。

重點29 即使提示業務團隊策略指南，若缺乏可監控執行成果的系統，該策略往往會有名無實（營業區塊與進度跟催部分，請參閱拙作《放膽做決策》）。

星鐵也與原本是業務的古手川修及赤坂三郎等人看盡市面上使用的業務導航軟體，沒有一個讓他們滿意的。這些軟體費用昂貴卻與策略掛不上鉤。

因此，他們就決定自己開發軟體。他們讓某一位喜歡玩電腦的年輕員工在短時間內，利用微軟的ACCESS與EXCEL寫出這套軟體。

最後，星鐵也放映BU1未來三年的盈虧計畫。

「我們預計在第二年的上半期，中間盈虧就能轉虧為盈。」

香川回想起半年前他將黑岩莞太從大阪叫來的情景。

他自己命令黑岩在兩年內讓赤字變成黑字，當莞太說：「第一年的後半我就讓單月出現黑字。」時，讓他心頭震了一下。

不管如何，他一定得讓他說過的話實現。

刪減進攻部隊

接下來，由古手川修上場說明ＢＵ２的商業計畫。貓田洋次與赤坂三郎則說明ＢＵ３。他們報告的內容架構都與ＢＵ１類似。

製造部次長大竹政夫說明生產與調度的策略。

最後由事業企劃室的原田太助說明再生後的亞斯特工廠銷售系統整體的虧損預估。其中還包含新的「發現」。

「事實上，實施業務單位制以後，在增加必要人手的同時，也能知道什麼是最合理及符合效率的。」

香川五郎覺得這是一個違背常識的現象。因為一般說來，組織愈是細分愈需要增加人手。照原田的說法，如果「生意的基本循環」短路的話，企業再造的組織就會出現典型的「中空現象」。

公司內部都以為過去以來一再裁員，因此沒有其他可以合理化的方法了。大家都想如果進一步刪減人事的話，「事業就會崩塌」。

然而根據任務小組的分析，除了關閉Ｆ商品群以外，組織還可以再縮減百分之十左右。

香川有一種不可思議的感覺。到底為什麼這種規畫可能成功呢？它的機制到底為何？

1.工廠的生產管理、資材、製造、生產技術等功能看起來需要分散於各業務單位且增加人手，但各業務單位若能「一人多工化」，那麼就能整體上刪減人事。

2.再生後的亞斯特工廠銷售系統雖然配置三位BU董事長，相反地，也大幅刪減其他高階幹部。

3.在分工制組織的構想下，除亞斯特工廠銷售系統以外，還有幾個小的生產子公司。這些單位依照「創作、製造、販賣」嵌入業務單位的組織中。因此，功能重複的人便會變成多餘。

4.業務的分店長、營業所長等都沒有存在的必要。分店或營業所的間接人員都集中在總公司的事務中心，因此能大幅刪減人事。

這時黑岩從旁插話補充：

「雖然可以期待以上說明的效果，但這個改革的目的並非『刪減人事』。多出來的職位就掉換到其他工作。總而言之，刪減人事的效果並非用於資遣員工而是著眼於『進攻策略』。」

黑岩原本打算將這個人事刪減效果當成積極的**私房錢**，他自有其用意。

亞斯特工廠銷售系統的員工即使再刪減個百分之十，也無法擺脫嚴重的虧損。黑岩認為這樣不上不下的人事刪減是最壞的選項；這是與昭告員工改革論調完全不同的重要分界點。

重點30 **策略性進攻改革**如果被視為「裁員改革」，那麼員工就會對改革者的所做所為採取防備的態度。因此，同時打出這兩種改革是愚蠢的政策。

如果單是想縮小組織的話，那麼將事業結算一下關門了事即可。然而，這次所寫的劇本卻是如何**集結戰鬥力**。

因此，需要強烈撼動員工的「心與行動」。

黑岩莞太打算讓組織這一塊應用「篩選與集中」的理論，而業務或研發倒是採取**增加人手**的政策。

香川董事長一副「知道了」的表情，默默點頭示意。

就這樣結束了今天的簡報。

高層的共識

簡報結束以後，再來是討論的時間。香川拿下眼鏡，將坐在他眼前的小組成員一個一個看了一遍。

大家都屏氣凝神，等待香川發言。

董事長用平穩的表情，慢條斯理的說：

「你們，竟然整理到這個程度……」

他說得輕描淡寫，但卻明明白白是**肯定**。

這麼一句話讓大家的情緒沸騰起來。

不管是星鐵也、青井博或是其他在場的小組成員都是。他們鬆了一口氣，感覺到一股無法言喻的心安。

四個月以來他們一直是在忐忑不安中度過的。

他們都怕會不會被董事長一句：「搞什麼?!」給否定，就白費這些力氣了。因為這是曾在這家公司有所作為的人都有過的經驗。

然而，現在董事長卻肯定了自己的工作表現。

如果香川董事長採取批評的態度，之後將會讓局面變得多麼混亂呢？因為這是改革團隊的背水一戰，無論如何都得在當下讓董事長來掛保證。

川端祐二從側面觀察發現黑岩與五十嵐都微笑著，他們很明顯的是放心了。

然而，香川董事長的講評尚未結束。

他突然說出大家意料不到的事：

「亞斯特事業部之所以會變成今天這個局面，是經營的問題，而一直將問題擱著不管，是我這個當董事長的責任。」

會議室一下子變得寂靜無聲。

任務小組的每一位成員剛剛才放下的那顆心，瞬間充滿了感動。

四個月以前，黑岩莞太對大家說過的話，現在都原原本本地實現了。

香川董事長現在，就當著大家的面親口說：「這個情況太糟糕……不過，**我自己也不好**。」

對於星鐵也或古手川修等人而言，董事長在不久前還是一個遙不可及的存在，但他們覺得這個距離好像一下子拉近了。

「老實說，我本來預測你們的提案一定是將F商品群收起來，而且更大刀闊斧地縮小事業規模。」

然而，今天的劇本幾乎都是如何讓事業恢復活力，繼續經營的內容。這次的改革會不會重蹈這十年來一再反覆的失敗呢？有沒有可能讓虧損更加嚴重呢？

然而，香川五郎對這個劇本並沒有其他意見。因為他想目前他也沒得選擇了。讓他們重新來過只會浪費時間與澆他們冷水而已。

重要的是讓他們先動起來。如果做不好的話就將事業收起來吧。就只能這樣了。

「這個策略要執行到什麼程度，你們自己看著辦就好。」

大家都與黑岩莞太一同乖乖的點頭。

「但是，我的立場很清楚。反正改革的時間就只有兩年。超過這個期限，我就不允許亞斯特事業部再當其他事業部的米蟲，厚著臉皮賴下去，即便是要一塊錢也不給。」

川端祐二、星鐵也、古手川修、赤坂三郎，以及在場的所有成員，都牢記董事長這番嚴肅的談話。

「我會支持你們的。」

這句話代表他將竭盡身為高層的責任。

關於簡報的討論就到此結束。

當香川面帶笑容與其他二位出席者一同離開後，黑岩莞太轉身與坐在他兩旁的五十嵐及川端握手。

他們緊握了一會以後，大聲對任務小組的成員說：

「這個方案終於要出發前進了！大家幹得好！」

「大家先放一個星期的假。因為一旦開始改革以後，又沒時間休息了。」

接下來，他們要向董事會說明，為亞斯特事業部的主管們做簡報，再來是跟全國的員工。

獲得了香川董事長的認可，任務小組總算在吊橋上跨出了一步。就像凱撒決定要渡過盧比孔河時說的：骰子已經擲下去，沒有回頭的機會。

三枝匡的經營筆記　4

三枝匡的經營筆記　4

改革劇本的說服力

改革作業的時程

協助日產汽車（Nissan）改革的卡洛斯・高恩（Carlos Ghosn）二〇〇〇年四月赴日，剛開始花不到一個月的時間就與一百位左右的中階主管談過話。當時，塙董事長跟記者透露他的動作比他想像的還快。

接下來，高恩成立九大跨功能小組（CFT，cross function team）以便改革，同時在七月五日正式執行。這時他才剛上任**二個多月**。

而黑岩莞太擔任亞斯特事業部的經理，與五十位員工面談，到指派任務小組也同樣是花**二個月**。

高恩將複雜的CFT作業全部簡化，於十月十八日發表日產再生計畫，這段時間只花**三個半月**。而黑岩莞太給任務小組的作業時間也是**四個月**。

高恩與黑岩在各自的公司中登場以後的時間表，不可思議的相似。

當然，本書的故事與日產沒有任何關係。故事的**發展時程**雖然配合案例忠實呈現，但這兩家公司業界不同，而且即使亞斯特事業部的規模是上市公司的一個事業部門，但與日產比起來仍是南轅北轍的一個小小組織。

兩個組織唯一共同點是被嚴重的虧損壓得喘不過氣來（還缺乏危機感，反應遲鈍），而且都從外部引進專業經營者。這個改革行動的時間表酷似，而我們能從此看出些什麼呢？

改革組長**在濃縮的時間表**中成立專案，對優秀員工窮追猛打，激發出他們的最大潛力。因此，在剛開始的階段需要強制地改變組織的速度感。這是讓業績低迷的大型組織復甦時，不可或缺的步驟。

然而，就我自己的經驗來說，這個重新設定（reset）速度的動作是個相當費力傷神的**重度工作**。凡是行動緩慢的老舊組織反抗改革者最初的理由就是這個。

讀者們如果了解川端祐二等任務小組成員在這四個月中的奮鬥的話，應該不少人會認為如日產汽車般龐大的企業能在**三個半月**內就訂出再生計畫簡直就像奇蹟一樣。

對於參與這些作業的日產員工而言，絕對是一場激烈的戰爭。然而，大膽推論的話，這個計畫說不定出人意外的隨便呢。或者他們只是修改原來的改革計畫，將原有的內容重新做一個整理呢？這是因為日產的作業時間並不長，所以才會有這樣的推測。

關於這點，黑岩等人在製作改革劇本時，連數據的分析都得從頭來過。這也是他們的作業之所以這麼辛苦的原因。

然而，這並不是一個**精密**的計畫所應自豪的地方。當制定一個根本的改革案時，重要的是結合企劃的「戰場」與「出人意外的隨便」。也就是當事者得隨時不忘鳥瞰大局與大膽抉擇，但又需縝密的掌握關鍵成功因素（KSF，key success factor）。

高張力的作業需要有主管在現場坐鎮，形成一個**上意下達**（top-down）的局面。不論哪一家公司在改革初期，都可以從過去內部認為不可能的切入面，隨便粗糙的從上而下劈哩啪啦的整理問題。

現場型的經營者具備那些頭腦死硬、做事綁手綁腳的經營顧問所沒有的效率及決斷力，真的是汗流浹背的一個一個的解決問題。

若非如此，絕無可能在這麼短的時間內整理出**一決勝負**（正所謂一戰定生死）的改革計畫之類的。

二種心態

這四個月的嚴格作業，任務小組都熬了過來。當讀者們順著故事讀這些甘苦談時，或許會有一種老王賣瓜的感覺。但事實並非如此。對他們來說，這件事無關美談或神氣。

這些成員過去從未有過什麼經營經驗或策略研擬技巧，總而言之就是完全的新手，因此他們是突然站在懸崖峭壁上嚐盡了苦頭。

這是我長期以來幫那些業績低迷的事業進行重整專案時都會遇到的狀況。即使是公司的高層人才，也很少有鍛鍊他們經營能力的場合，所以，大家剛開始時連個解決的點子也想不出來。

之後，亞斯特事業部任務小組的成員回顧起這段歷程都說：「真的太辛苦了」、「感覺毛骨悚然」或者「就憑一股發瘋似的執著」。

他們這段時間之所以如此艱辛，是因為他們本身的水準原本不高，再加上黑岩莞太與五十嵐不中斷的決心，讓他們非得一下子拉上來不可。

因此，小組成員覺得做得很辛苦，然而，如此集中的緊張狀態在專業經營顧問的世界是家常便飯，隨時可見。如果他們不是加入任務小組而是身在管理顧問公司的話，可能只派遣十位或一半以下的人力負責這個專案而已。而專業的管理顧問們會像川端等人一樣或加倍地辛勤工作。

所以，當這些過去從未學習過經營管理的成員們像一群鵝一般在前途茫然的黑暗中，拚命學飛的模樣，讓那些自以為優秀的專家看來簡直是**小孩耍大刀一樣的滑稽**，而對公司內部喜歡批評的人來說，只會嘲諷他們是一群玩瘋了的小男孩。

但話雖如此，我們卻不時可見有些企業花大筆錢從外面聘請專家制訂策略，做一場無懈可擊的簡報，但策略的內容卻無法在現實的事業推廣中派上用場。

三枝匡的經營筆記 4

相反的，也有一些沒有受過什麼訓練的經營幹部說：「這是我們自己內部的問題。」而反對向外求援，結果自己也提不出像樣的方案，所以就擱置了問題，或者實施的計畫過於隨便而於事無補，這樣的案例也很常見。

總而言之，複雜的策略問題不管是委外處理，或是內部自行解決，都常常會導致意外的結果。

相對於此，川端等人所處的位置就是介於兩者之間。他們雖然是公司內部的新手，但卻努力地向專業的牆靠近，而且還想跨越。

而這股力量來自何處呢？

第一個要素是，擁有改革經驗與外部知識的黑岩莞太及五十嵐提供他們概念或技巧，從一而終的不斷提供他們**高標準**。換句話說，這個任務小組從一開始就確保了一定程度的「專業的思考心」。而這是日本企業的員工所不容易產生的一種心理狀態。

此外，第二個要素是香川董事長↓黑岩↓川端↓五十嵐↓任務小組的所有成員完全理解改革的「目的」與「意義」，將改革視為**自己的問題**面對風險，產生「經營者的行動心」。

當一個人同時擁有這兩種心態時，也就是說這個人已經具備專業經營者的條件了。事實上，類似如此但尚未成形的組合，已經在任務小組這個鍋爐中實現了。

當然，世上也常有經營顧問接受企業委託所承辦的專案，是與該企業選派的專任員工組成任務小組一起負責的。

然而，大部分擔任組長的外部管理顧問在「專業的思考心」上極強，但一般說來「面對風險的經營行動心」就普通了。因此，管理顧問與企業員工所組成的小組在推行改革專案時，管理顧問很少會發揮強勢的改革領導力，真心推動內部改革，而大家本來也都不曾這樣期待。

相反的，亞斯特事業部的任務小組不僅維持了堅強的專業思考心，而且黑岩本身「面對風險的經營行動心」讓成員們印象深刻，這就是大家之所以會感受到「毛骨悚然」或「執著」的原因了。

像這樣較為封閉的日本企業為了重拾「進攻的文化」，除了需從外面引進見高識廣的「專業主義（professionalism）」，同時要讓員工抱持「自己面對風險的經營行動心」這樣的心態。

換句話說，也就是「專業主義」與現場「熱情」合而為一。這並不是一件簡單的事。然而，如果改革小組缺乏這樣的條件的話，就無法打破組織凝結的封閉心態。

改革劇本的招數

黑岩莞太等人所實施的改革簡報可能出現在現實的日本企業中嗎？這應該是編出來的吧？在典型的日本企業上班的人或多或少都會這麼懷疑。的確，從外面請個管理顧問來公

三枝匡的經營筆記　4

司說說話是可以理解的，但是要讓注重人際關係、同一個村子裏的人把話說得這麼明白，卻不是那麼容易。

然而，這樣的簡報卻在太陽產業實現了。下一章我將描述這次的簡報就改革而言，扮演了決定性的重要角色，使得虧損七年的赤字在短期內得以解決。

不管是什麼樣的改革，都是以「強烈的反省」與「改革劇本」為出發點。然而，是哪些因素讓亞斯特事業部做出這個鮮明的改革方案，而且讓公司內部接受的呢？我試著整理如下：

1　**經營團隊下定決心，不中止改革。公司的領導者採取嚴肅的態度推著任務小組向前邁進。**

不少業績低迷的日本企業總有一天會面臨像亞斯特事業部一樣的困境。問題是不能坐以待斃，一路被窮追猛打，重點是帶領改革的人如何改變態度。

2　**選擇合適的任務小組成員**

黑岩選擇小組成員的標準是如前面所說的「A3積極行動型」，需不侷限於現有框架、有稜有角的具備攻擊能力、能夠新鮮的闡述自我見解、改革完成後能在第一線推動事業，以及有骨氣等等。要特別注意過濾像是獨行俠或喜歡在公司內部搞小圈子的人。

3　**黑岩莞太一邊準備這個簡報，一邊拚命算計該將員工的精神狀態逼到什麼地步，哪裏才是不可跨越的界線。**

這個改革方案的目的是解救事業，如果整個打壞了就失去意義了。他推著沉重的變革手推車攀爬山隘，如果能夠順利地越過「變化的分水嶺」，手推車就會**自行滾動**。然而，最適合組織激烈變化的領域，「死亡之谷」正在一旁等著。而靠近死亡之谷的懸崖就是所謂的「混沌（chaos）的邊緣」（參閱第三章）。

歷經百戰的經營者都是**沿著混沌的邊緣**，不時偷瞄死亡之谷，攀爬著隘口朝著「分水嶺」邁進的。因為這是最有成效的變革路徑。

然而，經營經驗不足的人，分不清什麼是「變化的分水嶺」或「混沌的邊緣」。這些名詞容易朗朗上口，但要應用在實際的經營時就只能摸索。

於是，我們這些實踐者，個性愈是積極的人不管再如何小心注意，常常會從「混沌的邊緣」摔下去。等摔到谷底再回首一看，才發覺原來那裏就是死亡之谷的邊緣而後悔不已。

這就是所謂從失敗中學習教訓，另外也是鍛鍊經營儲備人才的重點。黑岩並沒有將變革的劇本全部交由任務小組負責，他之所以在現場跟他們**一起工作**，可以說是為了預防自己的算計失誤。

三枝匡的經營筆記　4

4　**任務小組的分析有某種經營概念做保證。也就是說，在「邏輯的權威性」上下過功夫。**

改革的行動如果並非靠個人獨自的判斷，而是利用合理的經營邏輯驗證過的話，就能大幅提升聽者的認同。

5　**用壓倒性的大量數據支撐事實。**

為了抑制組織內部的派系，出示數據與事實扮演重要的角色。

6　**讓中階主管參與反省或撰寫劇本，營造改革是「自己的問題」的氛圍。**

這是擴展改革共識時不可或缺的步驟。但是，被拉進來的員工或輔助小組的運作如果出錯的話，就將是一個禍害。本書中曾描述有年輕員工因為反對改革而缺席的事件，這只是那些可能發生的問題中的冰山一角而已。

7　**任務小組不方便說的話，由黑岩莞太或外部管理顧問的五十嵐來分擔。**

如果由川端祐二或小組成員上台去強烈反省的話，很容易招致「你也是這家公司的員工，有什麼資格批評」這樣的反應。於是，便由第三者或者「歷史上的外來者」來指出問題。這種做法並非一種逃避，而是與「4邏輯的權威性」相互配合，重點在於提高大家的認同感。說明的內容愈不著邊際，愈會出現「不需要外來者跟我們說這些老掉牙的事」這樣的強烈反應。

8　聽者有相當的心理準備

面對業績長年低迷，自己也心知不妙的員工來說，他們的心態是可以承受嚴厲的原因分析的。因此，改革者需先下工夫採取開放的溝通方式，直接公開事實。

在改革的初期，改革先驅（innovator）是公司內部的絕對少數派。為了讓改革成功，改革者需要設法「移動」員工的心態，增加贊同改革的人。

黑岩莞太等人所準備的這場印象深刻的簡報，是為了逼迫員工面對事實，在短時間內有效率地讓他們認識到「支持改革是正確行為」的對策，他們希望能夠藉此一口氣將員工的心態「移動」過來。

如同鴨子划水似的競爭，有時也會突然浮出水面，終於到了改革者面對勝負關頭，身陷危險的時刻。

他們已經沒有回頭的機會。

如果你是跟一位軟弱的領導者一起向前衝的話，前頭就有可怕的「死亡之谷」擋在那裏。

黑岩莞太等人到底要怎麼跨越死亡之谷呢？

第5章

發揮熱情 激發改革風潮

◉讓改革劇本落實於現場

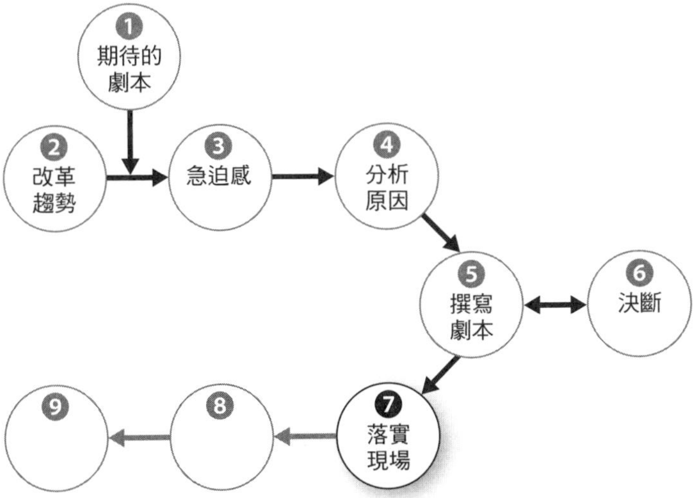

漠然的退出者

香川董事長核准改革劇本後的第三天，黑岩莞太花了快三個小時對幾位亞斯特事業部的主管及亞斯特工廠銷售系統的董事進行簡報。

這次的簡報與對香川董事長的簡報不同，前半段的反省全由五十嵐負責，後半段的「改革劇本」則由黑岩及任務小組的組長川端祐二說明。

這個簡報採取互相搭配的方法，先由立場客觀的外部管理顧問分析嚴重的現況，讓主管們接受現況之後，再由內部的高層提示今後的處理辦法

黑岩從一開始就沒打算讓小組成員去當砲灰。

對黑岩而言，這只是傳達「決定」，他沒準備讓主管們「評論」這個改革劇本的好壞。因此，他才會在這四個月裏極力**確認**劇本是否可能**實現**。

聽完這個改革劇本，不難猜想主管級的人事應該會大搬風。雖然公司不再裁員，但卻需要釐清過去的經營責任。

這種類型的改革能讓經營團隊耳目一新、告別過去，讓公司內部的情緒團結一致迎向未來，因此是絕對不可避免的一個步驟。

因此，黑岩莞太早有心理準備這個會議的出席者中，一定有人會有「D2更迭反抗型」的反應。

然而，主管們的反應卻出乎意料的安靜。

亞斯特工廠銷售系統吉本董事長的說法（人事更迭者「D1更迭淡定型」）

事實上，我在十天前曾被事業部黑岩經理叫去，所以早就知道改革方案的基本理念。當時，經理跟我說「C至E商品群是改革的對象」和「我計畫讓亞斯特工廠銷售系統與事業部合而為一」，我當時想事業部要接收亞斯特工廠銷售系統了。

所以，我也有心理準備自己的職位可能不保。

但是，昨天簡報的時候卻是將所有的組織移轉到亞斯特工廠銷售系統，所以我還是繼續當我的董事長。但是，我還是得退下來了，如果事情到這種地步的話。

簡報中雖然沒有針對我個人做什麼批評，但是，內容卻非常尖銳，我連反駁的餘地都沒有。

這兩年來不管怎麼補救，都阻止不了市占率的下滑，老實說，我已經束手無策了。所以這也是沒有辦法的事。

但是，最近一年以來，市占率大幅降低，雖然大家都說「愈輸愈多」，但我還沒警覺到事態如此嚴重。

關於業務末端批評說「策略空有架構」，我倒是一直都沒有注意到。但或許他們說的沒錯。我想他們對事情的切入點不同，這只是事情看法不同的問題。

但是，說「創作、製造、販賣」的流程被切斷了，這不是大家老早就知道的事嗎？

像我，也是個被害者啊！表面上我是C至F商品群的負責人，但實際上，我手下沒有研發也沒有生產專才，真的是開什麼玩笑！

但是，我如果說自己是被害者，我手下的人就沒臉見人了（笑）。

你問我對簡報的內容有什麼不滿？不會啊，我們也不過就是薪水階級，反正公司怎麼說怎麼做就是了。

不過說實話，倒是有一點鬱悶呢。半年前當春田常董抽身後，我就該辭職的。過去事業部經理常常變動，一有新人走馬上任，政策就改弦易轍，所以員工對上面的人沒有信心。我希望這次的改革能夠成功，我是真心的喔！

我會說服亞斯特工廠銷售系統的經營團隊漂亮的交棒。因為最可怕的是主管不安，進而讓組織動盪，我也打算要求大家都照著新的方針去做。

亞斯特工廠銷售系統常董的說法（人事更迭者「D1更迭淡定型」）

前些日子的簡報，被人家這樣徹底的分析、分解，簡直連反駁的話都說不出口。但想一想或許他們說的也沒有錯。

這七年來總共虧損了一百五十億日圓，但丟臉的是，身為常董的我卻不知道。真是讓我嚇一大跳呢！

他們說就是這樣的經營系統才會讓公司這麼鬆散，真的是如此嗎？好像也不關我們的事。

我雖然是公司的董事，但薪水也沒多高，卻責任重大，連我都想說開什麼玩笑。但是，這麼一說的話又對不起員工，所以就只好摸著鼻子繼續做事了。

那個簡報告訴我們所有的實際狀況，員工應該都很吃驚吧。

關於我的去留，未來組織要分解成幾個業務單位，所以吉本董事長已經告訴過我自己的職位不保。

我不知道新組織的這個做法能不能順利進行。唉！在我離開以前我會竭盡全力堅守崗位的。

亞斯特工廠銷售系統常董兼業務部經理的說法（人事更迭者「D1更迭淡定型」）

吉本董事長跟我說，我可能無法再當董事了。

公司內部很早就有人批評說高層都不負經營責任。所以，我也有一種卸下重擔的感覺，心想「做一個了結也好」。

但是，要說我喜歡這個事業，倒不如說我沒有其他會做的事，所以我想在亞斯特工廠銷售系統裏終老，讓我做什麼都可以。

我個人沒有什麼力量或權力可以回應大家的意見。在我當董事的這四年內，也沒發生過什麼好事。

聽了這次的改革方案以後，我心想能夠做到這種地步是因為香川董事長出面的關係。而且黑岩先生也滿有實力的。

不管是事業部的歷任經理或者是亞斯特工廠銷售系統的董事長，過去都深受人際關係的束縛與組織的惡鬥所苦。

唉，我不是在為自己辯解，只要手上沒有「絕對的權力」，任誰都很難打破那個障礙。所以，就這樣吧。

過激派登場？

一個星期以後，黑岩莞太等人開始對日本全國的主管說明這個改革方案。

他們不是將主管聚集在一起，而是由黑岩所領導的三人團隊去全國七個據點，在人數最少的狀況下親自說明。就好像是**全國巡迴表演的旅程**。

重點31 改革劇本的簡報並不是將大家統統集合起來，進行機械式的說明，而是在人數不多的情況下，看清與會者的表情，盯著每個人的眼睛說話。

這個說明內容與對香川董事長或經營主管們所進行的簡報有一個最大的不同點，那就是這次他們只針對主管說明前半段的「強烈反省」。

他們預定三個星期以後再巡迴一次，那時連同一般員工發表後半段的「改革劇本」。

之所以採取這樣的步驟，黑岩跟川端這麼解釋：

「我希望讓主管先聽清楚『強烈的反省』。讓他們自己的腦袋仔細想一想為什麼事業會走到關門的地步。我希望他們能想到『過去的經營太糟糕，但是自己也不好。』」

川端祐二有一點擔心。

「如果只說些壞消息，而不提示新的方針的話，不是會造成大家不安，讓公司陷入混亂嗎？」

重點32　為了不讓聽的人誤會只是一場單純的批評，一般「強烈的反省」與「解決方案」是一起發表的。但是黑岩卻採取「衝擊療法」。

黑岩莞太一邊點頭一邊回說：

「我的解讀是，才三個星期，應該不至於發生混亂。為了讓這個鬆弛到不行的組織一口氣解決『危機不足』的問題，這或許是最後的機會了。有一點不安或者打個架之類的剛剛好呢（笑）。」

啊？打架？川端看到黑岩說笑自如，一臉篤定，覺得自己又學到一項經營者應有的樣子。

而且，自己身為任務小組的組長如果都一臉不安的，那才是最糟的呢！

「在這段期間，我們需要決定新的高層人事，並且獲得上頭的批准。三個星期以後，當我們在所有員工面前發表解決的劇本時，新的經營團隊也要同時上台，在大家面前表達自己的決心。」

這就是黑岩所計畫的一口氣讓公司團結起來的構想。

各地的說明會近在眼前，黑岩當然不可能輕鬆。在他的腦海中還無法忘懷六年前那個痛苦的經驗。

在東亞技術改革方案的說明會上，某一位曾任職工會幹部的主管用調侃的方式批評新的董事長，搞得會場一片難堪。

本來是積極正向的會場氣氛，轉眼間冷了下來。

幾乎所有出席者冷眼旁觀地看著「C2激烈反抗型」的行動，心裏想：「那傢伙又開始了。」

但是，另一方面，大家也想看站在那裏不知所措的黑岩接下來要如何應付，他們都帶著一種幸災樂禍的心情看熱鬧。沒有一個人對黑岩伸出援手。

那真是黑岩最危險的一刻。主管們看到新的董事長狼狽、汗流浹背的模樣，心裏可能都在偷笑吧。

那只是重建東亞技術時的一個小小難關而已。黑岩一邊擦汗、一邊熱心地說明改革理念，總算度過了那個場面。

他想，幸運的是亞斯特事業部好像很少有這麼作怪的員工。

然而，小組成員們卻非常擔心簡報是否能順利在公司裏進行。

如果會開到一半發生爭執或對峙時，黑岩會苦口婆心地解說改革的意義嗎？或者斷然地拋下一句「不高興就辭職」？

黑岩在那六年裏累積了許多經驗。

主管說明會的第一個會場選擇在亞斯特工廠銷售系統的東京總公司舉行。

會場上，突然發生一件他們所擔心的事。

會議一開始，亞斯特工廠銷售系統的吉本董事長先在部屬的面前說明開會的目的，希望大家能夠團結一致，共同推動改革。他雖然預料到自己即將離開，但也採取「D1更迭淡定型」乾乾淨淨的姿態。

接著五十嵐上台說明他們所整理出來的反省。黑岩莞太與川端祐二都坐在旁邊，眺望著會場的反應。

大約過了一個小時，五十嵐的說明進行到一半的時候，有一位主管遲到進來。這個人以前就對任務小組冷嘲熱諷。

他進來的時候已經錯過整個反省中最重要的前半段了。

他早就接到這個會議的通知，如果不是緊急狀況，敢在這種場合遲到的話，本身就是不尋常的舉動。

他在會議室的角落坐了下來，胳臂往後搭在椅背上，一副老大的樣子聽著簡報。那個態度簡直就像當初輔助小組的那位年輕員工一樣。

他給人的感覺就像是太陽產業的常董或執行董事走過來說「喔，聽看看你怎麼說吧！」一樣大剌剌地坐著。

當簡報全部結束，輪到大家發問時，這位主管就這樣很了不起地坐著，抬高下巴、尖銳地問：

「『勝仗的循環』『缺乏策略』什麼的，**我是聽不懂啦**！這些根本不是問題的重點吧？」

這個人遲到而錯過二個小時的簡報，卻一句「我是聽不懂啦」就否定一切。

黑岩震了一下，這個場景跟東亞技術那個時候很像。

總公司在場所有的幹部，都用好奇的眼光看著改革領導人的反應。黑岩、川端、五十嵐的改革主導團隊在眾目睽睽之下，突然有人像楚莊王一樣詢問鼎之輕重！

重點33 改革劇本發表**之後**，公司內部如果有人故意作對，就該知道改革可能已經進入「不是你死，就是我亡」的戰場。

當改革陷入衝突時，就會變成不是你死就是我亡的局面。這就是改革的宿命。

這位主管的態度就改革的反應類型來說，無疑地是屬於「C1確實反抗型」。

他根本不在意亞斯特工廠銷售系統的董事長或總公司事業部經理在場，就這樣大剌剌地坐著、傲慢地發言，說不定還會突然變成「C2激進反抗型」呢！

對於那些作對的員工，除了說明、說服、斥責與割捨以外，有時也需要用「熱情」及「簡潔的故事」徹底的指導，讓他們知道改革者的「覺悟」。

重點34　一旦啟動改革，改革者便需貫徹意志，絕對不能猶豫。如果客氣的話，不改革還比較好一些。

黑岩莞太開始發火了。

只要聽完這個簡報，不管贊同或不贊同，任誰都知道這不是簡簡單單就做得出來的工作。一定會了解需要有相當程度的「覺悟」才做得到。

這個男人是明明知道而故意批評嗎？還是經營素養太低，所以無法判斷，所以用農村社會的古老見解胡亂批評一通？

吉本董事長一臉困惑地站了起來，說了幾句話當作回覆。但是又說不出個所以然，根本**鎮不住**場面。於是，黑岩就更生氣了。

任務小組的每位成員在這四個月內，為什麼會有「我在這家公司從來沒有被罵過」「自己從前太天真」「我如果再多受一點鍛鍊就好了」的感覺呢？

像這樣的場合正需要高層嚴厲地指導部屬。然而，亞斯特工廠銷售系統的董事長卻採取迎合的態度。就是因為這樣，這家公司才會喪失在外面的戰鬥力。

然而，吉本董事長自己將遭到替換，卻還能心平氣和地配合，如果還要求些什麼的話，就太殘酷了。

坐在黑岩身旁的組長川端祐二不知該如何應付，一臉困惑地站起來。

看著川端的臉，黑岩又嚇了一跳。

他好像看到自己六年前在東亞技術時，不知所措的表情一樣。

當經營經驗豐富之後，很多場景都會有「似曾相見」的感覺，黑岩莞太無法再繼續保持沉默了。

如果這個主管是不折不扣的「C2激進反抗型」，那麼在這個場合訓斥他就有風險，可能會讓反對派一下子團結起來。

但是，黑岩並沒有考慮那麼多。

為什麼可以允許主管有這樣的行動？他生氣地想：「這個組織真是爛透了。」

他在東亞技術的時候，曾汗流浹背地拚命說服大家。但現在的他，用進入亞斯特事業部以來從未有過的暴怒，大聲罵說：

「你，給我等一下！自己遲到，前面說些什麼也不知道，還一副老大似的坐在那邊，什麼叫做『我是聽不懂啦』？」

他的聲音大到會議室外面都聽得到。

「虧損了一百五十億日圓，大家卯足全力來要救這個**瀕死**的事業！他們的說明即使有漏洞，至少也要聽他們怎麼說，了解了內容之後再來抱怨！這個改革如果失敗的話，我們還剩什麼？我們今天非得找出一條路不可。可是你還在那邊一副了不起的樣子，你是想**把這家公司搞垮**嗎？」

黑岩真的是氣到不行。他走到那個人的面前，指著會議室大門，氣勢磅薄地說：「混蛋！給我滾出去！」

那位主管的臉色一變，他嚇了一跳，沉默了下來，終於乖乖坐好，臭著一張臉低頭看著地下；會議室籠罩一片沉重的氣氛。

這是這些人從未在這家公司看過的「事件」。

有些人因為黑岩這麼嚴厲的反應而心動，有些人則是感到一股殺氣。

在那些認為事業低迷無關己事的人當中，也有人對黑岩有反感。

而平常對那位主管的言行不滿的人，則在心中為黑岩喝采：「哼，看吧！」

在場的人反應各自不同，但大家都至少有一個新的共識。

那個共識就是，這位新的事業部經理黑岩莞太，對於這次的改革相當投入。

因此，反對這次改革的人應該要有心理準備對抗黑岩莞太的這股「激情」。如果沒有足夠的破壞能量能夠不斷凌駕黑岩的話，絕對不可能將他打敗。

在場的所有主管都本能地這麼覺得。

在改革停滯組織時，發生這樣的場面到底有幾種因應方法呢？其實要看當時的狀況或對峙的對手類型而定。各位讀者如果是黑岩莞太的話，會如何處理這位主管呢？

抱怨與天真

這件事還有後續發展。

遭到黑岩怒斥的這位主管，被上司與人事部約談。他的態度變得很老實，表示：「我當時的發言，沒有其他意思，只是隨口說說罷了。」

讀者認為黑岩聽到這個報告以後，會有什麼反應呢？他可能笑笑地說：「是嗎？」就原諒了嗎？

黑岩可是怒火中燒，怎麼可能輕易了事。

這是因為那位主管的言行未經深思熟慮，那種隨便的態度發言就跟「C2激進反抗型」一樣。**旁觀者**把在懸崖邊奔跑的改革者推下「死亡之谷」，他們可能摧毀花了好幾個月才完成的準備作業。絕對不能讓旁觀者妨礙大家共同改革的情緒，破壞解救事業的最後機會。

如果沒有徹底的覺悟或信念，輕易這麼做的話，就會讓這家公司主管變得沒有責任感。

他們只能靠在公司裏的年資稍微晉升，也缺乏一點「菁英的責任感」。他們抱持弱勢團體般的受害者意識，思考模式跟一般員工沒有兩樣，因此就變成一個「在野黨」。

那位主管還說：「自從我進來這家公司以後，還沒有被這麼嚴厲罵過。」

任務小組的年輕成員不是也有同樣的反應嗎？挨罵之後才開始注意到基本功的重要，這種天真正入侵日本企業的主管階級。

日本企業不應將這些問題歸咎於員工各人的自覺問題就了事。日本企業的組織設計已經開始變得陳腐。

「自己到底是為誰辛苦為誰忙呢？」

黑岩莞太心裏有一種無力感。

這個事業如果能夠救得起來，對誰最有利呢？

黑岩自己並沒得到什麼好處。這裏並不像美國的專業經理人一樣可以領取好幾十億日圓的酬勞，薪資也不會調漲，誰喜歡去承擔失敗風險如此高的角色呢？

是高投資報酬率的股東或證券分析師得到好處嗎？不，他們才不會這麼努力，他們認為將亞斯特事業部之類虧損的部門關掉，大量裁員才是正確的經營之道。

香川董事長或負責會計的董事們都表示，這次可能要清算事業了。

如果太陽產業真的要讓這個事業關門大吉，裁掉所有員工的話，那位主管該何去何從呢？

依照目前日本的狀況，他要找與太陽產業同樣薪資的工作，老實說，幾乎不可能。

如此說來，如果這個事業救得起來的話，那位主管不就是改革的**受益者**之一嗎？

那麼他又是為了什麼要反對改革，而且不願面對風險又**搞不清狀況**，只知道批評改革者或做一些口是心非的事呢？

自己的做事方法被旁人批評總是不舒服的，討厭「外來者」，不管說些什麼也不會被炒魷魚，有這麼沒水準的員工只知道一味「抱怨」與「散漫」至此嗎？

日本企業中許多員工像**幼童**，認不清楚自己的責任，還覺得一切都是別人不好。而這些散漫成性的主管最常出現在總公司的管理部門，因為他們遠離「客戶」與「競爭」的第一線。而且，這種管理部門還因為「代理症後群」的推波助瀾，在公司裏作威作福，沒有什麼比這個更難善後的了。

「拜託好不好，了解一下我們的苦衷吧！」

這是黑岩莞太在壓下怒氣以後的沉痛心情。

二個月後，黑岩發布人事命令將那位主管從事業部趕出去。這是殺雞儆猴的做法。

這如果發生在美國企業，他鬧事的那一天就會叫他走人了。

日本企業的強項在於終身雇用、長期聘雇，他們不隨便資遣員工。但是，卻應避免大家散漫，導致整個村子墮落，陷入沉淪的氛圍。

然後就在大家都不注意下，公司好像集體自殺一樣自我毀滅。所以黑岩心想，需要找一個人來開刀才能改變這種情況。

在東京做完簡報以後，黑岩等人接著各地的巡迴之旅，前往仙台、札幌、名古屋、大阪等地。

在後來的簡報會場中，完全沒有人鬧場。或許東京的事件已經成為大家茶餘飯後的話題，但真正的原因，黑岩等人不得而知。

各地的主管都全神貫注地聽取簡報。

事不關己

研發中心主要幹部（四十九歲）的說法（認同改革者「B1內心贊成型」）

在反省的簡報中說「公司打敗仗的原因是因為研發的『慘敗』」時，我當時真想辭職。過去的努力被全面否定，就等於自己的存在價值被否定一樣。那個時候還以為**真正的壞人**在公司的哪一個地方躲著呢！

但是在簡報後半段，我們被問道：「業務批評研發中心只研發『自己感興趣的東西』，這個落差是怎麼產生的呢？」

我聽著一刀一刀割肉似的分析，竟然被吸引了。的確，我們的部門也有問題，如同他們所說的「創作、製造、販賣」的「五大鏈」已經瓦解了。

公司這幾年都在裁員，夥伴們一個個消失。有些人調離事業部，優秀一點的人才就自己當老闆去了。

我之所以留在這裏是因為沒有地方可去。因此，我並不打算對高層重建這個事業的決策說東說西的。

如果說這才是我們的生存之道的話，我會照辦。我想周遭的人也都跟我一樣想法吧。再來會有什麼樣的改革方案？要在兩年內將業績轉虧為盈呢！我只希望不是讓我們走路就好。

工廠製造部課長（四十二歲）的說法（認同改革者「B1內心贊成型」）

簡報的內容大部分都跟主管們過去所想的幾乎一樣。對於主管來說，老早就不滿公司遲遲不能改善這些問題了。

但是，我想連我在內，整個公司都流行將過錯嫁禍給哪個部門的哪個人。大家對於問題點都視而不見，而不覺得是因為自己過去的不負責任導致公司陷入這個困境。

簡報裏說了好幾次，今天的局面並不全是其他部門的錯，大家該想想自己不對的部分。經營團隊的反省相當坦白。所以，我們對於那些批評也能冷靜地聽進去。

我不知道接下來公司會提出什麼解決方法，但能夠將現況掌握得如此清楚，真的是一個創舉。我覺得是一件好事！

亞斯特工廠銷售系統仙台分店次長（五十二歲）的說法（認同改革者「B2中立型」）

長期以來，公司都籠罩一種「習慣虧損」的氣氛。

剛開始大家傳說「好像要大改革了」時，內部都很期待。我們都想「總算要做點什麼改變了」。

但是，當任務小組開始「自我反省」時，一股不安的情緒在中高齡的員工之間擴散。

馬上就要碰到五月黃金週連假，大家可以在家裏好好想一想。如果往壞處想的話，我猜會愈想愈不安。

簡報中並沒有說到怎麼解決，所以我不知道未來該怎麼辦。

連假過後的第二個星期，發生了一件大事。在開完分店的營業會議以後，營業所的同仁聚餐時，酒過三巡後，氣氛變得很奇怪。

那個詭異的氛圍是我這一輩子裏很少見的，有一位主管跟分店長這麼說：

「我一直都是單身赴任，犧牲家庭，忠實地遵照公司的方針做事，卻換來這個結果。最後還落個『虧損是大家的責任』，我真想說，開什麼玩笑，經營團隊應該早一點負起責任才對的。如果我自己因為這個改革而受委屈的話，我就會將訂出這些方針的上司都痛打一頓，然後辭職不幹。」

他眼珠子轉都不轉，態度嚇人。分店長無話可說，只是一副苦澀的表情，讓人覺得有點可憐。

回想一下，這是頭一次我們真正明白現實的嚴峻。結果讓我們開始感受到「自己的痛處」。

我想，這是公司頭一次，強烈的危機意識開始在內部擴散。在這之前，我們認為都是別人不好。

資材部經理秋山（五十六歲）的說法（認同改革者「B3內心反抗型」）

我雖然聽了簡報，但他們說「事業低迷是歸咎於主管行動的類型」這番話，好像在說我，簡報裏批評了很多，讓人很不舒服。

「最後的結論是事業低迷的最大原因是因為『現場經營過於偏離事實』，這讓我吃了一驚，我當時在想他還真敢說。」

接下來會變得怎樣呢？唉，我倒是想看看黑岩先生與川端他們能搞出些什麼名堂。總之，很鬱悶啦。

有骨氣的人事

在向主管說明的同時，黑岩莞太不得不做決定。

七月一日浴火重生的亞斯特工廠銷售系統將要啟動，屆時經營團隊的結構將影響這個改革的成敗。

在香川董事長聽完簡報以後沒幾天，黑岩、川端、五十嵐三人聚在一起決定人事方針。黑岩在桌上放了一張圖表。這張圖表另外兩個人也很熟悉，正中間寫了一個問號「？」。

「這是決定這次改革命運的關鍵。」

【圖表5.1】改革概念之三：事業改革的三大原動力

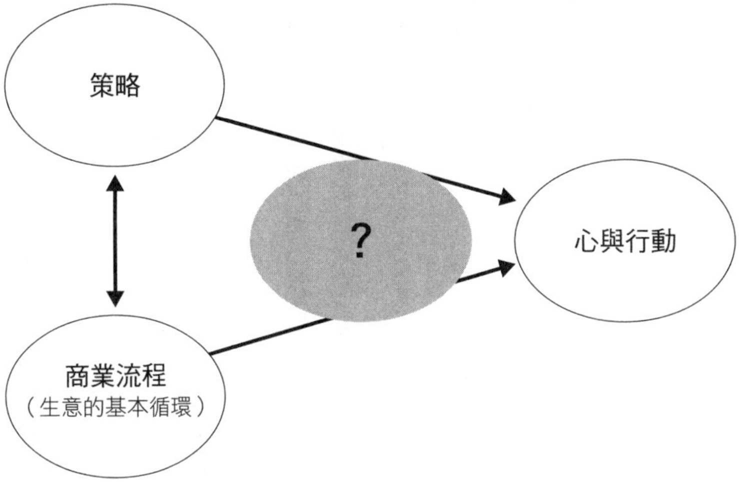

黑岩這麼說是為了確認自己的思考方法是否正確，其他二人也都點頭稱是。

「我昨天拿這張圖表去跟香川董事長請示了。」

黑岩當然不會在這個時候跟董事長玩猜謎。董事長所看到的問號「？」，是寫上答案的。而這個則留給讀者猜猜看。

香川董事長看著圖表，點點頭跟黑岩說：

「這個部分你自己決定就好。放手大膽去做吧！如果有具體的提案，再來跟我報告就好，直接來我這裏。」

董事長這麼說。

香川故意用「直接」這樣的字眼是有特別的意義的。

香川董事長很明白地查覺到黑岩的想法，知道公司內部的事前溝通並不容易。

重點35　「策略」與「商業流程」若不落實在人們的「心靈與行動」中，便不能發生效果。

圖表5.1之中，「？」是指有骨氣的人事。

如果缺乏這個因素，改革的做法就無法激起大家的熱情。

日本企業的大部分改革因為無法徹底執行最後的這一點，而注定失敗。他們口裏說「沒有人才」，卻不願提拔下面有潛力的人才，反而繼續一些舊的人事。

董事長與公司裏的古老價值觀對抗，只要看看董事長所頒布的人事，就可以一目了然這家公司對於革新的「見識」與「覺悟」，及「親自控制現場問題的縝密性（現場主義〔hands-on〕）」。

任何一家公司的高層只要欠缺這三項條件，雖然要怎麼說革新是他們的自由，但事實上卻沒辦法引起太大作用。

重點36　「有骨氣的人事」能否落實，就能看出企業高層對改革有多在意。

改革的鐵律是「從高階主管變更人事」。黑岩第一個需要決定的是亞斯特工廠銷售系統的新任董事長職位。黑岩莞太對川端說：

「我在想，讓你來當亞斯特工廠銷售系統的董事長。」

川端祐二並不驚訝，表情也很平靜。他一定早就猜到有這樣的人事異動，但是又不能馬上點頭答應。

「可是，由黑岩經理兼任亞斯特工廠銷售系統的董事長，我在您底下當左右手，這樣更自然，不是嗎？我覺得這才是最強而有力的安排。」

「不，這反而會變得亂七八糟，兼任董事長將會是一個問題。我連這四個月都不能專心待在任務小組的身邊了。」

於是，黑岩便當上會長，擁有代表權，只花百分之六十至七十的時間在亞斯特工廠銷售系統上。黑岩解釋這才是最強而有力的安排。

這四個月的作業完全證明了川端祐二的能力。黑岩四十八歲時，當上東亞技術董事長。而川端祐二今年五十歲，因此，並不算太早。

川端如果在亞斯特工廠銷售系統的董事長職位上推動改革成功，那麼接下來，他將像黑岩莞太一樣成為太陽產業的董事，帶領眾人開拓更大的事業。

黑岩一直想給川端這個機會。

他去東亞技術時相當孤單。但這次川端卻有黑岩陪著。

如果他倆同心協力，將有骨氣的人才放在「目的明確的戰場」上嚴格訓練的話，就能孕育出下一位亞斯特工廠銷售系統的董事長。

如此一來，原本遭到埋沒的人才就能夠不斷受到培育，太陽產業一定能夠成為一家朝氣蓬勃的公司。

重點37 在公司內部建立強勢的經營人才庫。這個人才庫如果有效的話，就能夠培養出美國企業無法模仿的日式人才培育。為此，日本企業也需要在根本上提高**組織內部的競爭原理**。

「你考慮看看吧！」

說完以後，黑岩繼續下一個話題，談論三位「ＢＵ董事長」的人事案。

面對改革，可以承受**人才風險的總量**是有一個限度的。

但如果是黑岩會長搭配川端董事長的話，就能讓經營高層的人事風險降到最低。相反地，ＢＵ董事長即使多少有一點風險，也應該大膽啟用人才。

黑岩莞太遞了一張紙給川端看，上面是人事部所列出來的人選。

「這些人，全都不行啊！」

名單內沒有任何一位改革先驅者。人事部還是無法脫離年資排序的想法，讓人看了不禁覺得這簡直是「保守派的名單」。

「我可以說說自己的想法嗎？」

川端祐二將名單丟在桌上，口中說出一份真正符合改革的人選。

「讓星鐵也與古手川修兩人來當ＢＵ董事長如何？」

黑岩莞太看著川端，心想「這個男人的確會做事」。因為，二個月之前黑岩就這麼想了，而現在川端將它說出來。

如果說這個改革所容許的人才風險應該放在誰身上，那就是星與古手川。

然而，這個人事案在**這家公司**實在太勁爆了。就公司過去的常識來說，人選都太年輕了。

亞斯特工廠銷售系統的「ＢＵ董事長」職位相當於太陽產業其他關係企業的「事業部經理」。有些關係企業還由執行董事或常董兼任。

到底是誰想出讓三十九歲與四十一歲課長等級的人來擔任這個職位的呢？這個在歷史悠久的太陽產業中，將是個晴天霹靂的人事命令吧！

重點38 一般而言，在改革經營時與其用不曉得如何**突擊的老兵**，倒不如任命眼前**能力不足但具有潛力且生龍活虎的人**，反而成功機率較高。

重點39 若投入太多能力不穩的人才，改革的風險從一開始就可能超過可以承受的總量。情況太勉強時，就會需要切換成風險較低的劇本（如階段性實施等）。

這時，五十嵐插嘴，增加四位人選。

其中一人是貓田洋次（四十五歲），另外一個人是與專屬成員同樣投入任務小組工作的兼職成員赤坂三郎（三十八歲），他是售後服務部的課長。

還有二位是經理等級的人，在輔助小組作業時行動積極。他們都在五十歲上下。就年齡上來看，這二人比較合適。

「赤坂三郎辦事能力很強，一直帶頭做事，心思又夠縝密，他將來一定是個經營人才。」

「可是，他才三十八歲，年紀更小。」

「其他的二位經理太過老實，說話也不夠開朗。與其說是『A3積極行動型』，倒不如說是『A4積極思考型』吧？」

「我看不會喔！遇到需要的時候，他倆倒是可以堅強面對的。」

他們一個個地討論著。

結果，三個人討論到最後還是回到星、古手川還有赤坂三個人身上。

經過他們討論以後，黑岩確信這個決定。

如果想配合這個組織目前的氛圍的話，應該選擇五十幾歲的員工。然而，在亞斯特事業部中，能執行這個改革的人才除了這三位年輕人以外，別無其他人選。

如果送去前線打仗的士官沒有衝勁的話，大家也只是在壕溝裏匍匐前進而已。進攻行動也會半途而廢，第一線也會死在這個改革裏。

這三位年輕人不足的部分，應可由黑岩或川端來填補吧？與其找些意見不同的人進來，倒不如選擇曾在任務小組一起打拚過的人，還比較好一些。

「好，就這麼辦！」

黑岩莞太做了決定。

ＢＵ1的董事長由星鐵也，ＢＵ2由古手川修，ＢＵ3則由赤坂三郎擔任。

川端祐二在參與這個大膽人事的決策中，領悟到目前的狀況，已經讓他無法對於董事長一職再推拖了。

於是，黑岩立即跟香川董事長約時間報告。

壟斷

然而，這個人事想在公司裏過關並不是那麼簡單。事實上，這三個星期以來，他們甚至去總公司的人事部在私底下說項。

「不符合人事制度。」

這是大家最典型的反應。在這個傳統企業中屬於異類的黑岩莞太，赤手空拳地與總公司強勢的人事部對抗，簡直是難如登天。

結果，發生問題了。

「黑岩壟斷這家公司的人事。」

當他聽到總公司有人這麼說時，有一種遭人從背後開一槍的感覺。

「壟斷」這個詞出自《孟子》的〈公孫丑〉篇，是指黑岩直接煽動香川董事長，做事極端粗暴、專橫的意思。而總公司其他同樣論調的員工，也曾經同樣地諷刺他。

對內部的這種反應，黑岩頗感錯愕。

他只不過是想用短時間將一年虧損三十億日圓的事業給救起來罷了。

他必須放棄過去類型的主管，越過這個分水嶺將改革給拉起來，但改革也有滑落死亡之谷的可能。因此，才需要毅然決然地提出人事案。

然而，大家面對風險卻不能共體時艱，還死守著過去的人事制度，有人開始批評黑岩「壟斷」，不久就在內部形成論調。

但真的照他們所說的去做，而改革又無法順利進行時，他們就會抱怨黑岩沒有能力。

這個變革的時代對於太陽產業來說，連一家小公司的小業務單位起用幾個年輕人，總公司的人事部都要如此大驚小怪。

當整體來談論改革時，大家都會贊成。但當要執行各個方案時，內部就會出現不同的立場或想法，新舊價值觀到處在打仗。

這個問題的根源並非人事制度本身的問題。事實上，這三個人的任命在正式決定之後，簡直像是**沒有過這些紛擾似地**發布了人事案。

如果人事體系真想刁難的話，一定有辦法阻擋的。

問題是經營幹部的經營素養。

讓公司在短期內蛻變，到底需要冒多大的「風險」？到底「改革者」需要具備哪些性格與能力，才能度過這些風險呢？

長期以來，日本企業未能培育「變革的領導人才」，因此很少人能夠理解這種事。

而且，大部分傳統企業的權力寶座或管理機構，不到公司面臨緊要關頭，都由**不擅長因應變化**的人當「執政黨」。與日本政治或官僚的世界完全沒有兩樣。

因此，「變革只在組織的『邊境』發生」，這樣的定理就會一直持續下去。

而且終於像黑岩莞太這樣**來自邊境的變革者**上場，但這種人如果缺乏充分的支援，內部一有什麼新花樣的話，就容易「有子彈從後面飛來」。

黑岩莞太在這個內部的戰爭中汗水淋漓，讓經歷各種高風險事業的企業來看，可能只是茶杯內的風波吧？

這個問題之所以能夠及早定案，還是歸功於香川董事長，此外別無他法。他並不是一位軟弱的經營者，不會將事情推給部屬們自己去協商。

「反正只要兩年沒起色，這個事業就要關門了。只要有必要的話，都放手去試試看。莞太你就照你自己的方法去整頓吧！我們都會支持你，不會扯你後腿的。」

於是，打破太陽產業歷史的人事就這麼決定了。

然而，如果太陽產業內部將之視為晴天霹靂的話，那麼對於與這個人事相關的三個人來說，則宛如遇到人生的電擊，其衝擊遠超過晴天霹靂。

星鐵也（三十九歲）的說法

有一天，我去福岡分店出差。川端先生打了一通緊急電話來，突然將我叫出會議室。「真的嗎？開玩笑的吧？」

我雖然盡可能不讓周遭的分店同仁知道，但還是不自覺地對著電話叫了起來（笑）。如果用資格來說，這個職位相當於三、四級的跳級升遷，因為我要當「BU董事長」了。

川端先生要我提早一天回來東京。

老實說，出乎意料地，我竟然格外冷靜。如果說這是自己的命運，我有一種不可抗拒的感覺。

事實上，當我在任務小組討論組織策略時，有一天深夜一點，大家在白板上畫著組織圖，互相開著玩笑說：「我來當這個BU1的業務部經理」「你來當BU2的研發部經理」或是「不，當BU董事長也不算過分」等等分配各種職位（笑）。

我們當真只是在鬧著玩而已，即使只是開玩笑，但能說到這種程度，事實上也表示聚集在這裏的人都想出人頭地。

或許我們常被事業部經理或五十嵐先生嚴格地追問：「如果你是經營者，會怎麼做？」所以才會開始將自己當成經營者一樣。

如果沒有這個任務小組，自己就不會成為這次人事布局的對象，而我也不會冷靜接受。

新制度發表後不久，有一位經理被叫去參加任務小組的討論會議，當場一句「無法置信」就離席而去了。

因為那個時候，任務小組成員都抱著強烈的經營意識與危機意識，那個保守的經理看到我們在事業部經理面前，毫無畏懼地大肆討論年長主管的人事安排，一定會大吃一驚且認為我們不知天高地厚吧？

不管是哈佛大學的MBA或才二十幾歲的年輕學生，只要灌輸個兩年的經營觀點，他們也會有董事長的心態，認為自己可以獨當一面。

有些人因此成功，有些人搞得公司倒閉，甚至還可能吃牢飯。人一旦有了自尊，便能產生各種不同的能量吧？

對我而言，這並不是一個出人頭地的故事。

我也不覺得高興或感激。我只是覺得自己不做的話，誰來救這個事業呢？

往後那些不了解我這種心情的反抗派，或叫不動的資深員工可能會成群結隊的出現吧？我能夠面對那些人改變這個事業嗎？我並沒有信心。但是，也只能盡力而為了。現在不做的話，將來一定後悔。

不管如何，我會將這家公司搞得天翻地覆（笑）。

公司以前也沒給我們什麼研訓，突然說「你來當董事長」「改變這家公司」「這次不行的話，公司就完了」之類的。將過去的爛攤子全推給年輕一輩來承擔，真的是有一點過分呢

（笑）。

另外，人事的安排之所以搞得天翻地覆，代表公司的體質開始在改變，我覺得是一件好事。

反正，這次的改革只准成功不准失敗，我們這群前鋒部隊如果犧牲的話，再來就會跟事業一起陪葬。

覺悟的連鎖反應

我們開始巡迴日本全國七家分公司開說明會。

這次不只是主管級，連一般員工也是說明的對象。

跟上次的巡迴之旅一樣，前半段同樣由管理顧問五十嵐先生做內部「反省」。而這次的重頭戲是發表「解決篇」。這個部分由事業責任者黑岩莞太與川端祐二來說明。

在二小時的簡報中，所有員工都聚精會神地看著螢幕，專注聽著說明。

他們宣布C至E商品群所有的組織功能都集中在亞斯特工廠銷售系統。

彩色圖表上呈現的是一個衝擊性的全新的營業組織，今後不再有分店長、營業所長等職務。

他們利用矩陣圖說明策略的「篩選與集中」的意義，同時，打出具體的系統，加強組織內的

「策略鏈」。

接下來，公布停止生產或研發的品項。

他們列舉緊急研發專案說明如何極力縮短研發時程，並表示一個策略商品要在半年內上市。從研發到營業將採一氣呵成的策略制度，今後業務已經不可以再「隨便賣」了。

最後，他們說為了讓這個改革案合理化，公司會多出一些冗員。

會場中的年輕一輩知道遲早會說到這個話題，所以都繃緊神經等著。但是，黑岩說：

「這個改革中沒有裁員的計畫，我們並不想刪減人手。我們希望在座的各位同心協力、搶攻市場。」

第一天在東京總公司辦完說明會以後，與會者的態度沒有什麼改變。

東京總公司的危機意識最低、氛圍最沉重，那裏員工的反應倒不如說有一點冷淡。

「在這種氣氛下，改革劇本能夠在公司裏滲透嗎？」

黑岩與川端的內心更加不安。

然而，巡迴之旅第二天在大阪的會場卻發生變化。

當所有的簡報結束以後，黑岩最後說「那就請大家共同努力」時，全場報以熱烈的掌聲。

會議室的一角有人開始拍手，然後自然而然開始傳染，不久，室內便充滿強而有力的掌聲。

一瞬間，黑岩莞太還以為發生什麼事了。這是他從未經歷過的場景。但黑岩與川端也馬上隨著拍起手來，笑著回應大家的掌聲。

巡迴之旅所經過的七個分公司中，有四個地方獲得掌聲。不管哪個會場，都是年輕員工的反應最熱烈。

「我們等了好久的東西，總算來了。」

他們心裏這麼想，並且表態支持公司打出的新方針。

會場中，一定會有認為改革無聊透頂的「B3內心反抗型」混在裏面，但礙於會場的氣氛也只能一起拍手。

但他們一起拍手的這件事情相當重要。因為如果會議是在冷場中解散，就會讓大家的心分崩離析。

當會場的掌聲停了以後，由內定的新經營團隊跟大家打招呼。

亞斯特工廠銷售系統的會長黑岩莞太、新董事長川端祐二、BU董事長星鐵也、古手川修、赤坂三郎，這五人並肩向前站在台上。

星鐵也有點緊張。因為巡迴之旅的第一站，黑岩在東京怒罵那位主管的場面，一直在他腦中揮之不去。

他想，接下來不知道會發生什麼事。

然而，第二站卻沒有掀起太大的紛爭。倒不如說，他開始感受到員工團結一致的氣氛。

董事長預定人選的川端祐二接著黑岩，精神抖擻地跟大家打招呼。

「香川董事長跟我說：『要重建亞斯特工廠銷售系統，比強迫一家聲請保護的破產公司重新站起來更難。』總而言之，我們的事業現在面臨的狀況是『關門還比較好處理』。」

「面對這個角色，我認為是證明自己身為男人的價值，所以我將赴湯蹈火在所不辭。但是如果沒有各位的同心協力就無法達成，這次的改革需要大家先從自己做起。」

會議室中又是掌聲如雷。

接下來，由星鐵也上前致詞。黑岩跟他說：「絕對不要示弱。不要怕，大大方方地上場。」

但這樣的建議是沒有用的。

「這次的改革並不是只呼呼口號而已。各位會看到新的策略與商業流程，也會清楚知道自己從明天起該做些什麼。我雖然力量微薄，但一定會盡全力衝刺，請各位跟我一起向前衝。」

古手川修則嚴厲但熱情的說：

「大家知道公司每個月匯給我們的薪水，其中有多少是自己賺出來的嗎？只有四分之一。剩下的四分之三，都是用太陽產業其他事業部填補的。這跟靠別人養又有什麼不同？所以我們一定得想辦法突破這個局面。我並不想追究既往。就讓我們重新出發，向前邁進。」

三十八歲的赤坂三郎是新的經營團隊中最年輕的一位，他朝氣蓬勃地說道：

「被指派當這個職務，我自己都嚇了一跳。在場或許有人不滿意這個人事安排，但是，我將這個任務看成是自己的宿命。既然接手了，我就會全力以赴，該說的話我不會客氣。請大家跟我一起為公司奮鬥。」

每個人致詞完畢，會議室就響起掌聲。

大部分的員工都抱著積極前進的心情散會。這是最重要的氛圍。

世上很多改革都是在這個階段就出現挫折的徵兆。

有些改革者無法在員工的「心與行動」上給予人強烈的印象或鼓動員工的情緒，導致能量流失。

這並不是因為他們的簡報技巧，或是能言善道。當然如何表演是很重要的，但是員工們能夠忠實地**嗅出真假**。

而且，員工的反應會忠實地出現在會議室的氛圍中。

「看來這次改革很值得期待。」

黑岩莞太與管理顧問五十嵐都這麼想。

星鐵也的上司鹿兒島茂雄（四十七歲）二年後的回憶訪談（認同改革者「B1內心贊成型」）

沒想到自己的部屬在一夜之間成為頂頭上司呀（笑）！美國企業的情節竟然發生在我身上，我真的是嚇一大跳。

這十年內，我一直看著星鐵也用直升機的速度步步升遷。

他不只是工作能力佳，而且眼光夠高又有耐性呢！他是一個不找藉口的男人。不管什麼時候都站在客戶的立場積極做事。

所以，當他們讓我提報一個人去任務小組時，我二話不說就推薦他了。但老實說，我早已預料到總有一天會被他追過去的。

他對於這個人事升遷應該不是很高興，因為他要背負的擔子太過沉重。

後來，只要看到他有多麼辛苦的人，都不會否認這一點。

然而，當時有些人卻很生氣。他們憤怒地說，難道年紀大的人在這家公司就得晾在一邊嗎？

有這種想法的人，真的搞不清楚自己的份量。如果上頭說「你來做」，年紀大的員工只會逃之夭夭吧？即使接下擔子也會破綻百出困難重重。

所以那個時候我就改變想法，知道要讓公司恢復活力，就只能盡快培養像他這樣的經營人才，讓他們發揮領導力才行。

我甚至認為這家公司最幸運的是，有人能夠慧眼識英雄，發掘出像他這樣的能夠突破危機的人才。

但是，我與星鐵也一同隸屬BU1，他突然從我的部屬變為上司，我還真不知道該如何跟他共處，這是讓我最不安的地方。

當然，我想他的心情也是一樣的。

我甚至想過，如果他說的事情奇怪或不合理時，我能不能做為他的**頭號部屬**，或者說前主管，不客氣地給他建議或批評呢？

但是，當我們真正運作時，就知道那都是我自己杞人憂天。他原本就是個處事圓融的人，這些問題根本沒有出現的機會。

時間過了兩年，雖然在某些事情上他還是會有些顧忌，但現在即使遇到什麼問題，我想他都能夠迎刃而解的。

資材部經理秋山（五十六歲）的說法（原為「B3內心反抗型」，但被調離事業部以後轉變為「D2更迭反抗型」）

這次的人事發布將我調離亞斯特事業部。

唉，真的有點出乎我意料之外。因為原本說這個改革只針對亞斯特工廠銷售系統，所以我想應該只有吉本董事長離開而已。

他們都說組織的什麼縱軸、橫軸的，光是這樣就能讓這家公司變好嗎？而且還要在這麼短的時間內一決勝負，我跟大家說的那些話，可能都傳到黑岩耳中了吧？

上個月的業績不是開始掉得很厲害嗎？這麼說雖然有點過分，但不就是他們自作自受的結果？

因為，他們的做法只是在打擊大家的士氣而已，所以業績會一落千丈也是應該的。大家都說：「搞不懂第一線的人能做些什麼。」

讓星鐵也或赤坂三郎這樣的年輕人放手去做就能突破困境嗎？像是川端也不知道行不行呢！我覺得他們只是一群養尊處優的「公子哥兒」。

唉，這些都跟我沒關係了，我會好好地看他們如何大展身手。

黑岩其實也很辛苦呢！因為一旦失敗了，他就要負起全部的責任（笑）。我其實在想，或許他很後悔來亞斯特事業部也說不定。

舊組織的瓦解

突然要將一個組織從沉滯的底層拉到「混沌邊緣」，並無法事先預測會發生什麼變化。當結束各地的簡報以後，表面上新的制度是照著計畫順利的運作，但事情卻非如此單純。

事實上，年長的主管階層士氣低迷，使得亞斯特工廠銷售系統的**組織管理**也急遽失速。因此，業績掉得更快。那個可怕的「死亡之谷」就好像在腳底下出現一樣。

如同任務小組在簡報中所指出的，在這一年內亞斯特工廠銷售系統的市占率急速下滑。諷刺的是，這個傾向在四月公司發表改革以後更形惡化。

黑岩等人已經將四月份向全國主管所做的第一次巡迴之旅到第二次發表「改革劇本」中間的三個星期設為真空期。

他們利用這段時間讓主管們思索各種事情，引發他們對過去經營的不滿情緒，有些人甚至對分店長或總公司的經營團隊表現出情緒反應。

四月底總結業績時，訂單比去年少了百分之二十二。跟之前比起來，這個數字還算是進步的了，但對於黑岩而言，他卻很擔心是否能從泥沼中爬出來。

就這樣，五月進行第二次的巡迴說明，亞斯特工廠銷售系統的經營團隊大搬風，同時宣布廢除分店長或營業所長的職務。

對於年輕員工來說，這是一件人人稱好的改革，會場中的掌聲代表他們的期待。

然而，五月份的訂單卻進一步下滑，比去年少了百分之三十二。之後送來的數據也顯示，市占率也掉到近十年來的最低水準。

黑岩好幾次質問吉本董事長業績惡化的理由，但吉本卻解釋不出原因。但是，黑岩與川端等人感覺到好像有什麼事情開始脫軌了。

他們想應該是什麼預料外的事情，總之一定是改革劇本沒有想到的，在哪個環節發生了。

後來，他們終於找到真相。

主管級的員工傳達了他們對改革簡報的心聲。

改革方案將組織進行大刀闊斧全面改造，給年長的主管階層帶來相當大的不安，而這個不安超過黑岩的預期。

黑岩等人事前下足功夫，防止現有的經營團隊或分店長等個人的不滿。

但是，就像仙台分店的插曲一樣，那些抱怨卻來自於組織的底層。分店長等人開始注意部屬的反應。

當主管想罵部屬說：「業績掉這麼厲害。跑勤快一點！」他們也擔心背後不知道會被怎麼批評。

「我已經沒有辦法管我們分店了。當大家知道分店長要走人時，我再也叫不動他們了。」

黑岩聽到有分店長這麼說，覺得真是丟臉極了。他覺得這種上司就是不受尊重的類型。

然而，黑岩的判斷的確是太天真了一點。

一般說來，如果只是單純的人事交接的話，大都是在維持業績的情況下，盡本分地將工作交接給下一任，所以組織不至於太過散漫。

但這次的改革，不管是對分店長或部屬來說，自己的部門即將消失，總公司的董事也會走馬換將。所以當業績滑落時，就搞不清楚罵人的跟挨罵的立場。

大家很早就察覺到這樣的狀況，面對一個快要消失的部門，他們不再有歸屬感，於是部門的「心靈鏈」就被切斷了。

這個營業組織原本就虧錢而且反應遲鈍。他們不認為一個業務只是鬆懈一下而已，會對公司整體帶來多麼嚴重的危機。

大家惶惶不安，一碰面就是交換人事消息，大家只關心組織何去何從。

另外，讓事態更形惡化的是高層經營團隊的崩盤。

吉本董事長以下的經營團隊聽了四月份的簡報以後，完全失去活力，陷入停擺的狀態。

有哪一位董事將被調職時，就會馬上請公假提前離開亞斯特工廠銷售系統。

他們的理由是：「舊的經營團隊早一點消失，才能讓新的經營團隊融入這個部門。」

聽起來他們好像很關心這家公司似的，其實是一種藉口。這是因為新的經營團隊沒有人會要求「快點融入」即將瓦解的舊組織。

正常來說舊部隊的指揮官應該留在前線，努力維持士氣與規律，準備跟新的制度交接。

但在亞斯特工廠銷售系統中，卻是員工默默地目送這些指揮官率先消失。

這個情勢讓黑岩感到扼腕，但是他卻不打算追究這些前輩。

內部的張力斷了，即使勉強綁住急欲逃離前線的人，也無法期待能夠發揮什麼太大功效。

相反地，如果將這些「D1更迭淡定型」的人長期留在公司，說不定有些人會出現「D2更迭反抗型」的舉動。

如果內部的改革反抗派開始繁殖，就會愈來愈危險。這樣一來，反而會讓事態更為複雜。

黑岩反省著：「或許從發表改革方案到變更組織這段期間，應該要用更短的速度衝刺才對。這不就是人事的鐵律嗎？」

然而，這次不是普通的組織變更。所以有許多**無法躁進**的原因。

如果勉強去做的話，就可能影響策略的判斷，讓員工誤解，以致無法引起共鳴等等，造成內部更大的混亂。

【圖表5.2】改革的「死亡之谷」

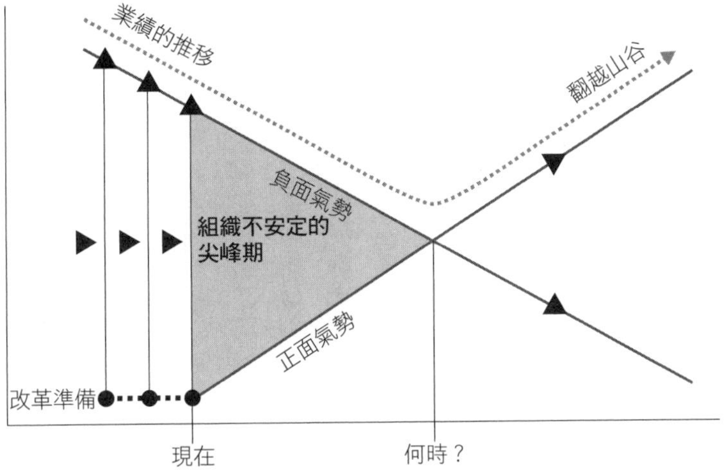

這樣一想的話，黑岩就覺得他別無他法，這是他不得已的選擇。

然而，這個事業組織本來就扮演著敗者的角色，如此一來組織的功能就更加不健全。

黑岩等人所開始面對的現象，是組織變革時常會發生的混亂之一。

從著手準備變革開始，到員工看得到改革效果之前需要一些時間。

在沉滯的組織中，過去的**負面氣勢**一直運作著。於是，若加上公司內部改革反抗者的爭執，負面氣勢就會更加速。

相對的，如果改革是具備改革思想、具體的執行劇本及強而有力的領導人（改革之所以艱難是因為這三點很難兼備）時，最後就會啟動改革的**正面氣勢**。

而驅動哪一種氣勢，則是由員工來決定。

然而，剛開始正面氣勢只基於「假設」向

前推進，暫時看不到什麼成效。

對於變革而言，這是最危險的時期。這個混沌時期拖得愈長，改革領導人就會愈危險，而製造危險的也是員工。

「假設」會讓大家惶惶不安，產生**猜疑**。大多數的員工無法預測經營的走向，因為他們沒有機會累積相關的經驗與視野。

因此，領導者要洞燭先機下決斷，用大家懂的語言溝通，穿越不安與混沌。

然而，在大家還不大了解的時候，領導者就要背負下決斷的孤獨宿命。

改革如果順利進行的話，正面氣勢就會開始凌駕負面氣勢，改革追隨者（follower）會移動到改革推動者那邊。

然後，成效會開始浮上檯面。那時，就有機會說：「我們終於上岸了。」

重點40 「危險吊橋」的中央會發生許多無法預期的事情。改革者若想穿越這個最孤獨不安的時期，只有鐵下心堅持自己的想法，「該出手就出手」，「自己是對的」。

這二股氣勢總有一天會來到交叉點。

失敗的改革永遠不會有這個交叉點。有些企業一年、二年重複著紛紛擾擾，最後讓改革變得煙消雲散。

其背後必定有弱勢的經營者與保守的員工，專門在背後放冷箭。

話題再拉回亞斯特工廠銷售系統。

任務小組緊鑼密鼓地進行最後的作業。他們根據每一位業務的個性，分派到合適的BU1至BU3等營業組織。

這個作業需要熟悉當地客戶的分店主管協助。為了讓他們願意協助，便需先發表改革劇本，所以任務小組就只剩下這個作業。

任務小組拚命地工作，大約兩個星期以後的六月一日，總算對外發表所有員工的分派名單。各個業務單位的經營團隊全部底定。大部分的主管級至少都分配到自己熟悉的地方，於是大家就開始定下心來。

年輕的BU董事長底下，陸續出現資深的主管級部屬。因此，內部必定會潛藏許多不滿。

然而，在發表這份名單時卻沒有什麼問題浮出表面。畢竟能夠加入一家小型公司般的業務單位當經營團隊的一員，是值得高興的一件事，所以感覺上大家都一副很投入的樣子。

但在名單發表之前，員工的不安卻達到頂點。

還剩下四個星期，新的制度就要開始了。

業務已經知道自己分派到哪個業務單位與負責哪個地區，所以便開始進行工作的交接，去跟客戶打招呼。

川端祐二到處奔波提醒大家：「不要忘了這個月的業績目標。」但他其實已經有心理準備六月份的訂單會更下滑。

發表完人事名單以後，任務小組的作業就全部結束。

史上最低迷的時期

終於，新的經營團隊成員進入最後的準備活動以推行新的制度。內定的董事長川端祐二將BU董事長星鐵也、古手川修、赤坂三郎等人找來，給他們的第一個工作就是總結各個業務單位的商業計畫。

他們三個人召集各自的部屬，在管理顧問五十嵐的建議下進行作業。當然，策略的架構用的是任務小組構思的原案。

但負責實際事業責任的業務單位，他們的經營團隊重新研擬商業計畫，制定「自己的計畫」，因為他們一定要達成自己所訂定的年度預算目標。

各個業務單位就如此地進行最後的準備活動。

舊制度最後的六月份的訂單掉得非常厲害，比去年同月少了百分之四十一，創下歷史上最低的訂單金額。

市占率掉到百分之十三，當然也是歷史新低。這個狀態再持續下去的話，改革就會毀掉這個事業。

訂單減少使得四月到六月的第一季虧損，換算成一年份的虧損，逼近四十億日圓。

這個時期，亞斯特工廠銷售系統瀰漫強烈的「負面氣勢」。

黑岩莞太上任以來已經九個月。因此，他已經沒有理由將這個負面氣勢推卸給上一任的人，所有的一切都是黑岩自己規畫的。

黑岩曾跟香川董事長保證說：「我打算在改革的第一個下半年，讓單月業績轉虧為盈。」但第一季的業績卻這麼糟糕。

他到底能不能實現他的諾言，誰也不知道。

然而，黑岩莞太沒有因此動搖。他想：「我的做法是正確的。」

但是，並沒有任何證據可以證明，誰也看不到「正面氣勢」的實際狀況。

最幸運的是，香川董事長在一旁默默守候著。

如果香川董事長的神經很快就撐不住的話；如果他在這個時候開始懷疑黑岩的改革劇本的話；如果總公司有人出面質疑，而董事長又靠過去的話；他就會馬上改變對黑岩這個改革者的態度。

然而，香川五郎卻像一座山一樣，動也不動。

改革的九大步驟

當公司的改革順利進行時，一定是這九大步驟都一步不差地落實。改革不順利時，一定是這九大步驟在哪一個環節出現障礙，扼殺了改革的氣勢。所謂的「改革九大步驟」是我在分析經手過的改革委託案時，察覺到的一個共同模式。

事實上，到本書第一版八刷為止時我都稱為「改革八大步驟」。之後便改為「改革九大步驟」。我是在以前的步驟一前面加上一個新的步驟當成步驟一，過去的步驟一變為步驟二，步驟二

【圖表5.3】改革的九大步驟

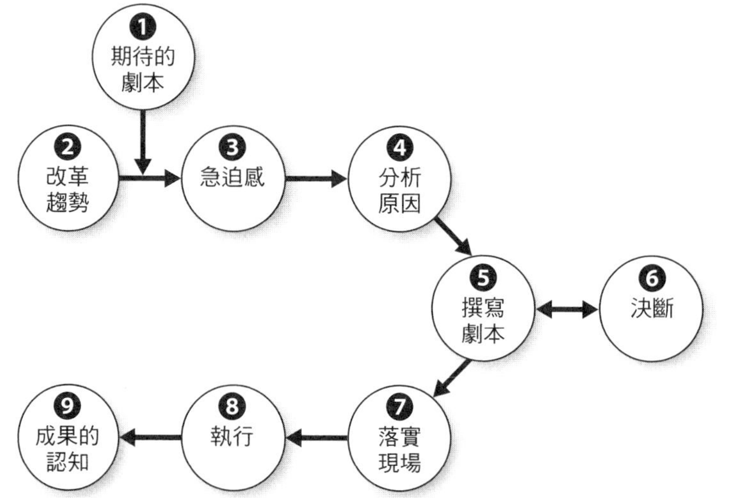

三枝匡的經營筆記 5

變為步驟三，這樣的將各個步驟的編號改下去。我為什麼要這樣修改呢？這是因為新的步驟一本來就包含在從前的步驟一中，將它抽離出來是為了讓這個步驟更明顯易懂。

黑岩莞太等人的改革小組到此為止都緊緊遵守「改革的九大步驟」。多虧如此，所以即使他們快速的推動改革，都還能夠繼續向前進，沒有掉落「死亡之谷」。

步驟一：期待的劇本

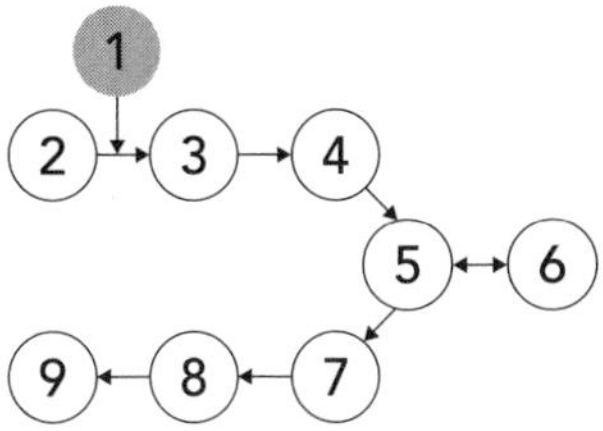

強而有力的領導者或組織需要判斷眼前的狀況有什麼問題，還要具備各種「判斷標準」。當在判斷事業是否低迷或商品是否滯銷時，可以根據計畫書或營業目標額的達成與否做為判斷標準嗎？即使該「判斷標準」在計畫書上有一個明確的數字規定，但有時也只是當事者內心的期盼，不過是反映一種「堅持」「意念」或「應有的樣貌」而已。

不論如何，一位敏捷的成功者會有一個明確的「期待的劇本」知道自己想怎麼做。相對的，當實際情況不順利時，強而有力的領導者會想「這樣下去不行」「一定得想辦法」而採取各種行動。

在改革公司的營運時，必須在這個步驟一中提出明確的改革故事、時程或改革後的「成果」。這個階段所發生的障礙（失敗或停滯的原因）是因為期待的劇本在曖昧中被擱置不理之故。我將這個現象稱為期待的劇本的**「缺乏具體性」的高牆**。

如果不能在步驟一具體的認知該有的「堅持」或「應有的樣貌」，那麼就很難在下一個步驟二中清楚判斷改革是否順利進行，而讓改革失敗且停滯不前。組織之所以會「缺乏危機意識」大概都是肇因於此。

步驟二：改革趨勢

優秀的改革領導者時常費盡心思地預測「如此下去的話，事業將如何發展」。他們會在組織內外走動，蒐集各種正確的資訊，起身力行（亦即現場主義）親自確認「問題底層」，預測未來事態的演變。我將藉由這些努力所擁有的高瞻遠矚，稱為「改革趨勢」。這是成功者所採取的第二個步驟。

事業低迷的組織大多在該有「改革趨勢」的階段，都未曾充分的檢討「現況的問題點」。因為他們不清楚問題所在，因此也不會有什麼改革行動。

總而言之，一個組織即使想要好好的「面對現實」，也是需要相當程度的努力的。我將步驟二的這個障礙稱為**「疏於面對現實」的高牆**。

組織中，能不能越過「疏於面對現實」的那道牆，關鍵在於該組織的領導者。

組織之所以陷入「疏於面對現實」的理由為：

❶領導者欠缺「面對現實」的能力（如經營素養不夠，或經營經驗太淺而無法看清問

三枝匡的經營筆記 5

題等）。

❷資訊不足（如內部報喜不報憂，資訊的分析或報告手法太過粗糙，以致大家疏忽問題的嚴重性等）。

❸領導者或幹部對時程的安排過於天真（抱持耽擱一下也無妨的心態）。

❹對目標不夠堅持（未盡全力經營）。

❺對於「未來目標」的判斷標準，從一開始就模糊不清。

最後的❹、❺這二項，是由於步驟一的期待的劇本中，**「缺乏具體性」的高牆**所導致的。「改革的九大步驟」即使勉強先行，只要前面一個步驟的操作過於隨便，就會引來這樣的後果。

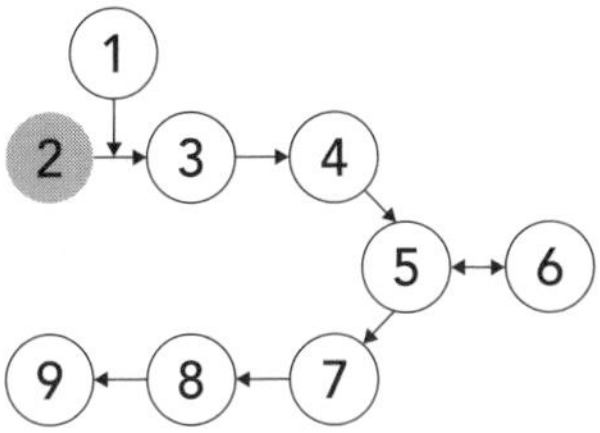

亞斯特事業部在黑岩莞太還沒來之前，也同樣看不到他們對「堅持」或「應有的樣貌」的執著。事業計畫即使不對也認為理所當然，部門嚴重虧損更不在乎。

香川董事長沒有收到正確的資訊，於是抱著樂觀的態度，認為「公司可以這樣度過難關」，然後就這樣做了三年的董事長。另外，他還相信春田常董過於樂觀的「趨勢分析」，所以又浪費了兩年。

當香川發覺不對勁而讓黑岩莞太上場時，才開始有簡潔的「期待的劇本」，繼而認識到何謂正確的「面對現實」與「改革趨勢」。

步驟三：急迫感

當嚴肅面對現實所描繪出來的「改革趨勢」，符合「應有的樣貌」時，我們就可以稍微安心。在這種情況下組織不需要改革，即使停止「改革的九大步驟」也無妨。

然而，如果「改革趨勢」脫離「應有的樣貌」，讓人感到不安，我們就會警覺「這樣下去不行」。總而言之，就會抱持「急迫感」與「危機意識」，而成為改革的出發點。

但業績不振的事業中有很多人都缺乏危機意識。即使問題嚴重，幹部或員工因為沒有感覺，就未採取任何行動，以致「改革的九大步驟」停頓。因此，事態就愈來愈嚴重。我將這個現象稱為**「缺乏危機意識」的高牆**。

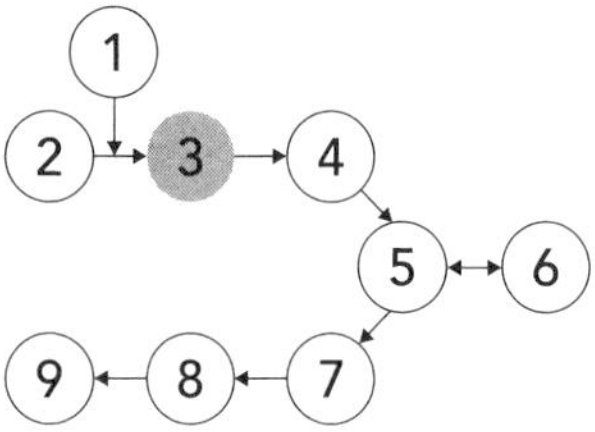

高層即使疾呼公司內部缺乏危機意識，員工的日常行動也沒有什麼改變。事實上，這裏也需要領導力。公司內部危機意識太低的理由幾乎都是領導力太差的緣故。

危機意識不會自然發生或下情上達（bottom up）。擁有幾十萬人員工的大型企業只因為一位CEO的交接就讓組織文化產生重大變化，例如：奇異（GE）的傑克·威爾許（Jack Welch）、NTT第一代社長真藤恒、日產汽車（Nissan）的高恩（Carlos Ghosn）等。總而言之，危機意識是由領導者所營造出來的。

一個成功的改革是在領導者的領導下從「強烈的自我反省」開

三枝匡的經營筆記 5

始。這並不是一件簡單的事。一定要員工不隱瞞對上層或其他部門的不滿，大家願意深刻的反省，肯去思考「我自己也不好」才行。

總而言之，關鍵在於公司的痛楚，需要傳達到**個人層級**。如果成功的話，組織就能自動自發維持危機意識。員工會對公司的痛楚感同身受，**自己**尋求解決之道。

步驟四：分析原因

對現況抱持危機意識的人必定會自問：「自己該採取什麼對策？」這個疑問自然會讓人思考「為什麼事情會變成這樣？」。換言之，在開始行動前需要重新分析原因。

以前的「內部常識」對於問題所談到的原因並不代表就是真正的原因。倒不如說是相反的情況居多。總而言之，關係者所思考的原因是表面的，所以大多隱藏背後的真正原因。然而，問題的原因並不是那麼簡單分辨得清楚的。這就是**「欠缺分析力」的高牆**。是否能夠越過這道牆有二項要素，那就是對❶分析技巧與❷分析原因的「堅持」（執著）。

當個人或者組織缺乏充分的分析技巧時，就無法逼近問題的本質。這與個人或組織的經營素養有直接關係。慢性業績不振的企業從平時就沒有什麼邏輯性的討論或重視數字的風氣，所以基本上，員工都不太擅長分析。

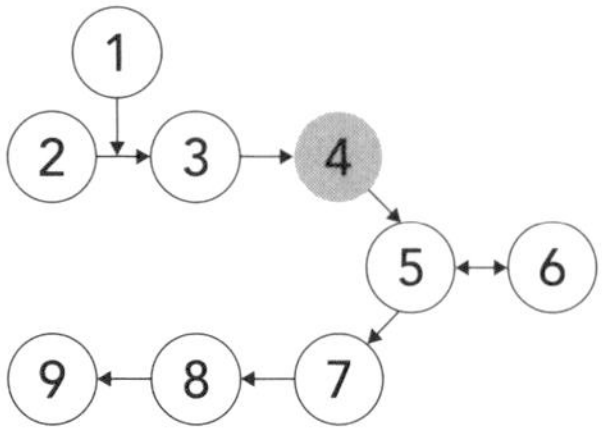

但是，即使具備好幾種分析力也還是不夠。因為在改革時，一暴露實際情形就可能會有人開始反抗，即使相關人員願意配合，也不見得能夠拿到必要的資訊或數據。即便如此，若不能堅持（執著）到底，不放棄地投入現場，也無法逼近問題的底層。

當看得到問題的產生機制時，應該盡量簡化，描述「原因的邏輯」。刪去多餘的因素，鎖定產生惡果的根本原因。

能否正確設定改革的切入面就是取決於這個作業。「原因的邏輯」如果夠單純，「改革的劇本」就會變得清楚。當原因的邏輯過於複雜時，改革作業就會變得複雜，增加無用的動作或反抗，有時變得亂七八糟失去改革的氣勢。

亞斯特工廠銷售系統的改革從分析到編寫劇本的過程中，「生意的基本循環」成為一個中心理論。改革的主軸如果有一個經營理論時，分析或劇本就會有故事性。

請各位讀者回想黑岩莞太等人在伊豆的集訓。改革能否有故事性，關鍵並非在撰寫劇本的階段，而是從整理「原因的邏輯」時便開始了。

步驟五：撰寫劇本

如果能夠找出引發問題的「邏輯」，就能依此架構「改革劇本」。

三枝匡的經營筆記 5

這點非常重要，因為一個成功的策略，往往有很單純的內容。而需要花時間才能說清楚講明白的策略（也就是複雜的策略）則極可能是差勁的策略。所謂差勁，是指即使執行也不會有太大的成果。

因此，「改革劇本」應該盡量簡單。黑岩莞太的任務小組花了四個月才完成這個作業，在痛苦中檢討各種改革的選項或風險。

內容差勁的劇本無法在員工的「心與行動」上留下一個深刻的印象。這就是**「缺乏說服力」的高牆**。為了越過這道牆，需要提出簡單且強而有力的劇本。

而且諷刺的是，簡單且強而有力的劇本反而不會讓員工心生猜疑或不安。太嚴厲而劇烈的改革方案則讓人對單純的改革或組織的改變產生反抗心理。

因此，重要的是：

❶劇本必須具備邏輯與權威做保證；

❷具備清楚易懂的故事性；

❸改革領導者能夠「熱情講解」，展現不退縮的姿態。

此時，讀者應該能夠聯想到黑岩莞太與任務小組的成員在內部所做的簡報，就具備這三項要素。

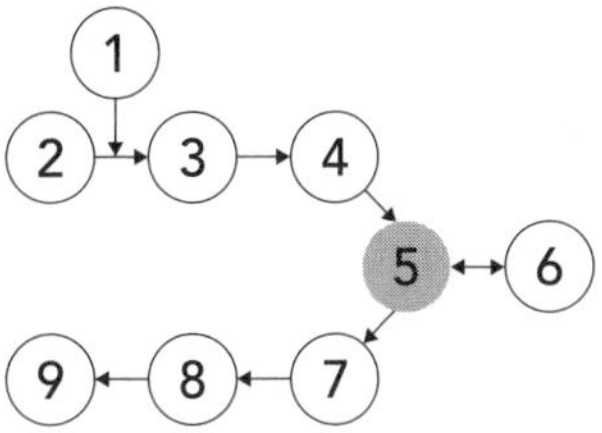

步驟六：決斷

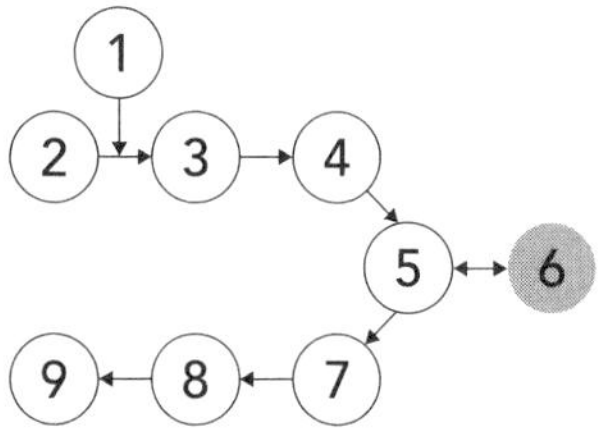

在撰寫步驟五的劇本的同時，步驟六的「一連串的決斷」也一併進行。如此一來，將讓改革的切入面變得更明確。在這個步驟需設定風險的高低與改革時程，決定整體的改革故事。總而言之，撰寫劇本與一連串的決斷需在同時間進行。

此時，我們將面對的是**「缺乏決斷力」的高牆**。

如果改革領導者打算不顧一切「放手」改革的話，他就得選擇風險較高的路徑，一步一步做決策。然而，如果缺乏黑岩莞太所具備的經驗與見識，同時「配合自己的能力」的話，是無法做下重大決斷的。

而且，當人類感覺到自己的資訊不足時（換句話說，亦即步驟五的作業太過散漫），就不知如何決斷。

特別是當那個決斷可能讓自己陷於困境時，就更難以做決定了。遇到改革的時程過於鬆散時，我們就容易拖延，心想「還不到決定的時候吧」。諸如此類，領導者做決斷時的條件將決定改革劇本的內容或其「敏銳度」。

最後，改革方案呈報給董事長或董事會，由公司來「決斷」是否可行。然而，那只是形式，真正決定改革與否的時間點幾乎都是在計畫階段，而重要的選擇也極可能是在那個階段被放棄。

三枝匡的經營筆記 5

因此，如果經營高層自己善盡改革領導者的職責，便不能坐等部屬提出四平八穩的方案，而是在計畫階段便親自參與。我將之稱為「半熟狀態下的參加」，而這是最重要的一件事。黑岩莞太每天在任務小組的工作房間裏早出晚歸，同步做出各種決斷以求改革的完美。

步驟七：落實現場

當改革劇本跨過步驟五中「缺乏說服力」的那道牆以後，接著就需要在各個部門中落實。

此時，需將第一線拉進來，集中說明改革方案。依部門別制定不同且具體的行動計畫，提示檢測改革效果的標準，並依此設定目標。

此時常常會發現，原本贊成改革的人到了這個階段會反對各個改革的內容，讓改革方案的細節變得曖昧或乾脆敷衍了事。

於是改革便面臨**「無法落實」的高牆**。

為了解決這個問題，改革推動者需要具備：

❶縝密的落實能力；
❷熱情的領導力；
❸處理內部派系紛爭的能力。

亞斯特工廠銷售系統的改革採用一種大膽的手法將組織整個重新洗牌。讓新組織的經營團隊自行決定商業計畫，取代由原來的部門推動改革的做法。

黑岩莞太、川端祐二與星鐵也等改革領導人不畏內部的反抗，跨過了「無法落實」的那道牆。在這個階段，改革者若稍微顧忌或略顯遲疑，便會讓改革在一開始就失速並墜落谷底。改革一旦啟動，無論如何就要突破「無法落實」的那道牆。

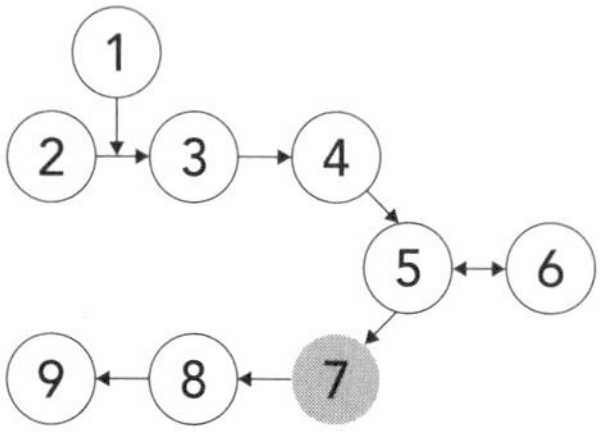

步驟八：執行

改革的準備告一段落，接下來步驟八的執行階段是一場最漫長的決賽。此時需要腳踏實地的一而再、再而三地反覆行動。其中，還不時會有預料之外的障礙阻撓改革的進行。

讓同一個人長年累月身處在改革的緊張中，並非聰明的做法。最好的辦法是在公司內部決定改革的「突出部分」，針對那個部分在短時間內一決勝負，一口氣推動改革。對象以外的部分則靜觀其變擱置不管。

有時視情況的發展，需在突出的部分中進一步縮小範圍嘗試新的手法，如果進行順利便橫向應用在突出部分，同時反覆操作。總而言之，表面上看起來轟轟烈烈的改革，在執

三枝匡的經營筆記 5

行時卻採取短兵相接的局部戰，集中精力反覆進行。而在開始構思劇本時，便需抱持這種思考方法。

日本企業的改革之所以容易遲鈍，是因為避開設定「突出部分」與「一氣呵成的一決勝負」（這需要相當程度的經營技巧與堅忍過人的體力）。

在這個步驟中將面臨**「後續力不足」的高牆**。

為維持改革的後續力，重要的是：

❶讓員工不斷回想原本的劇本或改革的意義（致力於雙向溝通，領導者不斷提示「目的」與「意義」）；

❷擬定執行計畫時，要讓大家容易看得到早期的成功（參閱第六章的「重點45」）；

❸領導者需熱情且持續帶領改革；

❹毅然決然捨棄那些行動永遠消極的員工等等。

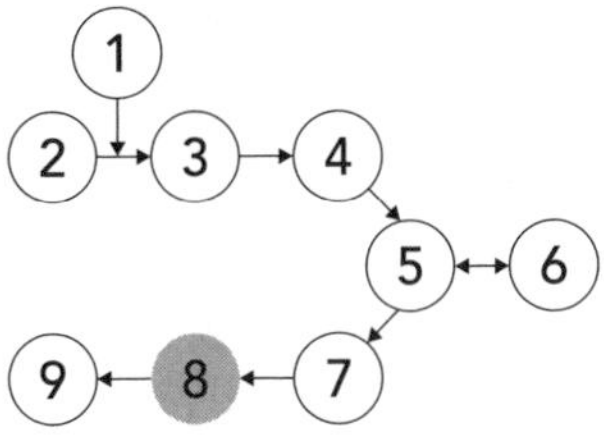

在改革的執行階段，一定會面臨這樣也不對、那樣也不對的情況，在錯誤中反覆摸索。如果發現基本的方法出錯時，必須回到步驟七的行動計畫。有時也可能需要回到步驟五修改劇本，然而情況糟糕到需要回歸原點，甚或嚴重到大家認為改革失敗的話，公司內部的熱情便會急速降溫，而被壓抑的批評派就會立即死灰復燃。

因此，步驟四與五的作業極為重要。一旦思考方式太過天真，便會在執行階段出現問題。

步驟九：成果的認知

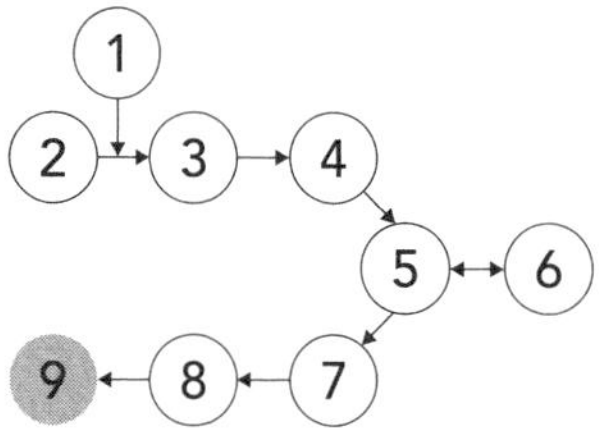

當改革成功時，便應正面肯定那些願意挑戰風險的改革小組所做的努力。即便改革失敗也應該讓經歷這些寶貴失敗經驗的人才有所發揮。以本書為例，需為改革負最大責任的人是支持改革的香川董事長與領導改革的黑岩莞太。

步驟九是為了孕育「下一個活力」。此時，將面臨**「缺乏成就感」的高牆**。

雖然像美國一樣金錢至上，採用獎金制的方式並沒有任何證據顯示有助於公司的長期發展，但日本企業提供給願意承擔風險的報酬卻也是少得可憐。改革成員為了拯救整體組織面對生死決鬥，但在人事升遷與金錢上都未獲得回報，公司往往是招待他們去高檔餐廳，說聲「大家辛苦了」就了事，不然就是事前極力誇獎，讓他們有所期待，等任務完成以後，又說為了公平起見，應依年資排序行賞之類的。他們所受的待遇連旁人都看不下去，讓人不禁搖頭公司對這些願意面對風險、推動改革的員工要欺負到什麼程度？

那些認為自己的付出得不到相同回報的人會覺得太可笑，等遇到下一個風險時就會失去挑戰的意願。這樣的背景再加上所謂創業

三枝匡的經營筆記 5

型的日本武士在日本企業愈來愈少，因此日本的經營人才便不斷枯竭。

適當的「成果認知」應該到什麼程度，將因改革的內容、成果的大小、公司的獎勵文化、經營者的態度而有所不同。

在本書的故事中，並未提及黑岩莞太等人所孕育出的成果獲得什麼獎勵。

如果像黑岩莞太或星鐵也這樣的人才也在讀者的公司中活躍的話，他們應該受到什麼待遇以表揚這個成果呢？或者各位公司的「獎勵系統」如何修正才能讓黑岩莞太這樣的人才願意面對下一次的挑戰？我希望藉由本書的拋磚引玉，讓各位在公司裏討論這個議題。

以上便是「改革的九大步驟」。聰明的讀者可能已經注意到了，事實上這個九大步驟並非專為改革而設計，其實也適用於**個人的事業經營**。總而言之，當一位中間幹部或者年輕員工能夠圓滿解決他所遇到的問題時，他的工作方式一定是遵循這九大步驟。

因此，我進一步延伸將此稱為「**經營行動**的九大步驟」。這是經營領導力的基本要素。九大步驟每反覆一次就會增加經營的經驗，累積經營技巧。

接下來，黑岩莞太等人要進入改革的執行階段了。到底他們的改革會有什麼成果呢？

第6章

腳踏實地且貫徹執行

◉執行改革

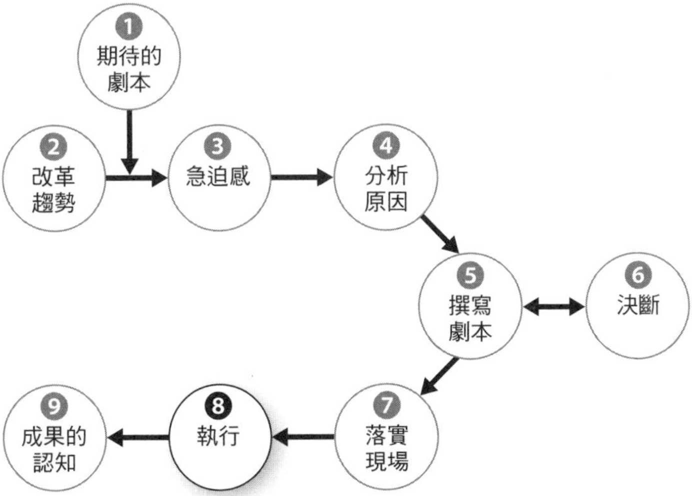

覺悟的開始

七月一日，亞斯特工廠銷售系統新的制度上路了。

會長黑岩莞太、董事長川端祐二、還有三位BU董事長，在惶恐不安中揚帆而去。

當天，新的亞斯特工廠銷售系統所有的三百六十名員工從日本全國各地聚集在東京。他們在總公司附近租借了一個會議場所，召開啟用新制度的誓師大會。

「把錢花在這種地方有意義嗎？」

黑岩與川端知道有些人語帶戲謔地私底下批評這三個月業績如此淒慘，根本就是新的經營團隊的責任。但是他們並沒有放在心上。

他們必須老實跟大家說，公司打算要割捨這個業績掉到歷史谷底，內部卻還無動於衷的組織文化。

一些過去從未參加開會的員工，如地方的內勤或工廠生產線的重要員工等也齊聚一堂，他們希望讓改革的概念滲透入每位員工的心底。

BU1部門研發工程師（二十七歲）的說法

當天的員工誓師大會反應非常熱烈。

全國的員工因為是頭一次聚在一起，所以大都彼此陌生，同時訝異公司裏竟然有各式各樣的人。

黑岩會長上台致詞：「我們無論如何要想辦法渡過這條河並且『上岸』。」

接著由川端董事長與其他三位BU董事長上台，說明商業計畫與今後的走向。他們的談話合情合理，會場的氣氛高昂。

然而，真正讓我感到驚訝的是，後來我去業務單位參加小組討論所發生的事。我因為隸屬BU1，所以就去那個會議室。

我驚訝的是，出席的人很少，**只有**一百三十四位左右。

或許用一般人的標準，這樣子的規模也不算小了。但是，亞斯特事業部的業務、生產、研發等所有員工加起來的話，可是有七百多人呢！以前還曾經高達一千六百人。當時的組織很複雜，完全不知道其他人在做些什麼。

但這次踏進飯店的會議室一看，C商品群的組織馬上一目瞭然。

它其實是一個簡單的組織，容許六、七位主管各自發揮。

「這種規模的話，遇到事情就知道該找誰處理了。」

我當時這麼想。那種感覺就像是一個盆地在煙消霧散後變得一清二楚一樣，對我而言是一個戲劇性的改變。

ＢＵ２部門業務（二十九歲）的說法

ＢＵ董事長古手川修先生在上任時跟我們說：

「這個房間裏的一百四十四位同仁如果肯改變的話，ＢＵ２事業部就能夠脫胎換骨。如果在場的各位不改的話，我們的事業就會維持原狀。**這是無可推諉的責任**。從今而後，我們的組織結構就是這麼簡單。」

「雖然我還年輕，這麼說可能會讓各位覺得太傲慢，但是我想問，我們究竟為何而活？我們每天大部分的時間都在這家公司度過，卻要面對如此悽慘的情況，如果我們就這樣過一輩子的話，那我們的**人生到底算什麼**？大家小時候的夢想又算什麼？」

我看了一下周遭，五十幾歲的同仁也都低著頭靜靜聽著。我覺得古手川先生好厲害喔！我希望他能夠勇敢地奮鬥下去。

那天我受到很大的刺激，那些從前對我來說不痛不癢的公司問題，事實上是自己「人生態度」的問題呢！

晚上有一場餐會，香川董事長也出席了。

我以前只在公司內部的文宣或報紙上才看到董事長的臉。我聽說總公司的董事長出席相關企業這樣的聚會是特例呢！

這一天從頭到尾都沒有冠冕堂皇的致詞。香川董事長的談話也同樣嚴肅。

「我希望大家用中小企業那種草莽的，十二倍的精神往前衝。我給各位兩年的時間。如果不能達成使命，我就關掉這個事業部。」

母公司最高責任經營者親臨子公司，在所有員工面前斬釘截鐵地這麼說。這些話在我心裏引起很大迴響。

香川董事長與亞斯特工廠銷售系統經營團隊的談話完全一致。讓我感覺兩者合而為一，依照**同樣的故事**行動。

BU3企劃專員（二十八歲）的說法

那一整天雖然相當緊張，但晚上的餐會卻達到最高潮（笑）。大家的心情都很積極。我覺得那是因為方針具體鮮明，每個人都知道接下來自己要做什麼的緣故。

可能正因如此，我都忍不住內心充滿希望（笑）。大家七嘴八舌的討論，我甚至有一種錯覺好像我們已經改革成功似的，也讓我對前途充滿信心（笑）。

這次很多人都留在原來的部門，沒有因為組織變更而被調職……但過了兩、三天以後，誓師大會的情況就都傳開了。

有些人聽到以後，還表示「我也好想參加喔！」現實的很呢！也不想想自己以前聽到改革就逃之夭夭（笑），我想人心就是這麼一回事。

看到這種狀況，讓我的幹勁倍增。我心裏想無論如何一定要讓這個改革成功。

組織的快速運作

這些三十幾歲的員工非常訝異業務單位的組織如此「小型」，但這種現象也在內部各種等級中出現。

舊制度的經營會議光是要聚集將近三十名的幹部，就要耗費一天。C商品群的議題總是一再後延。常常開完會也不知道決議了些什麼。

星鐵也召開的BU1經營會議規模不大，除了該單位的業務經理與研發經理等七人以外，黑岩會長與川端董事長也列席旁聽。

於是，從會議開始到結束便能針對C商品群深入的討論並當場做出決定。除非星鐵也請示，否則黑岩會長與川端董事長盡量不表示意見。

他們尊重BU董事長的權限與權威，在會議結束，其他幹部都離席後才提供他們個人的建議或下達指示。

這個業務單位的七名幹部中，有三位年紀比星鐵也大。其中一位還是星鐵也以前的上司鹿兒島茂雄。

然而，星鐵也的會議進行沒有一絲顧忌。而年紀大的幹部在開會以前也整理好自己的情緒了。

第一次經營會議結束以後，鹿兒島在大家的面前說：

「像這樣能馬上得出結論，真的是太棒了！我在想我們以前開的都是什麼會議啊？（笑）」以黑岩為首，在場的成員都點頭微笑。這個組織對他們來說相當新鮮。鹿兒島的一席話也算是給星鐵也的一種支持。

新的單位發生各種變化了。

但營業組織的變化更具有戲劇性。

BU2大阪業務（三十四歲）的說法

我們每個月一次去總公司開業務單位的營業會議。四、五名業務與總公司的人每個月直接溝通等等，這些都是我們以前想也想不到的事。

川端董事長就在我眼前，他一大早就跟我打招呼了。如果是以前的話，我兩年也才能看到董事長一次，總公司對我來說簡直像太空般遙遠。

首先，黑岩會長跟我們說明「太陽產業」與「亞斯特事業部」的經營狀況。之後，川端董事長說明「亞斯特工廠銷售系統」上個月的業績，接著由BU董事長古川修先生說明「業務單位」的經營報告與改革專案的進度。

這三位高層談話的內容與資訊之豐富，即使我過去在大阪分店待了十年也聽不到這麼多（笑）。

管理顧問五十嵐先生也來參加這個月的營業會議，用邏輯思考跟大家解釋新的營業策略。

ＢＵ２的製造部經理與研發部經理也都出席。以前，研發對我們來說非常遙不可及，這個會議竟然讓內部的溝通變得順暢，實在不可思議。

ＢＵ董事長古手川先生熱情地跟我們說，縮短「資訊鏈」與「時間鏈」，就能讓我們的「心靈鏈」更加親近。事實上，我也這麼覺得。

我們從第一天開始就稱呼古手川先生為「董事長」，年紀大的員工也都很爽快地這麼稱呼。

剛開始他自己看起來也不太好意思的樣子，連川端董事長都在偷笑。但他很快就適應了。

下午他跟我們解釋營業方針，並公布個人的業績。

營業活動的進度跟催比從前嚴格很多，簡直是天壤之別。有時還會聽到業務經理罵人。我想他是為了徹底破壞過去「做不做都可以」的文化，因此才故意這麼做的。反正第一次會議的前五分鐘就讓以前那種鬆散的氣氛消失無蹤了（笑）。

特別是不善於自我管理的人，比方說一天平均訪問不到兩家客戶，我們公司的生意再怎麼複雜，如果有心要做還是會動的。總而言之，那些偷懶的人都受到徹底的指導。我覺得這本來就是理所當然的事。

策略商品也變得比較明確，過去「隨便賣」的作風遭到完全否定。因為取消了分店長及營業所長，因此大家就能直接知道總公司的營業方針，並且馬上成為業務末端的活動內容。

新的業務部經理說因為這樣，業務的**反應**變得更敏銳。

業務獎金也相對提高。

對那些有幹勁的業務來說，會更想工作，當然沒有幹勁的人就比較辛苦。

總而言之，改革所帶來的變化並不是連續性的，而是有點革命的味道，一下子就天翻地覆了，所有事情都是這樣。

我好像能夠體會過去這個組織為什麼改變了幾次卻都沒有成功的原因，當想要改變一個組織時，就非得這麼做不可。

但是，公司內部還有很多跟不上這個變化的人、懷念過去氣氛的人或是無法忠實遵照新的營業方針行動的人。唉，人的身體是不會這麼簡單就動起來的啦（笑）！

有些人被罵也毫不在乎。

跟汽車或保險的業務比起來，我們算是懶散的。

大家都知道這個狀況，這家公司不管業績多麼糟糕，反正每個月戶頭還是會有優渥的薪資匯進來，而且上上下下都領得到獎金。

以前代理店或中小企業的客戶常說，你們公司就是這樣才會賠錢的（笑）。

我想接下來有些人會被淘汰，高層大概也知道吧？但是部門都虧損了，總不能老是吃閒飯。

BU1部門，前仙台分店次長（五十二歲）的說法

我覺得舊制度的業務工作太過複雜。這個也賣、那個也賣的，客戶也形形色色。但換了新的制度以後，內部起了戲劇性的變化。

我因為被分配到BU1部門，所以只要想著C商品群的事情就夠了。而要拜訪的客戶也比較集中，策略商品也只有兩項，客訴處理的支援也變得簡潔許多。

反正，從早到晚我**想的事情變得比較單純**。我沒有想到組織單純化以後，連帶著我們的工作及心理層面也變得這樣簡單。

還有一件事情很有趣。

在舊制度下，各地的業務常會收到亞斯特工廠銷售系統總公司、分店及營業所送來的各種文件或電子郵件，如營業指示、商品資訊、客訴資訊、人事通知、總務的聯絡事項等等。再加上總公司事業部產品經理、研發中心或工廠等也會傳來類似的聯絡事項或通知。

有一次我調查了一下，不要嚇到喔！每一位業務一個月所收到的文件，還**不含**簡單的電子郵件，平均竟然有三百件耶（笑）。換算成書面的話要超過五百頁呢！

如果規規矩矩地讀這些文件的話，根本沒有時間跑業務了（笑）。

因為不可能全部看完，所以最後大家就不放在心上。我覺得黑岩會長批評得真對，他說以前總公司的商業策略「在第一線只是有名無實」。

總公司或工廠發文的人認為自己發送的都是重要的聯絡事項。但是對接收的業務來說，卻不是這麼一回事。

將書面文件改成電子郵件以後，總公司的人覺得他們「節能」成功，但是當聯絡事項像雪片般飛來時，只會讓第一線更加困擾。龐大的資訊量簡直可以用暴力來形容。

以前的董事長或營業部經理雖然都說了很多大方向，卻沒注意到自己的指示竟然因為這樣在末端蒸發了，他們根本都不關心實際狀況。

重點41　當組織或策略的矛盾未經解決就在公司內部傳達的話，最後就會對末端業務在接洽客戶時帶來不好的影響。反之，當業務在接洽客戶時，只要看看自己公司的弱點或矛盾，大多就能看出內部的問題所在。

在新的制度中聯絡事項或通知的數量減少了，只剩四分之一左右。所以，我們都能好好的看完。

總而言之，我覺得業務的認知變得單純這件事影響很大。

接近客戶

從前，只有總公司亞斯特事業部的業務部經理才有辦法整合「創作、製造、販賣」這件事。而在新制度中，這個角色則跳過總公司的業務部經理，甚至是亞斯特工廠銷售系統的董事長，直接由BU董事長擔任。換句話說，事業責任連降了兩級。

因此，亞斯特工廠銷售系統的會長與董事長的主要功能，倒不如說類似一種策略性的「橫向串連」，去「支援」各個BU董事長或看管各個BU，以防各做各的。

改革最重要的是取得縱向與橫向的平衡。

黑岩會長身為執行長（CEO，chief executive officer）背負整體策略的責任，同時就功能來說，是重點性地監看市場與業務狀況。

另一方面，川端董事長則身為營運長（COO，chief operating officer），負責整體營運，同時就功能來說，是引進全公司共通的手法以降低營運成本，推動品質提升專案，研發縮短生產交期的方法等，調節整個組織，以防BU部門各自為政或重複作業等等。

「不要以為自己是單槍匹馬在作戰喔！」

川端董事長常常跟三位BU董事長這麼說。他常用「**管理團隊**（management team）」這個字眼。

黑岩會長與川端董事長在新制度一上路以後，就開始積極地拜訪客戶。

當任務小組還在作業時，他們就已經掌握到市場上終端客戶的不滿了，特別是品質方面最令人詬病。

代理店也對亞斯特工廠銷售系統抱持強烈的不信任感。除了提升品質以外，如果不能提供可以賺錢的機制，很明顯的，代理店是不會對他們有興趣的。

橫濱市的終端客戶A公司董事長（六十二歲）的說法

半年前，事業部經理來我們公司的時候，我說得很不客氣。

三年前我們投資一大筆錢買亞斯特的產品卻馬上故障了，之後修了好幾次還是不能用。我後來受不了，就老實跟他說不會再買他們的產品。

但是，我們公司現在還有不少亞斯特的產品，所以抱怨歸抱怨，也只能繼續跟他們來往。

昨天，新的董事長川端先生來拜訪我，仔細地跟我說明這次改革的內容，他說他們一定會愈變愈好，請再給他們一點時間。

我自己也是老闆，聽了以後有點感動喔！被他的改革跟熱情感動呢！

他也給我看新的提案。他想辦一個「技術交流」，讓我們公司的技術團隊與亞斯特工廠銷售系統的技術團隊彼此提升維修技術與研發未來的技術。

我當然沒有反對。不管我買不買他們的商品，我都想先從這個部分開始改善。

如果商品不再故障，對我們來說當然是最好不過的了，廠商的技術團隊如果肯到我們這種中小企業來技術交流的話，就能提升我們員工的技術水準。

而且上個星期，有一個BU董事長，叫做星鐵也，他跟我過去對亞斯特工廠銷售系統的印象有一點不同，太年輕了，嚇了我一跳，不過他倒是很有精神。

或許是我想太多，我覺得亞斯特工廠銷售系統的業務從這個時候開始態度有一點改變了。他們比以前反應更快，或者說變得比較認真。

總而言之，我覺得這家公司正在改變。

代理店大山商事執行長兼董事長大山郁夫的說法

七月初，黑岩會長與川端董事長連袂拜訪我們。

他們跟我解釋如何在半年前準備改革什麼的，開誠布公的程度讓我驚訝。

我當時聽得很訝異，比方說，關掉分店、全國的業務分成三塊，這些都是我想也想不到的，他們做得很徹底。

我還見到古手川先生，他的頭銜很特別，是BU董事長。他也是一位精神奕奕、神采飛揚的人。

跟他一起來的還有我從前就認識的業務部經理，因為很久不見了，我覺得他的臉及眼神都變得幹練許多。

如果我有什麼抱怨的話，古手川先生，才好像四十一歲吧？他也會不服輸地大聲跟我回擊，而且還振振有詞的。我覺得這樣也很好。

而且對於年紀大一點的業務部經理也不客氣的下達指示。

我問黑岩會長：「這樣說可能太沒禮貌了，像川端董事長或古手川先生這樣的人，以前都藏到哪裏去了？」（笑）

黑岩先生笑一笑說：「我也在公司裏面找了好久，才被我找出來的。」

當一家公司發展到像太陽產業這樣大的時候，裏面一定臥虎藏龍吧？不，我這是在諷刺喔（笑）。黑岩先生還沒來以前，這些人都是被活埋的一群。

我身為亞斯特代理店公會的會長，川端董事長跟我提出一個振興代理店公會的方案。

他的提案讓本來搖搖欲墜的代理店政策變得明確，所以話題自然而然就轉向召開代理店公會的臨時總會。而且還希望一個月之後就召開呢。

工作的速度完全不同，所以我們這邊也手忙腳亂地動了起來。

臨時總會當天，太陽產業的香川董事長也出席酒會了。我想破了頭，也不記得過去三十年曾有太陽產業的董事長來參加我們這種代理店的聯誼會。

而且，他的致詞還相當精彩呢！

「今天非常感謝各位代理店的朋友撥冗出席這個酒會。我身為太陽產業的董事長，卻疏忽了亞斯特工廠銷售系統的事業。我痛定思痛以後，希望能重整這個事業，懇請各位不吝協助。」

東京證券一部上市公司的大企業董事長如此放下身段，在大家面前反省，讓代理店的老闆們都嚇了一大跳。

亞斯特工廠銷售系統的幹部或業務也都在場，會場上也放映了簡報說明經營方針，但都是過去所沒有看過的積極態度。有一種跟不同公司在做生意的感覺咧（笑）。

我當時心想，黑岩會長與川端董事長才花半年就做到這個地步了呢！

如此一來，我們覺得自己也不能再這樣混下去（笑）。我們的作為如果**不符身分**的話，下次被批評的就會是我們。

當我從臨時總會回來以後，馬上就把我們的常董與業務部經理找來，跟他們說盡量去推亞斯特的商品。我想其他代理店也是一樣的吧？

驚人的變化

讀者如果知道新的制度於七月一日開始以後，亞斯特工廠銷售系統的業績突然急起直追，心裏一定會想：「哪有這麼好的事？」「這個故事是編出來的吧？」

【圖表6.1】亞斯特工廠的訂單成長率

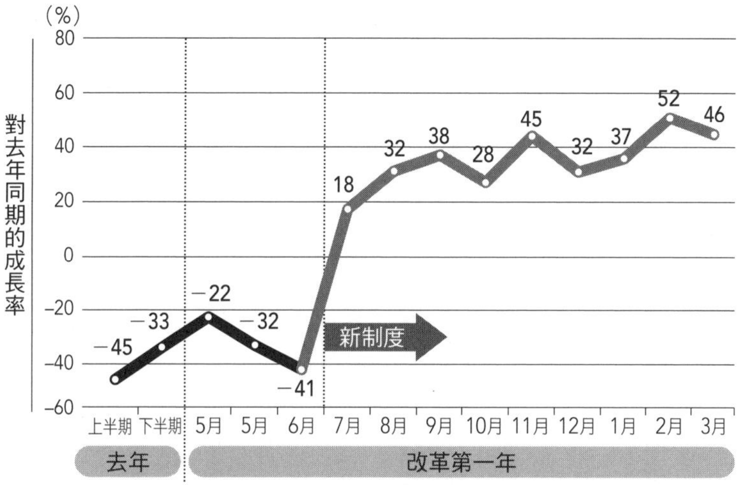

然而，如果各位對【圖表6.1】感到不可思議的話，事實上裏面的數字還經過相當程度的刪減呢！

那是為了保護書裏引用的企業，而且如果我原封不動地還原實際所發生的變化，各位讀者也會覺得不夠真實吧？

但是當一個改革劇本是經過千錘百鍊所構思出來的時候，事實上也曾出現過一些案例，它所產生的變化比這張圖表來得更誇張。

前面已經說過，在舊制度中六月份的最後訂單遽減，比去年同期減少百分之四十一。這是創歷史紀錄的新低。

因此，從四月到六月的第一季面臨虧損十億日圓（換算成年的話，約為四十億日圓）的緊迫危機。

當時，亞斯特工廠銷售系統正瀰漫一股強大的「負面氣勢」。

然而，當移轉到新的制度時，七月的結算顯示訂單大幅提升，比去年多出百分之十八。這是一個驚人的谷底回升，竟然從減少百分之四十一，一口氣向上躍升。

但是，黑岩看到這個好的改變卻覺得：「改革才剛開始，不可能有什麼具體的效果。這應該是上個月的反彈而已。只是過渡性的現象。」

黑岩與川端的想法是，其實這是因為業務們因部門與負責區域的調動，大家忙著交接業務而疏忽外務工作。中高年齡的員工則是因為地位岌岌可危，加上他們本來就對工作不投入。

但當大家的去向決定了以後，這些人從七月一日開始便拚命地到處接洽客戶，所以本來談到一半的生意就一口氣成交。

但實際上卻開始出現不同的現象。

到了八月時，業績比去年更高，月底結算起來竟然還提高百分之三十二。

黑岩與川端也是一副搞不清楚狀況的感覺。但是，這個時候應該還看不到改革的成效。他們想一定是第一季的反彈而已。他們只能這麼解讀。

然而，當接下來九月份的訂單比去年高出百分之三十八時，他們就開始思考：「或許這是真的也說不定。」

當經營團隊遲了三個月才拿到業界的市場資料時，大家都相當感動，大聲拍手喝采。

他們發現一個事實，當景氣低迷時市場不會成長，如此說來，很明顯地，亞斯特工廠銷售系統的業績之所以提高，是因為市占率擴大之故。

這個組織近十年來一直吃敗仗，現在才開始轉敗為勝。

當然，他們並沒有採取低價競爭。各個業務單位是依照川端董事長的指示加強每一筆生意的利潤管理，因此毛利率反而有提高的傾向。

所以，當訂單增加時，利潤也直接提高。

如此立即的反彈現象，超乎黑岩莞太的預期。六年前他在東亞技術時，也沒有發生這樣的事。

黑岩等人雖然是「腳踏實地」推動改革，但可能這麼快就看到成效嗎？如果這是真的，那麼原因為何呢？

最主要的還是要歸功於組織變得簡單，高層的經營想法開始直接下達至底層了吧！

另外，員工聽說老闆「只給兩年時間」，大家都信以為真，沒有人認為只是說說而已。員工開始有危機意識，**自動自發**的行動比什麼都重要。

公司內部對於這種有條理的規畫市場區塊或新的研發策略，及合理執行的經營模式都覺得新鮮。

但是，再怎麼說這些方案也不應該這麼早就看到具體效果。

如此說來，就只剩下一個可能了。那就是這些成效大部分歸功於心理因素，換句話說，最可能的理由是大家開始有**幹勁**。

這三個業務單位的訂單同樣急速增加，就是最好的證明。

整體市場維持不變，但競爭狀況各自不同的三個商品群卻突然產生共同的氣勢，這只能說是內部因素所引起。

員工大家同心協力，才會產生這麼大的能量。

「改革效果實在好過頭了。」

黑岩莞太心裏這麼想著。

他不能不懷疑，如果單單是心理因素就能有這種效果，那麼「這七年來的事業低迷，而且還背負一百五十億日圓的虧損又算什麼呢？」

總而言之，這個組織的問題在於**太過散漫**。

重點42 改革劇本如果簡潔的話，光是口頭敘述就能振奮員工的情緒，刺激他們行動，很快的就看得到改革成效。在改革的第一年如果就能看到**戲劇性**的成果，大半是因為員工「士氣」高昂之故。

重點43 在員工「士氣」高昂，出現改革成效的同時，便需趕緊建構經營改革的「結構強項」，因為，第二年的勝敗關鍵在於「結構性成效」。

黑岩會長要經營團隊繃緊神經。

如果這個突飛猛進的成長單純是心理因素的話，就不可能一直持續下去。再來有可能會疲乏或一成不變而失去優勢，一發生什麼負面事件就很有可能功虧一簣。

所以，應該盡快決定「創作、製造、販賣」的架構，讓策略徹底落實到組織末稍，讓改革劇本做到「即使偷懶一下也能夠持續發揮功效」才行。

重點44 優秀的改革劇本並不是要大家在腦子裏「拚命努力」，而是讓員工在一個**架構堅強**，故事簡潔的劇本及有擔當的領導下開始「打拚」。

星鐵也與古手川修等人加緊執行改革議題。

但最幸運的是內部掀起一股推波助瀾的氛圍。那是因為員工知道業績提升了以後，大家都信心倍增勇氣百倍。

訂單雖然比前一年增加了，但是月份的結算還是嚴重虧損。但是他們開始浮出水面的這個事實卻帶給大家無限的勇氣。

重點45 在改革中，即使成效不大，如何讓大家看到「早期成功（early success）」是極其重要的一件事。如此員工才會有信心，認為「我們是對的」。而且，也將成為消弭反對改革的人猜忌的最佳武器（請參閱拙作《經營力的危機》）。

星鐵也與古手川修都認為，如果任務小組的改革劇本能夠發揮功用，在改革初期鋪出一條康莊大道，也不枉費他們那麼辛苦打拚了。

新的「銷售故事」

新制度上路以後的第二個月，也就是八月初，ＢＵ２開始準備推出新的商品。

ＢＵ董事長古手川優先處理的就是在外面四處奔波，洽談生意或研擬代理商的對策。

因此，川端董事長與管理顧問五十嵐兩人便協助訂定新商品的銷售計畫。

這是整個公司第一次推出的新商品。

他們將它當作實驗品，打算採取跟以往不同的做法，藉這個機會訂定「新商品引進計畫」、「業務市場開發工具」與「策略訓練」等手法。

重點46　每當嘗試一個新事項時，應該**思慮周全**地研擬一套**新的手法**並累積經驗。然後，依照改革概念（如策略鏈等）嵌入符合現場的具體工具。這個步驟一旦不夠徹底，員工就會故態復萌，讓改革變成一種想法而已。

新商品的籌備由ＢＵ２的幹部，負責市場規畫的大瀨靖司（四十四歲）承辦。

老實說，當時他覺得新制度沒什麼意思。看起來就只是一群叫做任務小組的人在忙一些大家都不清楚的事情，他當時有一股疏離感。

而且，ＢＵ的董事長竟然還比自己年輕，讓他很不舒服，內心憤憤不平。

第一次開會的時候，五十嵐問大瀨：

「請你說一下這個新商品能為客戶帶來什麼經濟上的好處。」

「新的商品在性能方面提高了三成。」

「我不是問你性能，我是問客戶的經濟效益喔！」

半年前，負責這個商品研發的貓田洋次在跟黑岩面談的時候，也被問過同樣的問題，他的回答跟大瀨一樣，也是這樣被糾正。

用戶的經濟利基需要各種因素複雜的配合才能發生作用。若想正確的討論，必須先弄清楚客戶的詳細工作內容。

過去亞斯特工廠銷售系統的員工很少接觸終端客戶，因此就本能地逃避這個問題。

「我們公司的商品是不受印象或流行影響的。如果連經濟上的好處都說不清楚的話，業務怎麼去推銷呢？你的說法好像是只要『技術性能』夠好，客戶自然就會買，所以怎麼賣是業務自己的事。」

大瀨一句話也說不出來。

然而，當時他還不覺得有必要去做新的市場分析。

他心想只要將過去的資料改良一下就好了。因此，他就交代給部屬處理，自己忙其他的事情去了。

他雖然對於改革沒什麼興趣，但是，因為這個新商品他花了許多時間與心血，所以也是希望能夠成功打入市場。

上面催了他幾次以後，大瀨不得已只好花半天時間趕出草稿，去跟川端董事長與五十嵐報告。

但是川端董事長只不過將那份資料看了一、二分鐘，就抬起頭，瞪著大瀨。

「你為什麼對這份工作這麼馬虎？」

他沒想到董事長一眼就看穿自己敷衍了事。他心想，川端跟以前的董事長都不一樣呢！

「你做的『市場開發工具』可是關係到全國業務的業績。你是負責市場規畫的，還有什麼比這個更重要的嗎？」

被這麼一說，大瀨不自覺地找了一個很笨的藉口，結果反而透露出他對改革不感興趣。這讓川端更是火大：

「你在說什麼啊？不管是業務、研發或是工廠，大家都為了拯救我們的虧損而拚命著，你不要一個人在那裏胡搞瞎搞！」

川端董事長說完以後，就走出會議室。大瀨心想，這下完蛋了。

幸好管理顧問五十嵐還在會議室裏。所以，他就定下心來，再向五十嵐請教。大瀨重新篩選應該檢討的項目，他才發現這個作業比他想像中複雜多了。

當做完分析以後，意想不到的事發生了。

根據新的「客戶觀點」，計算新商品的對象客戶與經濟利益以後發現，不用幾天就可以有驚人的報酬率。

如此一來，即使新商品訂價再高，客戶也可以在短期內回收，所以就一定會樂意購買。亞斯特工廠銷售系統研發出這麼一個高利潤的明星商品。這才是大家一直在找的「策略商品」，不是嗎？

「我的分析正確嗎？」

大瀨問過自己無數次，他的煩惱與任務小組成員的一模一樣。

於是，他就親自走訪幾家客戶，驗證自己的計算是否正確。

他看到過去自己所忽略的客戶的新的想法。當他將這些納入市場規畫時，才對自己的分析確信無疑。

聰明的讀者應該早就注意到大瀨的行動相當奇怪吧？

只知道從自家觀點推出新產品的企業（指被傳統的「產品輸出（product out）」概念所束縛的企業），其員工就只會用傳統的理論來解讀客戶。

不管概念上如何呼籲，「以客為尊」「站在客戶的觀點思考」，一旦用新的邏輯詢問他們客戶的實際狀況時，就會得到「以前沒有這麼想過」「要問客戶才知道」這樣的答案。

透過這個作業，大瀨頭一次發現「自己對客戶其實一無所知」。如果不給員工概念與分析工具，就強迫他們作業的話，將很難扭轉他們的思考模式。他就像貓田洋次幾個月前被黑岩莞太痛斥一樣，努力穿過了那條隧道。

過去屬於「B3內心反抗型」的他藉由這個經驗，轉變為「A3積極行動型」。

布下具體改革招數

BU2市場企畫大瀨靖司（四十四歲）的說法

我在五十嵐先生及川端董事長的指導下，完成了新商品的「推銷邏輯」。這個「市場開發工具」是為了協助業務去推廣市場的，因此，我們就先在業務面前演練一遍。

總而言之，我算是改頭換面、重新做人了（笑）。同時，這也是一個劃時代的創舉。因為這是新的**業務培訓**方法。亞斯特工廠銷售系統到目前為止從未舉辦過員工訓練或業務研習之類的。

根據川端董事長的說法，日本的經營方式一向以來認為員工教育是美國人創造出來的幻想，換句話說就是認為那是騙人的。

大部分的日本企業都不願意將錢花在員工教育上，而是用草率的集體研習矇混過去，現在，反而是美國企業更願意投資在教育上。

我們將BU2的所有業務與研發工程師集合在研發中心。

由研發新商品的工程師擔任「老師」的角色，採取一對一的方式集中訓練，教業務熟記商品知識及練習如何推銷，最後還有「筆試」，並且威脅他們「考不好就沒獎金拿了」，所以第一天大家都拚命地學習。

上從業務部經理與研發部經理，下至年輕的業務與研發人員，在這兩天的特訓中都一起度過。這是過去我們公司所無法想像的景象。真的是劃時代的做法喔。

這個研訓不僅讓我們理解到商品的特徵與推銷重點，還一下子就讓業務單位形成一個「創作、製造、販賣」的整體感。稱得上是組織的心靈鏈呢！

然而，川端董事長說了一句很有意思的話：

「這個研訓不是為業務舉辦的。事實上，是為技術團隊所舉辦的。」

技術人員過去都抱持「只要技術夠好，就賣得出去，其他就是業務的問題了」的態度，透過這次研訓他們能夠知道第一線的業務是如何推銷產品的。

研訓結束以後，其次是構思新的營業策略，教導業務如何區分客戶，例如判斷「有可能成交的客戶」或「成交機率不大，所以應該降低拜訪次數的客戶」等等。

我與五十嵐先生熱烈討論著，最後做出一個工具，可以用來判斷新商品的「客戶魅力度」時，我真是興奮極了。

這個工具可以讓業務只去拜訪客戶一、兩次，就能判斷潛在客戶對於那個商品有多少購買需求。

過去即使問「這個客戶買的機率高不高？」，因為是業務主觀的判斷，所以並不準確，但這個工具卻能夠簡單地得出分數。

分數不高的客戶，當然業務就要避免拜訪。如果在「策略」上能有這樣的工具做為輔助的話，即使業務團隊的人數不多，也能夠大幅地提高營業效果。

而且，分數高的客戶只要觀察得分的因素，就可以知道採取何種方法去推銷了。

這個工具算是這次營業改革中最成功的作業。

再加上公司內部所研發的**業務訪問管理軟體**也派得上用場。

透過這個軟體能夠管控全國業務的行動，跟催他們是否勤快地拜訪那些「成交機率大的客戶」。

而且，全國每一個目標客戶的洽談進度都以週與月為單位，透過網路存入**業務進度管理系統**。

以前我們公司的營業組織像是黑箱作業似的。分店或更下游的某個單位的誰在做些什麼，總公司完全掌控不到。

業務團隊在推銷新商品時也是抱持「真麻煩，做不做都一樣」的態度。新產品推出半年了，公司也不知道市場開發的狀況，業務只會說：「賣不動。」

然而，從新的制度開始以來，總公司就看得見全國業務的活動內容。

而且，業務與業務部經理直接聯繫，因此市場的開發拓展就變得相當敏捷。

這是革命性的改變！

多虧這樣一連串的改革作業，讓我對這次的改革抱持不同的態度。我也深切地自我反省了（笑）。

我變得比較願意聽聽看改革劇本在說什麼。也能夠接受比我年輕的ＢＵ董事長了。

我甚至在想即使新的制度開始了，但其實任務小組還在繼續運作著。

我開始隨時隨地質疑並分析問題，一找到方針就盡快執行，迅速回報問題點並修正活動。

而活動的推動者就是我們自己。我從改革中學習到將這種認知分享給業務單位的每位同仁是極其重要的事。

最近，每次碰到黑岩會長與川端董事長，他們都會笑著找我說話。看樣子，我又敗部復活了（笑）。

我心裏想，這樣子我也算是任務小組的**一份子**了。

單月的黑字與內部的騷動

熱切的改革在公司內部各處展開。ＢＵ1所設定的十八項改善議題都與研發或生產相關，每一項都是為了解決普通方法所解決不了的難題。

他們配合新的策略啟動新商品緊急研發專案。

過去研發一項商品都要花個兩、三年。

他們將研發步驟做了一百八十度的大改變，讓工作改為同時並行（concurrent）的方式，盡可能讓既有的產品零件應用在這個緊急專案中，同時計畫在六個月內完成研發方案。

強力推動這個計畫的是ＢＵ董事長星鐵也。

新商品的技術面並不簡單；可說是改革策略的重點商品。

這樣的新商品要在半年內完成，這對「內部的常識」來說，又被認為是天方夜譚。

因此，只要不改變工作方式，就不可能達成使命。

重點47　改革主題並非膚淺地到處推動，而是要設定一個**突出部分**，針對這一點銳利地切入問題底層一口氣改革。在這段期間，組織的**安定部分**就先放著不理以縮小風險。

新制度啟動半年後的十二月，新商品果真如期完成，而且成本也符合預設目標。ＢＵ１所有成員都舉杯慶祝。

先前ＢＵ２在研發出新商品以後所嘗試的營業策略訓練，這次依樣畫葫蘆地移轉給ＢＵ１應用。

這是一種將某個「突出部分」的成功模式，在公司內部**橫向推行**的手法。

ＢＵ１的技術團隊與整體業務集合在研訓地點，星鐵也感動地對大家說：

「業務所要的商品，研發團隊馬上就理解了，而且在短期內完成。所以說，只要有心就一定做得到！我們太厲害了！」

很明顯的「五大鏈」已經開始快速運轉了。星鐵也心想，挑戰勝利的體制已經慢慢成形了。訂單金額持續增加。隨同新制度的開始，訂單金額大幅高過去年的業績，而且還持續上升，到十一月時，訂單金額破紀錄的比去年多出百分之四十五。「正面氣勢」勢如破竹。十二月的訂單金額雖然只增加百分之三十二，但這仍然是大幅的改善。

從訂單金額來計算損益的話，十二月份的業績是「黑字」。讀者可能又會想「這又是編出來的吧」。但是，我只是還原事實而已。

這都要歸功於有許多商品的利潤率較高之故。但若是以營業額來計算，月份的結算還是赤字，他們還是在打敗仗。

而且可以預測的是下個月的訂單應該會回到赤字。所以這個榮景只能說是曇花一現。

但是，對於經營團隊來說，卻是難以想像的好結果。

一個第一季的虧損以年來算高達四十億日圓的部門能夠在半年以內，就讓某一個月份出現黑字，雖然只是以訂單金額為基礎，但稱得上是戲劇性的變化。

「改革效果太好了吧？」

黑岩莞太也說了相同的台詞。他們都有同樣的警戒心。但是，他們說的話與實際行動卻完全不同。

如果讀者站在黑岩會長的立場，面對眼前這個**暫時性**的成果將採取何種態度呢？是保持冷靜，默默地想：「這不是真的。沒什麼好興奮的。」會這樣嗎？

黑岩莞太的態度卻不同。他雖然覺得這個結果好得不像是真的，但卻大動作地在公司裏宣傳這個突然發生的事件。

各個BU董事長辦公桌的旁邊都有總公司香川董事長贈送的大盆花籃。花籃裏有香川董事長、黑岩會長、川端董事長聯名的賀卡，寫著：「恭賀首戰告捷！大家繼續加油，務必轉虧為盈！」

這都是黑岩莞太一手安排的。

大家心想：「嗯，我們總算不負眾望。」

這個組織長久以來早就忘了被誇獎的喜悅。他們連小小的成功都沒有品嚐過。對於他們來說，這是一個天大的「事件」。當結束營業會議去聚餐時，大家都玩開了。

所謂變革需以「事件」做為主軸向前推動。黑岩如果沒有敲鑼打鼓，大家就不將這件事看成事件，只當成家常便飯來看。

重點48　當改革出現早期成效（Early Success）時，應該盡情慶祝，即使一個晚上也好。因為今朝成功今朝醉，不用擔心這些花費怎麼報帳，總會有辦法的。但是，也別忘了明天又是新的一天，還有新的挑戰等著大家。

內部的競爭

正當大家鬧成一團時，另有一群員工面無表情。

那是BU3的幹部與員工。三位BU董事長中，最年輕的赤坂三郎的表情開始焦慮起來。

事實上，香川董事長的花籃是慶祝「公司整體」的訂單金額由紅轉黑，而不是各個業務單位業績達成盈餘。

話說回來，訂單金額黑字的只有BU1、BU2，BU3還在跟赤字奮戰。

「只有我們十二月份的訂單沒有達成黑字。」

不僅是赤坂三郎，BU3的經營團隊都覺得很不甘心。赤坂三郎的辦公桌旁也擺著香川董事長送的花，但他卻一點也高興不起來。

反而是有一天晚上，當赤坂三郎還在總公司加班時，行動電話響了。電話一頭傳來川端董事長異常爽朗的聲音。他馬上知道是要找他喝酒。

「喔依。赤坂嗎？我現在在公司前面的餐廳跟BU2的業務在喝酒。你們要不要來喝一杯？雖然他們只有這個月達成目標，但是能在半年內讓訂單金額變成黑字，還真是不簡單呢。」

董事長不在意的找他們跟大家一起慶祝公司整體的業績。

但是，這位年輕的BU董事長卻很拗的說：

「董事長，我不想去，我們部門還是赤字，我正在『面壁思過』呢！」

「哈哈哈。不要想太多。就喝一杯而已，有什麼關係。」

「不要啦！我還在加班。」

他像個小孩子似地耍賴。

但是，當川端掛掉電話以後，他注意到一件讓他非常感動的事，因此讓他酒醒了一半。

亞斯特工廠銷售系統內部過去曾有人因為業績不好而像這樣懊悔，或想要一爭長短的嗎？在過去分工制的組織中，所有部門經手所有的商品，各個商品的虧損責任都由所有員工給稀釋了。

各個商品在整個「創作、製造、販賣」的過程中沒有人負起虧損責任。因此，即使哪一個商品群出現赤字，大家也都不痛不癢。

如果有的話，也只是事業部經理而已。

然而現在，赤坂三郎卻很不甘願。他很痛苦。他的部屬也都心有不甘、痛苦不堪。

而這件事驅策他們奔向下一個成長。

任何人都知道公司內部競爭的重要，但這個原理在過去的亞斯特事業部卻早已死亡。此時，川端祐二又再一次意識到這個原理現在復甦過來了。

這也是小而美組織的功效之一。

重點49　一家沉滯企業的員工不僅對外部競爭遲鈍，也很少有機會因為內部競爭而感受到不甘心或痛苦。一家朝氣蓬勃的組織必定是感情起起伏伏，讓員工充分體驗被誇獎、懊惱或痛苦的各種經驗。

經過不斷的努力，亞斯特工廠銷售系統在極快的速度下終於讓組織活化了。這都要歸功於他們事前顧慮周全所撰寫的「改革劇本」。

訂單雖然在過完年的一月份又掉入赤字，但是二月與三月卻連續達成黑字。BU3的進展雖然比較慢，但他們的訂單也在二月達成黑字。赤坂三郎與部屬都喜形於色，大家舉辦了一個遲來的慶祝餐會。黑岩會長與川端董事長也都到場與大家同歡。

赤坂三郎笑著跟大家致詞：

「我們絕對不要讓十二月份的屈辱重演喔（笑）！」

現在，訂單是不是黑字已經不是內部的話題了。下一個目標是業績的黑字，也就是一般月份結算時的盈虧狀況。

第一年第一季的業績雖然虧損連連，高達十億日圓（換算成年則是四十億日圓），但新制度上路以後，虧損就開始驟減，第二季的赤字是六億日圓，第三季是三億日圓，第四季則為二億日圓。

這些加總起來以後，改革第一年的赤字為二十一億日圓。與去年的三十億日圓赤字相比也不算小。

【圖表6.2】市占率的復甦（第一年月分別）

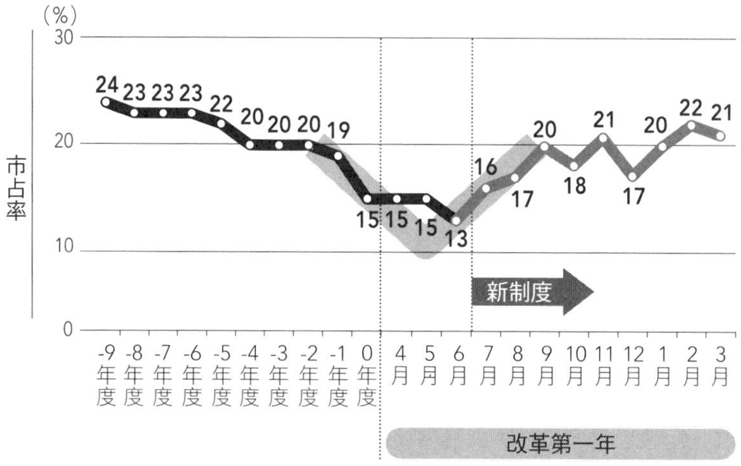

然而，下半年急速的改善讓業績黑字的目標完全進入改革的目標範圍，市占率也上升了。才十個月，市占率就一下子回到四、五年前的水準。

但是讓業績由紅翻黑並非如此簡單，由此可知，他們的事業是如何掉到谷底。

太陽產業的香川董事長邀請黑岩莞太、川端祐二與五十嵐直樹等三人共進晚餐，犒賞他們這些時日的努力。

「一年前莞太跟我說『我會在改革第一年的後半就讓單月份出現黑字』時，真的把我嚇了一跳（笑）。但是沒想到結果也差不多。十二月訂單是黑字，算是一個轉機。」

這件事造就一股氣勢。而且BU董事長們也開始有指導者的樣子。

亞斯特事業部就這樣子度過了改革的第一年。

古手川修的說法

改革總算有個樣子，讓我多少鬆了一口氣。

而且，我覺得總算不辱自己BU董事長的使命。雖然這個任命與任務小組有關，但我對經營方面卻一竅不通。

站在經營的立場，沒有辦法光從研發、生產或者業務的立場，從不同的功能立場去解決。這件事在這一年內我已經飽嘗箇中滋味了。

剛開始的時候，我的最大課題是對資深員工的遣詞用字。因為在我的DNA裏，根深柢固地認為年紀大的人就很厲害（笑）。

我在這方面算是很細心的了（笑）。剛開始我什麼話也不敢說，不是閉嘴不談，就是花費心思傳些電子郵件之類的。

結果問題還是在於**集體的責任感**。我覺得這個事業能否得救，全部取決於自己的行動，所以就無法沉默下去了。

過了一些時日，我連面對年紀大一點的部屬都能直視他們的眼睛說話。

當我有這樣的心思以後，年紀大的部屬也能遵照我的話或指示行動。如果我一開始就逃避，遭人識破手腳的話，他們就不會把我放在眼裏。我非常清楚這一點。

當我還在任務小組的時候，我清楚地記得黑岩會長曾跟我說：「你根本不懂得什麼是挫折。」

所謂挫折並不是想碰就碰得到的，我覺得一個人如果能夠不知挫折為何物地度過一生，也是一種幸福。

然而，當自己身為一個拉著集團往前走的角色，就一定會在哪裏碰壁或者遇到挫折。

而現在就是我面臨挫折的緊要關頭。即使我在深夜拖著疲累的身軀上床就寢，也會不時在清晨中醒來。

但是，最近我無意中察覺到一件事，讓我放下肩上的重擔。那就是如果這次改革失敗了，我到底有什麼損失呢？

對我來說，沒有什麼好怕的。

這次的經驗讓我學會經營理論，知道如何站在經營者的立場投入工作，知道如何領導別人。我覺得在我人生的這個階段，自己所得到的經驗非常寶貴。

因此，我所推動的經營改革雖然風險很高，但個人卻沒有什麼風險，總而言之，我開始覺得，反正放手一搏就是了。

以前，黑岩會長或川端董事長對我們來說高高在上。但是現在，讓我不知天高地厚地說一句，這一年來我覺得距離好像比較近了（笑）。

我覺得自己比一年前的我，堅強了許多。

我對家人一直感謝在心，我太太一直擔心我的身體，我平時不能陪小孩，所以假日親子同樂的時間就特別珍貴。

這樣一想的話，我就覺得自己對總公司那些單身赴任的同仁感到不好意思。大家的孩子都還小，因此我就想為大家做點什麼。

我對家人的鼎力支持真的是點滴在心頭。

我滿腦子都是工作，有時候也想一個人靜一靜想點事情。每當這個時候，我都在休假的時候去伊豆放鬆一下。

雖然去的機會不多，但現在我沉迷在垂釣軟絲烏魚（Sepioteuthis lessoniana），我常在海邊思考人生及自己未來的夢想，我常一邊跟軟絲說話，一邊操弄著手裏的釣魚線。公司的事就像暴風雨一樣說來就來，所以這個時間對我來說是再幸福不過的了（笑）。

業績大幅成長的名古屋業務坂上浩志（三十四歲）的說法

以前主管從來沒有嚴格管過我們，我一直以為本來就應該這樣。

新制度開始以後，公司便開始跟催每個人的成果，我覺得公司中開始有一股緊迫且冷淡的空氣，讓我感到一陣孤獨。

為了重整公司，真的需要這種改變嗎？為什麼我要受到這樣的責備？自己難道就這樣終老一生嗎？這樣想東想西的，我的內心相當不安。

我心想，自己一直以來都努力工作，這根本就是公司高層自己造的孽，為什麼在這個時候要我們來承擔呢？

這麼一想，大家都會開始考慮要留下來還是跳槽。

但我選擇留下來，就決定要好好幹下去，所以一定要堅持自己的專業意識。

當一個人經歷過付出得到回報的話，就知道這一切是合情合理的。

當我的努力獲得一定的報酬以後，我就變成一個向業務獎金看齊的人。事實上，我也因此減輕了房子的貸款或者小孩的養育費等生活的負擔了。

以前我們業務隨便賣什麼都可以，現在**我滿腦子都在想**，到底怎麼樣才能讓重點商品賣得更好。

如果將全副精力放在重點商品，以業務獎金為目的的話，就符合公司的策略，讓公司與我各取所需了。

這兩年來的辛苦真的是非比尋常呢！

公司變成一個新的組織以後，業務的領域變得更寬廣，工作的內容也更加辛苦，常常從早忙到晚，而且還不時在假日到公司加班。

要扭轉累積赤字一百五十億日圓的組織體質，不這樣拚命工作是不可能做到的。

但是我跟家人的時間減少了，不管我再怎麼跟太太解釋公司的狀況，她都聽不進去。

最近，太太常把「獨立」掛在嘴上，難道這是離婚的危機？不，還沒到這個地步。但是我想我的家人在精神上也都變得堅強許多。

我之所以能夠這麼努力，是因為我覺得讓公司賺錢才是自己唯一的生存之道。

我覺得這兩年對自己來說，並沒有浪費。

我深信一個人是能夠如此咬緊牙根、拚命工作的。這個經驗讓我對自己相當有信心，不論是往後養家的責任或者是我的職涯。

黑字的達成！

這家公司的經營團隊與員工都開始對自己有信心了。最重要的是，公司的氣氛變得開朗活潑。特別是東京總公司原本陰濕的氛圍飛到九霄雲外了。

月份別的結算竟然在五月就達成黑字的目標。

六月雖然又變回赤字，但從開始改革一週年後的七月，亞斯特工廠銷售系統總算每個月的業績都維持黑字。雖然利潤不高，但卻是一個穩定的黑字基礎。

大家關心的重點轉移到下一個目標。那就是每一季的黑字。

終於上半年的結算達成一億日圓的盈餘。這個訊息讓員工覺得：「好棒！我們做到了！」事實上，這是睽違了八年的半年度黑字。

但是，很可惜的是，跟去年十二月的時候一樣，公司裏還是有一群垂頭喪氣的員工。

【圖表6.3】亞斯特工廠銷售系統經常損益的變化（四季別）

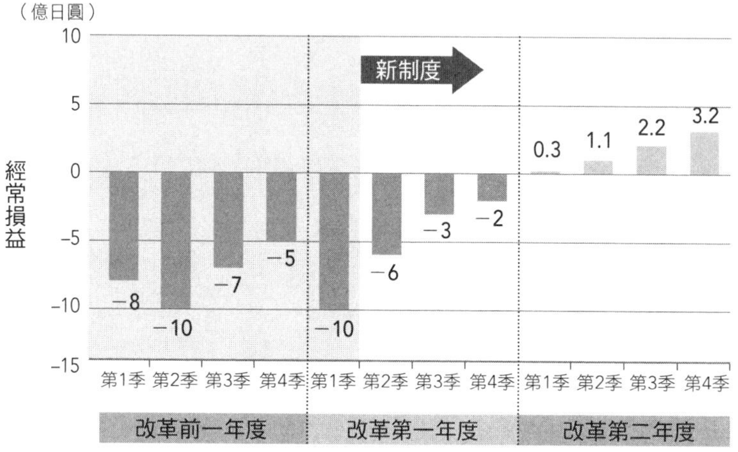

整個公司雖然已經達成黑字的目標，但就各個業務單位來看，BU3卻還是有些虧損。而且比起其他部門來說起步較晚。

赤坂三郎又在懊悔不已。他又開始大叫：「面壁思過！」

然而，E商品群的業績本來就不好，但員工卻比以前更多，公司將它當成新的事業，所以帶有一點策略性的教育意義，本來就很難在短期內讓業績變成黑字。

與剛開始改革時的業績相比的話，BU3的成長及利潤卻最為顯著。

此時，競爭對手也聽聞了這些大動作的組織變動與更換董事的事宜。

於是，亞斯特工廠銷售系統像一頭沉睡的獅子般突然覺醒，對於競爭對手來說，形成意想不到的威脅。

重點50 為了盡量延緩競爭對手的反應，在媒體面前應盡量少談改革或新的策略，在與業界開會時也盡可能避免多談。此時，只需努力不懈，鴨子划水般地推動內部改革即可。

第二年下半期的黑字超過四億日圓。而且所有BU1至BU3部門的季報都出現盈餘。年度利潤超過五億日圓。事實上，這是年度結算八年來首次的黑字。

雖然就利潤率來看還算太低，但是總之黑岩莞太實現了他對香川董事長所做的承諾，在兩年內讓部門轉虧為盈。

「如果無法在兩年內做到這個目標，我就辭職。」

他因為這麼誇下海口，才能讓改革成功。

幹部與員工又大肆慶祝一番。

故事也寫得差不多了。而他們還在繼續奮戰。

不只是黑岩莞太、川端祐二、星鐵也等人的經營團隊，對於所有與這個改革有關的亞斯特工廠銷售系統的員工而言，這兩年都不輕鬆。

即使大家剛開始對改革有所不滿，但不少人像負責市場企畫的大瀨靖司或名古屋的業務坂上浩志一樣，藉這個機會去挑戰新的工作方法，重新定位自己的角色，提高自己的實力。

然而，還是有些員工明明機會來了卻視若無睹，只知道抱怨，因此就在自己沒有勇氣改變僵局的情況下，懶散度過一生。

【圖表6.4】市占率的復甦（改革後的二年內）

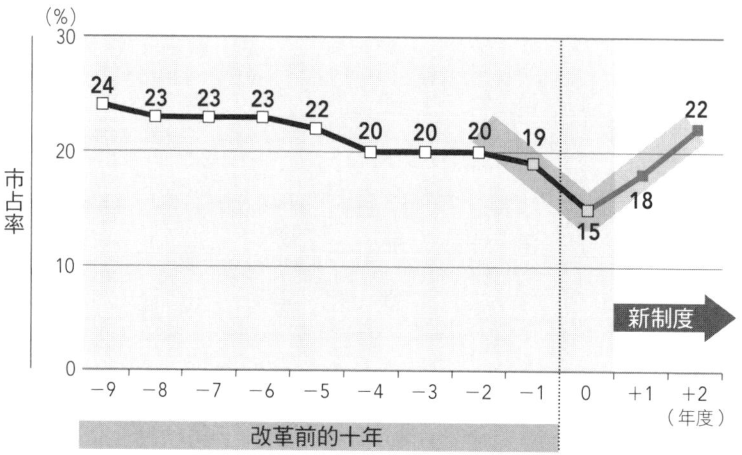

下一個布局

黑岩莞太會長的說法

如果兩年前還是在「垂死」邊緣的狀態的話，即使想脫手也找不到買主。接下來，虧損會愈加嚴重，現在應該是結束營業的局面了吧？

當時，大家都認為要在兩年內轉虧為盈簡直是痴人說夢，大家都很同情我去接到這個爛攤子。的確，當時我在公司到處走動了一下也覺得情況糟到不行。

然而，因為經營太過草率的關係，我反而覺得有一線生機。

最近美式的投資家或證券分析師們都覺得這樣的事業應該盡早讓它關門，經營團隊不應為此浪費時間與精神。

但我對這樣簡單的思考邏輯卻完全沒有興趣。

你也可以說股東是公司重要的利害關係人（stakeholder）。

但是大部分的股東卻習慣利用電話或網路每秒每秒地頻繁買賣股票。他們根本不知承諾為何物。

然而，日本企業的員工花費二十年、三十年的漫長人生在公司中度過，從早到晚辛勤工作。公司的價值增值與否取決於他們的行動。

因此，對我而言員工反而是更重要的利害關係人。

話說回來，問題是這些被稱為利害關係人的員工未能盡情發揮所能，也不願意面對風險，總而言之，在沒有什麼賭注下安穩過日，最後只能依靠別人的補貼來過日子。而且，最讓人驚訝的是大家完全沒有感覺到事態嚴重。

如果，他們能改變一下態度，燃燒熱情，認真處理這個事業的話，這家公司又會如何呢？我以為應該好好認清這點。即使最後還是要結束這個事業，那也是其次的事。

讓我既驚又喜的是，當嘗試改革以後，事情真的按照劇本發展。我們當真僅僅花了一年就讓半年期結算達成黑字，僅花一年半就讓年度結算轉虧為盈，真是個了不起的成就。

自由現金流量（free cash flow）也不再是負數。

在執行改革時，雖然我們當初的劇本已經預估將多出百分之十的人力，但還是避免裁員，貫徹進攻策略，而現在反而開始感到人手不足了。

那個「失去的七年」，與在此期間流血成河的一百五十億日圓虧損，到底算什麼？這兩年內除了改革推動者以外，對於員工而言，也是驚濤駭浪。

沉滯企業中天真散漫的員工，即使經營態度不一樣了也無法馬上因應。那是「改革追隨者」之所以身為追隨者的理由。

看到周遭改變了，才會開始想自己也該改變了。但要等到這個心理狀態啟動，需要很長的時間。

想改變組織的人與不想改變自我的人之間，產生**人際紛爭**，而帶來許多辛苦不堪的事；這是與「心與行動」有關的問題。

部分員工覺得母公司還是賺錢所以沒關係。因此，有些人就簡單地猜想：「再過兩年就要裁撤的說法只是唬人的。」「不管怎麼樣，這個事業還是會繼續下去的吧？」因此從一開始就採取不動的態度。

當主管提出明確的策略，詳細指示時，也會惹來「這裏是軍隊嗎？」的批評。

當主管追問數字時，有人會想「自己被威脅了」，舉辦業務訓練的話，有人會在私底下抱怨：「我們是學話的鸚鵡嗎？」

如果每個人的角色明確，責任清楚的話，就會有「好辛苦」「氣氛肅殺」「好孤單」這樣的感覺。

也一定有人會說：「自己已經竭盡全力了，不好的是公司的高層，現在才讓我們來揹黑鍋。」

歸罪於經營者是一種理所當然的做法。然而，對於一家長期不振的企業而言，下面也有著跟上面一樣的體質。所以下面也會變得相當不負責任。以旁人的眼光來看，中階主管早就無精打采，這就是所謂的「近朱者赤，近墨者黑」（笑）。

這種人雖然說他們早就受不了亞斯特工廠銷售系統，但是一旦跳槽到其他上軌道的公司，他們受到的待遇只會更加嚴厲。然後開始懷念以前公司的種種。

但是那些不知世事的人，就會想「留在這家公司是一條『坎坷的道路』」。

對我而言，所謂「坎坷」又是什麼呢？事實上，愈嚴肅看待事情，認真工作的人就會活得愈辛苦。

這兩年來，因為受不了這個改革而提出離職的共有六位。三百六十人中才六人，所以我覺得還算是相當低的標準。

我對於這次提出辭呈的員工，一概不予慰留。因為我已經提出如此明確的劇本了，如果還是想辭職的話，就讓他們走吧！

去者不留，我本來就有心理準備與留下的同事重整這個事業。

這種事情如果發生在美國，可能會有兩、三成員工，也就是近一百名員工要離職也說不一定。

當美國的經營者看到才只有六位員工辭職，恐怕會說：「這樣鬆散的做法，只會留一些沒有幹勁的員工。」

即使在日本也會因為經營理念的不同，導致有人會想：「在這種狀況下，多一點人辭職也無所謂。應該採取更激烈的做法。」

但是，因為辭職的人不多，而認為這個改革不夠嚴厲的話也太奇怪了。

事實上這個改革是相當震撼的。但是，我想是因為改革劇本讓大家產生共鳴，激起大家的鬥志，所以辭職的人並沒有那麼多。

事實上，當進行這樣的改革時，有時候連高階幹部都會抗拒，引發各種事件或動盪不安。

我也聽過曾有公司去找跟自己事業部無關的高階幹部當成橋梁，但他們卻在那些期待改革的**員工面前**說：「其實我根本不想來這裏。」反而讓員工心想：「這傢伙在幹嘛啊？」

也有一些笑話是，某位高階幹部對業績分紅反感，竟然在贊成的**員工面前**說：「我覺得還是固定分紅比較好。」

這些對我們來說雖然都是笑話一樁，但對那家公司的員工來說卻是情何以堪啊！

這種董事才應該馬上讓他們走人。但是，很多經營者卻做不到這一點。所以，就讓改革陣亡。

也常聽說有些子公司的高階幹部，去總公司批評自己公司的董事長。

這次的改革同樣的也有人背著我去跟香川董事長接觸（笑）。在這個世界上，守舊派跑來求救的話，有些高層就會動搖了。但香川董事長卻置之不理。

我也聽過其他的公司的董事私底下挑撥工會幹部說：「我們是不能說什麼啦，不過你們要加油。」

照正常來說，董事的職位是有權力開除董事長的，但我想能夠墮落至此的，恐怕也只有日本而已。

我聽五十嵐先生說，即使像任務小組這樣的改革尖兵有時也可能會被淘汰。

有些任務小組的成員也會搞派系鬥爭，觀察高階幹部或周遭的想法，像牆頭草般改變態度。

而那些只會講道理的死硬派因為不知馭人之術，所以一輩子就只能當評論家。

他們在壓力下迷失自己、落敗、畏縮，最後變成一個「反抗改革者」。

我也聽過有人雖然被任命為新的經營團隊的第二把交椅，但只是因為沒有成為龍頭，而要脾氣不配合改革，只是做些**不成熟中年人的幼稚行動**。

子彈並不一定只從後面飛來。最令人無法忍受的衝擊是，那些自己認為是同一國的人隨時在**身旁**近距離「開槍」（笑）。

特別是當改革者身陷困境又向其他人尋求支援時，各種卑鄙的行動或爭吵就會在內部開始進行。

在這次亞斯特工廠銷售系統的改革中，我對於那些不動手只會空口說白話的人，在人事安排上絕對敬謝不敏，希望他們都靠邊站。

因為我嚴格地執行改革，因此這些人或許對我相當不滿，但是他們如果依然故我的話，這個事業必死無疑。

我在公司裏不只好幾次說服大家：「反正你們就當成被我騙了，腳踏實地動手去做吧！」積極的中堅幹部會說：「不，我們不覺得受騙喔（笑）！」然後真的腳踏實地努力改革。

當我看到那些遭到束縛的人一旦解放以後，海闊天空自由飛翔所發揮出來的驚人能量，讓我都感動不已呢！

現在，公司員工的表情變得開朗，也重新拾回自尊。與兩年前相較，感覺上大家都年輕了許多。

不少終端客戶與代理商也都誇說：「亞斯特工廠改變了。」

讓我們很高興的是，這代表我們的改革是成功的故事，

然而，到底是不是成功的故事，我想現在還不是下結論的時候。光憑業績出現一點盈餘，是無法讓公司晉升為成長企業之列的。那不過是回到「普通公司」而已。

人類的組織在全部停止發展的那一霎那便開始腐敗。因此，公司非得要一點一滴的成長不可。

就這個意義來說，代表**下一著棋**的重要時刻來臨了。

我認為如果只維持目前的**事業領域**（domain）的話，總有一天會只是追溯以往，也不會

有更大的作為。我想這是一個已經成熟的領域。

因此，亞斯特的事業領域有必要跳到成長領域。而且這還是相當大膽的一步，在太陽產業資金的滋潤下，應該考慮購併（M&A，Mergers and acquisitions）或開拓新的事業。

為了主導類似的進攻策略，我認為這兩年來的努力是有意義的。

因為如果這個腐敗組織就這樣的話，購併策略什麼的，也只是夢想罷了。不管是被賣或去買，都不會有人有興趣的（笑）。

當業績變成黑字時，別人說這是一個成功的故事當然令人欣慰，但各位猜猜看，這兩年來我們最大的成就是什麼？

這是連太陽產業總公司都沒有注意到的成果，那這是「人才」。

星鐵也、古手川修、赤坂三郎等三人在這個戰場中接受鍛鍊，成為四十歲上下的新的領導班底。如果是以前的制度，恐怕花個十年也培養不來吧。

而在這個之下的BU經營團隊中，也出現令人矚目的人才。

有人剛開始雖然不願意改革，但在半途中覺醒。當然，也有那種五十幾歲的員工在這兩年中剝掉一層皮，最後想說好吧，就來一決生死吧！

看到這些優秀的夥伴我都不免心痛，因為公司已經停滯了將近十年，所以埋沒了這些優秀的人才。

比起一百五十億日圓的虧損來說，這才是歷任經營者最大的罪過，不是嗎？

接下來，應該考慮如何以這些生龍活虎的人為中心，展開下一個事業。現在的問題是下一步棋應該怎麼下。當然，除了進攻，還是進攻！

傳授絕技

川端祐二董事長的說法

這十年內試過好幾次改革，每次都失敗，我希望這次無論如何要渡到「對岸」去，雖然我們只是與反對派緊緊糾纏而已（笑）。

這兩年內，發生了好多事，當我們整理出改革之所以能夠順利進行的理由以後，發現都與改革前的準備階段有關。

當然，我想從開始改革以後，我或ＢＵ董事長們頻繁拜訪客戶與代理商，加強溝通，徹底提升品質活動，不斷努力降低成本等等，每日的改革行動也有相當大的幫助。

過去的改革從一開始就是在「也不是這樣，也不是那樣」上面吵吵鬧鬧，所以這次我們先看清楚**失敗的陷阱**，做事前彌補而且還橫向躲避。

自從黑岩會長來這家公司以後，花了三個月時間撰寫改革的劇本，又花三個月時間去各地方巡迴簡報，安排人事，建立新的制度等等。

在這段準備期間，公司卻持續虧損，害我們在一旁乾著急。

然而，最後還是「欲速則不達」。我想就是因為有事前的準備，所以一旦啟動改革，「正面氣勢」也就一下子往上衝。

三個業務單位的業績雖然都是黑字，但我心裏還是難免忐忑不安。特別是BU3的競爭力還是差了一點，說不定會虧損呢。

果真如此的話，或許需要裁撤BU3部門。

我之所以需要這樣看清事實，是因為我兩年前向香川董事長保證過。但我想**決勝點**可能是在一年以後。

這兩年來雖然歷經千辛萬苦，但我自認為身為一個男子漢，已經善盡董事長的職責。

你問我的家庭有沒有影響？在任務小組工作的那四個月以及新制度開始以後的一年，我連週末也去公司加班，平常也是早出晚歸，常常搭最後一班電車回家。

為了將這十年失去的給補回來，這也是無可奈何的事。

況且，我剛才也說過了，認為「努力」已經不流行，或者說老土的想法並不對，日本人就是這樣想才會變得死氣沉沉。

美國的創投企業比日本人更辛勤的工作著呢！

就像辛苦的人才會遇得到人生轉機一樣，想要改變組織文化，就得需要這樣的能量。

但是，我太太好像在想：「我老公到底在幹些什麼呢？」

我的父母親雖然年紀大了，但都還很健康，我因為不小心說溜嘴：「我要在兩年內讓公司的營運改頭換面。」因此讓他們相當擔心。

然而，因為《日本經濟新聞》報紙刊登我們業績逆轉勝的文章，以及我們經營團隊的照片，家人都說：「哇，你好厲害喔！」這下子，我總算在家裏收復失土了（笑）。這個也算是我孝順雙親的方法吧？

說到亞斯特工廠銷售系統將來的策略，我還不知道接下來該怎麼規畫。最近，我想開始進行第二波的改革劇本。

不，下一個劇本的重心不是放在內部改革，而是去外面打仗。

接下來我的最重要的工作，應該是培養下一批的改革預備軍吧！

只要這些人能夠不斷的出現，這家公司就能成為跟上時代潮流、不斷進步的組織。

我也會不斷前進。因為如果老是待在一個地方，下次就會變成我是守舊派了（笑）。

星鐵也的說法

沉滯的日本企業在進行改革時，常常會發生許多不愉快的事情，比方說懶散、閒言閒語、嫉妒、扯後腿等，都是家常便飯，偶爾還會出現黑函或無聲電話等卑鄙的行為。

我覺得亞斯特工廠銷售系統這次的改革比較少看到這些事情。

我想這是因為經營團隊依照非常明確的故事及穩固的正集團（scrum）進行改革，所以能夠快速地集結大家的能量。

我想幸虧如此使得改革順利地出現成效，同時控制繁瑣的問題，導引出好的循環。

因為基本策略夠明確，所以就能對不合群的員工大聲地說不，這件事對改革的幫助也很大。

即使如此還是有人就是向後看，採取不光明的行動，此時，黑岩會長與川端董事長都是毅然決然排除這種人。

所謂改革是一旦遇到有任何狀況時，就要隨時「開戰」的，所以這樣的做法也是理所當然。如果對部分反對者客氣的話，就會扼殺所有人的努力。

我覺得這個改革是我人生最大的轉捩點（turning point）。

這兩年來，我一直與自己的不夠成熟抗戰。我認為人在往上爬的階段有不同的高度、寬度、長度，而且獨自一人往上爬的速度各自不同。

不管後來再回想起來，或者別人說些什麼，我覺得當時的自己已經竭盡全力。

不夠成熟的自己與重責大任的落差對我而言是一個相當大的壓力。然而，即使過程苦悶但我也撐過來了，這對我來說是一個寶貴的經驗。

這家公司雖然總算轉虧為盈了，但真的改頭換面了嗎？

跟以前比起來的話，高層的熱情，勇敢追隨的中階主管，符合向量（vector）的員工等的結構開始有一點樣子了。但是，我覺得還有待加強。

一家真正朝氣蓬勃的企業需要有源源不斷的能量讓員工自動自發的行動，組織自律性的向前推動。

然而，即使看起來員工都自動自發的樣子，但背後一定需要高層強烈的意識來運作。上面常需傳達某種強烈的訊息給下面。

回想起來，以前亞斯特工廠銷售系統的高層只會說：「你們要自動自發的動起來」、「大家要更有責任一點」。我覺得這種經營者相當沒有責任感。

說得誇張一點，所謂經營策略是指在激烈的企業競爭中如何獲勝，因此需要高層為大家提示與組織相關的「**願景圖**」。

除了提示圖以外，我想改革最重要的是一種從上而下的「**靈魂的傳承**」。

這種靈魂是什麼呢？我認為對於領導事業的經營者或者培育經營人才而言，最重要的因素是「遠大的志向」。

過去我對這家公司的經營者或事業部經理曾經相當失望。但如今風水輪流轉，換到自己在眾人之上，為了當這個BU董事長每日辛苦奔波。

我不知道身為一位指導者我能走到什麼地步，但我想自己正走到人生的勝負關頭。

結語

事業改革的成功要素

恐怕有不少讀者人會以為那位躲在黑岩莞太背後，不時像黑影一樣在故事中出現的管理顧問「五十嵐直樹」是影射我本人。然而，我在工作上的角色當然有時像五十嵐一樣，但實際生活中反而是「黑岩莞太」的角色比較多。

如同我前面所提過的，一個組織如果在內部找不到可以勝任「黑岩莞太」角色的人才，改革便極可能半途而廢。當企業主面臨「香川五郎」般的困境來找我協助時，我大多會忍不住當起黑岩莞太。

有時他們也會給我高階主管的職位或類似的待遇，但當我進入那家公司以後，並非完全化身為「黑岩莞太」，而是與董事長或某位高階幹部合作發揮職責，一旦開始改革，我則大多站在第一線承受各種壓力。

因此，我時常受到流彈波及或者在漫天煙硝下浴血奮戰。與其說這個工作很有意思，倒不如說我覺得「自己注定就要扮演這樣的角色」。

美國有許多事業再造（Turnaround）的專家，但日本卻不多。「村落意識」較強的日本企業除了銀行派遣的高階幹部，或公司保護法的財務管理人等握有「絕對權力的人」進駐以外，他們對於外來者一般都相當抗拒。特別是當員工的危機意識不高，自尊心高傲地認為「公司的事業狀況健全」「我們是優秀的」時，對於外來者的加入是很反感的。

當業績持續低迷，公司內部開始提高危機意識，自尊心也瀕臨崩潰時，外來者就容易進到這個組織了。然而，大部分那個時候已為時太晚，可以選擇的策略也變得很少。

在這樣的條件下，如果當我找出有幹勁的員工，將他們組成一個團隊，順利地恢復事業活力時，就會很慶幸接下改革的任務。特別是看到一些曾與我並肩挑戰風險、共同打拚的戰友，像「川端祐二」或「星鐵也」一般的改革成員，經營能力驚人的提升時就是我最大的驕傲。

然而，這種工作通常是要攀爬過幾個難關，跨過死亡之谷去到「對岸」，讓這家公司在三年後能夠重新分配股利，五年後轉虧為盈，出現歷史最高利潤、業績具體好轉的時候才會得到別人的感謝。在這以前我總是孤獨的。

就像企業的人才是經歷成功與失敗所培育出來的一樣，我也不是永遠成功，過去也經過很多失敗與屈辱。年輕的時候因為態度傲慢而失敗，看不到混沌邊緣而滾落山谷，搞錯策略的按鈕（切入點）而飽嘗意外的苦果。我也曾經相當憤慨，與董事長說好的改革策略好不容易進行到「二樓」了，但往後一看卻發現梯子早已拆除，而「香川五郎」卻站得遠遠看好戲，只剩自己扮演著「黑岩莞太」的角色獨自奮戰。

當改革不如自己的預期般順利進展時，當下都會覺得是別人的錯，自己氣得捶胸頓足，但是冷靜一想以後，我常常會反省其實是自己「解讀」不夠，經營能力不足所致。

經營者所抱持的問題幾乎都是反映經營者本身的能力。我剛從事這個工作的時候，要在封閉的日本組織中幫忙重建事業，其實還太年輕。

然而，多虧當時累積了各種經驗，所以在我快要五十歲的時候，不管看到如何嚴重的經營狀況，都變得不會大驚小怪了，反而常想「這個情況好像在哪裏看過」。而且，我還能夠應用以前的成功或失敗的經驗訂定策略或採取行動。

正統（orthodox）的改革手法

前面我已經說過，本書的故事是根據五家公司的真人實事改編而成，基本的發展與「時程」則是引用最近的改革案例。其中一家公司，在我所經手過的各種成功或失敗的案例中，其業績變化之戲劇性可列入前三名。

前文提到，跳進日產汽車協助改革的高恩與亞斯特工廠銷售系統的黑岩莞太，在行動的時程上幾乎不可思議的雷同。比方說，他們一邊進行公司內部的面談或視察，到改革小組開始運作都花了兩個月。他們兩人拚命的工作，從草擬改革劇本到發表為止也都大約花了四個月。

而且這兩人從開始改革，到表面上出現成果為止的時程，都循著相當類似的模式。

日產復興計畫發表的日期是十月十八日，在將近一年後的十月三十日，日產汽車發表上半年業績轉虧為盈。而且半年之後的年度利潤不僅轉為黑字，還創歷年最高，日產在睽違三年以後宣布重新分配股利。

亞斯特工廠銷售系統新的制度從七月開始，一年以後他們就讓上半年的業績轉虧為盈。而且，半年後宣布公司的年度損益終於在虧損八年以後轉為黑字。

或許有些讀者會認為本書的故事「太過理想」「根本不可能發生在現實生活中」。然而，日產汽車的規模比亞斯特事業部更龐大且複雜，也如同本書一樣以同樣的速度激烈地讓業績復甦。

這二家公司的改革焦點各自不同。日產汽車以盡快降低採購成本為主要目標，將日本國內的業務改革放在後面。他們是否能真正脫胎換骨成一家厲害的公司則是這些都解決以後的問題。亞斯特工廠銷售系統的情形與日產汽車一樣，他們才剛從醫院的加護病房轉到一般病房而已。然而，不管改革故事的內容如何，能夠在那樣短的時間內恢復業績，必定有不為人知的緊張與抗拒的場面在內部或外包廠商中反覆上演。我甚至能夠清楚地想像那些場景。

日本經濟新聞看到日產汽車業績的V型復甦，在《日本經濟新聞週日版》報紙中報導日產挪用資遣費等經費，製造出業績復甦的假象，有粉飾太平之疑，其實他們的帳面去年已經先修改過了。報導裏出現了「業績復甦的真相」「會計魔術」「表演」「精心設計的演出」等批評字眼。然而，對於那些只會在一旁說風涼話，不是當事人還說三道四的路人，將那些拚了命度過危險吊橋的改革先鋒及其成果稱為「表演」，我的心中就升起一股無名火。

當一家公司在進入乾坤大挪移的改革時，為了一口氣擠出過去的膿瘡，只要會計原則或稅務上允許，當然可以刪減一切無需的改革費用，盡可能讓公司內部的心靈從過去的經營桎梏中解放，這才是改革的王道。

日本金融機關與政府對於經濟泡沫化的處理總是過慢，懶散的做法讓大家變得拖拖拉拉，所以讓國民的心冷了下來，導致日本的經濟失去活力。同樣的道理，當一家面臨改革的企業被過去負債拖累，等到好不容易改革成功出現盈餘以後，卻因為要「清算過去的失敗」而歸為零，這種做法是多麼傷害那些經歷汗水與淚水，辛苦改革的員工的心。

人類的緊張感是無法在這樣的消極因素下不斷改革的。因此，改革**必須一氣呵成**。

日產高恩的改革手法並不特別。當重建一家不行的公司或不行的國家時，只能這麼做，也就是說這是一種改革的正統流程。

成功的要素與步驟

最後，為了不辜負這些現實生活中參與改革者為本書所提供的文稿，請容我將亞斯特工廠銷售系統改革成功的要素整理如下。

1.改革概念的堅持

做為亞斯特工廠銷售系統原型的五家公司中，其中一家從好幾年前就曾聘請管理顧問來改革公司的文化。但他們只是將組織「動一動」，宣稱那就是變革，卻完全不碰如何規畫事業策略。

他們將中階員工聚集在公司外面開會，互相宣洩不滿，然後花了十個月的時間將這些發表在內部刊物上，這種改革的做法最後讓內部分崩離析。內部溝通雖然重要，但是一個閉塞的事業是無法光靠中階員工相互討論個人見解就能輕易打破僵局的。

亞斯特工廠銷售系統在變革時，第一個做的就是認知競爭狀況與客戶需求，採取合適的「策略」及「商業流程」。然後，**為達成目的而單純地貫徹**這個模式（參閱第三章改革概念三「事業改革的三大原動力」），進而活化組織或改變企業文化。

2.割捨不具存在價值的事業與覺悟

當在檢討改革劇本時，黑岩莞太與五十嵐直樹總是問任務小組：「你們的劇本能夠說清楚事業的存在價值嗎？」

亞斯特事業部過去的改革之所以失敗，是因為總是以持續這個事業為前提。因此，提出來的方案全都寫得天花亂墜，等到經營團隊核准以後卻又無法實現，因此就讓問題在原地打轉。

這次經營高層改變過去「只要事業部能夠存續就好」的消極態度，一開始就下定決心這個事業如果「不能脫胎換骨就裁撤」，然後才啟動改革的。他們認真思考改革如何能夠落實，不斷自問能將改革推動到什麼地步，並且斬斷天真散漫的部分，寫出一套好劇本。

3.策略性思考與經營手法的創意工夫

捨棄事業能夠存續就好的想法，積極的進攻市場，在擅長的領域中鎖定「勝利的目標」，避開弱勢的領域，貫徹「篩選與集中」的策略。黑岩莞太與五十嵐雖然「不熟悉這個業界」，但他們卻能徹底教導任務小組看待事情的觀點及思考方式的原則等，避免成員的想法過於膚淺。

任務小組的作業告訴我們，即使一個人在某個業界享有豐富的經驗，但改革時也不宜過於自恃，以免阻礙自己對策略的判斷。

當讀者在看這個故事時，我不建議用好或壞來評論書中一些不關緊要的政策，比方說，「將業務團隊分成好幾塊有一點奇怪」或者「怎麼可能每個月都讓業務去總公司集合」之類的。

對於改革者來說，只要去構思哪些政策對公司是有效的，同時提起勇氣貫徹到底即可。身為改革者不應在意別人的眼光，或者人云亦云。即使自己的方案在旁人眼中其笨無比或者是高招，只要認為是對自己有利的就去執行，毫無益處的割捨即可。

就如同研發一樣，重要的是公司本身「經營手法的創意工夫」。

4. 執行者與計畫之制定

一個失敗的改革大多是「由企劃小組訂定改革計畫，但由其他人執行」。總而言之，就是將一群頭腦冷靜的人聚集在類似經營企劃室的部門想方案，改革的責任由第一線承擔，訂定方案者反而是站在批評立場。

但亞斯特工廠銷售系統卻堅持改革方案需要有實際且詳細的數字，而且還是由「提出改革方案的人自己來做」。

「強烈的自我反省↓綜合性的改革劇本↓新組織成立後的商業計畫↓該年度的預算↓各部門的具體行動計畫」都在同一個作業中完成。

任務小組被賦予一切權力，他們必須做綜合思考，連人事布局都得安排。當任務小組知道他們得負起執行的責任時，都變得萬分緊張，發瘋似地想出萬全的劇本。

因為是這麼辛苦的作業，所以大家會想：「好，接下來不論發生什麼事情，一定要照著劇本去做！」

5.執行的跟催與縝密的落實

一個失敗的改革大多是採取高層說明整體方針，交代好各個部門負責的議題，然後說「接下來由你們自行規畫新的策略」的模式。他們缺乏跟催的能力，連去追問「事情進展的如何了？」的次數也愈變愈少，最後消失無蹤。

相反的，亞斯特工廠銷售系統的改革則將研發區塊、客戶區塊、業務進度管理系統及大瀨靖司所想出來的「客戶魅力度」判斷工具等具體的管理工具落實在策略故事中，連帶跟催第一線的業務活動。而且，他們還堅持實施「目視管理」。

光是口頭上要大家「加把勁」，根本**無法實現策略**。策略一定需要「武器」或「道具」將組織的各個層級給串連起來不可。

6.經營高層的敦促

亞斯特工廠銷售系統過去的改革之所以失敗與這次之所以成功的最大關鍵就是「總公司董事長帶頭做起」。香川董事長與黑岩莞太二人排除內部的派系障礙，一直守護著改革小組，而且還關心他們是否需要經營資源等。

7.明確的時程

香川董事長與黑岩莞太明確設定二年的改革時間，讓大家留下一個深刻的印象。如此一來，不僅斷了守舊派的退路，也是給改革者一個訊息，告訴他們：「在這兩年內不要囉嗦，給我埋頭苦幹就對了。」

8.公開清楚的說明

毫不保留地讓所有員工知道公司的慘況。如果不攤開事實，就無法逼迫內部「面對現實」或「強烈的自我反省」。外部管理顧問五十嵐站在第三者的立場嚴厲地指出問題點，他的論述讓員工無法反駁，最後只好接受現實。

他們之所以不時的在內部說明改革方針，就是想讓高層的聲音與內部的向量結合。同時，一有什麼成果便立即發表，以鼓舞員工的士氣。

9.有骨氣的人事安排

一個「有骨氣的人事安排」對於改革是不可或缺的。大部分的日本傳統企業還是不能忍受像亞斯特工廠銷售系統般天翻地覆的人事安排。然而，經營高層只要有心就一定辦得到。

高層要選擇的是：堅持過去的人事制度，讓大家一起沉淪；還是培育菁英人才，讓他們衝鋒陷陣開拓新的事業版圖，讓其他員工分享成果這樣的良性循環。

如同我在序章所說的，改革需要一個支持者（香川董事長）、強勢領導（黑岩莞太）、智慧領導（五十嵐直樹）及行動領導（川端祐二）等四個人相互配合。當然，只要具備這些功能，人數更多也無所謂。

10. 嚴厲的斥責

罵人是很耗力氣的一件事。因為斥責別人，相對的自己也要做得到才行。最近的日本企業比較少看到罵人的景象了，但黑岩莞太與川端祐二卻不時動怒，罵得非常兇。

有些人只會說場面話，緩和現場氣氛但什麼也不做；有些人一副評論家的模樣，光知道批評而不動手；有些人根本不知道自己在幹些什麼，平白浪費時間。這些人都被他們罵得最兇。

他們罵人時從不言詞曖昧，而是三言兩語就讓對方知道問題所在，明白告訴他該如何馬上改進。對於那些不聽管教的人，最後就將他晾在一旁。不管策略如何精良，只要放任這些人在內部作威作福，改革就會變得有名無實。此時，切忌罵過頭，讓內部瀰漫肅殺之氣，重要的是斥責員工時需要有條有理與簡單明瞭的說明。

11. 現場主義與改革的推動

亞斯特工廠銷售系統之所以能夠以驚人的速度及縝密性堆好這個改革的「積木」，是因為經營高層採取「現場主義」，隨時注意現場，一發現有讓積木倒塌的因素就立即排除之故。

若非如此，絕對不可能讓改革的進展如此快速。

「遠大的志向」與「靈魂的傳承」

所謂經營組織的改革就是「腳踏實地」的，盡全力推動那些我們認為「對的事物」。而這件事需要有人帶頭，無比熱情的投入。

在故事的最後，星鐵也曾說：「所謂改革就是『靈魂的傳承』」、「經營者最重要的是要有『遠大的志向』」。

這些話並不是我想出來的。這是某家上市公司的改革成員，在數年前忍受著公司幹部的抱怨與小動作的反抗，滿身創傷的推動改革所提供的經驗談。

這位小組成員面臨自己的公司長期虧損，卻還想辦法改變這家無可救藥的公司，他就像唐吉軻德般地挑戰大組織。當他近距離看清楚經營高層與高階幹部的態度時，讓他在這些活生生的經歷中不斷自問：「所謂經營到底是什麼？」

最後他發現，雖然策略的好壞對公司能否恢復活力很重要，但是領導者的「遠大志向」與

「靈魂的傳承」才是關鍵所在。現在，他已經身為經營者，同時滿懷熱情地面對新的挑戰。

日本企業到處都埋沒這樣的人才，是日本沒有辦法提供這些人一個發揮的舞臺嗎？我想如果能夠廣開大門的話，日本的經營應該是還有機會的。

各位讀者都希望日本成為一個活力充沛的國家吧？

這本書是我對自己的事業生涯做的一個總檢討。無庸置疑地，這本書能夠完成，要感謝這一生中與我一同奮鬥的各界朋友的支持。每當我想起，那些陪我站在企業改革的最前線，面臨死亡之谷，度過嚴峻時期的「有骨氣的同伴們」，驕傲與感激就不禁油然而生。在此，謹容我再致上我深摯的謝意。另外，我也要向日本經濟新聞社出版局的西林啟二先生與伊藤公一先生致意，感謝他們無畏辛勞等待我的文稿，同時提供各種意見。

本書的故事一直到最後都沒有女性登場。因為很遺憾地，日本大多數的大企業都還做不到指派女性去戰況激烈的前線推動改革。即使有一天這樣的日子到來了，也不過是將書中的主角換個女性的名字罷了，因為一個非做不可的工作是不分性別的。

本書裏其實不少女性的角色，只是她們沒有出現在舞臺上而已。這些背負改革重擔的人各有各的家庭，背後都有暗地裏支持他們的家人。這些提供經驗談的人大部分都表示，他們在外面打拚得愈累，回到家就愈能放鬆，這時，都深深感受到家人的重要。

我個人也是如此。

最後，我想將本書獻給我最愛的三位女士。

首先，獻給先母鷹子，感謝她在貧窮中努力扶養我長大。其次，獻給內人英子，感謝她陪我走過人生。最後，獻給目前正在美國紐約摸索未來的獨生女明子。

對談

V型復甦的經營：邁向成功之路

◉與「行動領導」鈴木康夫（前小松製作所執行董事）對談

在這個對談開始之前，首先請容我先說明幾點。

事實上，本書故事中的母公司「太陽產業」就是以當時營業額一兆日圓的世界級企業——小松製作所（KOMATSU）為雛型。該公司以生產推土機（bulldozer）等營建機械聞名，本書即是以小松電機總公司中經手「產業機械」的「產業機械總部」與旗下負責銷售的子公司「小松產業機械」為故事的舞臺。這家子公司就是書中的「亞斯特工廠銷售系統」。當時，該事業總部所生產的小型沖壓機或鈑金機械等工具機都透過這家公司行銷。

我身為一位事業重整專家（或稱企業再造專家），向來謹守職業道德，一直避免洩露客戶的公司名稱。因此，在寫此書時特別注意角色的著墨，以免引起外界聯想；此外，如同我在序章中所說的，本書中也穿插了我為其他四家公司內部重整事業的各種經驗。換句話說，我希望藉由這種方式，讓本書成為一本企業再造、重整事業的教科書。然而，百分之九十的內容卻是小松製作所的真人實事。

但是，當本書出版之後，我開始擔心自己筆下的這些角色，因為小松總公司與子公司小松產機的經營幹部，毫不諱言地向外界透露本書就是據實描述該公司實行企業改造的過程。除此之外，《日經產業新聞》的小松專題報導也將我的名字與本書公諸於世。雖然有些企業對於虧損的事業抱持避而遠之的方針，但是，小松的經營團隊卻非如此。他們認為重要的是忠實的呈現經營的實際狀況，讓員工知道經營團隊正在嚴肅地與現實對戰中。

基於上述理由，我就無需繼續隱匿客戶的名稱了。因此，我便趁著這次二〇一三年六月修訂版的問世，取得該公司的同意，公布他們的名稱，同時邀請當時改革任務小組的「領導者」對談，述說一下他的感想。

本書中扮演「支持者」角色的總公司董事長「香川五郎」，就是小松的前任董事長安崎曉。本書在交稿前曾先請安崎董事長過目，但他不曾對內容批評過一言半語。當時，小松總公司在一九九〇年代也因為經濟泡沫化而有一段艱困的時候，安崎董事長與他的左右手——副董事長的坂根正弘先生與荻原敏孝先生，果敢地肩負起改革小松的角色。就我個人而言，當時看到這三人所組成的經營團隊及其卓越的領導表現，讓人不禁讚嘆「日本式的經營依然健在」。

那次的改革讓小松的業績驚人地起死回生。在安崎董事長退休後，由坂根正弘接任董事長，最後荻原敏孝也榮升會長，他們兩人繼續推動小松的經營改革。坂根在接任董事長以後第一年度的虧損為八百億日圓，但從第二年開始公司的結算連續六季都是增收增益，同時營業額向二兆日圓邁進。

小松在業績最低潮的時候，虧損最大的事業是電子部與產業機械部。在安崎董事長所領導的三人經營團隊中，由坂根副董事長負責重整電子部門，而本書的故事舞臺產機事業總部加上小松產機的改革，則由安崎董事長↓荻原副董事長負責。

在那次的改革中，這個經營團隊的三位高層所擔任的是「支持者」的角色。事實上，我一人兼飾本書中站在第一線的「強勢領導」黑岩莞太與「智慧領導」五十嵐直樹兩個角色。為了剖析改革的成功機制，我特地將這二個角色分開以免讀者混淆。這次受邀與我對談的來賓就是「行動

【圖表A.1】改革四人小組

❶支持者
提供「金錢」與「時間」

❷智慧領導者
提供正確的「決策」

❸強勢領導者
「手腕」高超，能夠控制衝突
（合情合理的手腕）

❹行動領導者
領導大家勇往「向前」

領導」的川端祐二。在本書中他身為改革任務小組的組長，與黑岩莞太共同完成改革方案，並擔任亞斯特工廠銷售系統的董事長親自推動改革。然而在現實世界中，如同故事的發展一樣，在改革小組的任務結束以後，接下小松產機董事長職務推動改革的是鈴木康夫先生。

鈴木先生在本書的改革告一段落以後，發揮他的經營長才，從小松總公司的執行高級幹部、常務董事，一路榮升到執行董事，成為世界級的小松製作所五位經營高層之一。後來，他從小松退休以後，轉任該公司的顧問，之後又在企業重整支援機構旗下的亞克（Arc）股份有限公司擔任董事長，協助模具相關企業的重建。當本書決定改版時，他即爽快地答應我的訪談並同意以真名刊出。

1 改革的開始背景

問：聽說「V型復甦的經營」的改革，改變了鈴木先生您的人生，可以談一談您的感想嗎？（編輯部）

鈴木康夫（以下簡稱鈴木）：這是我以前從來沒有碰過的經營體驗，我想那次的改革對我後來的工作態度及思考方法影響很大。

三枝匡（以下簡稱三枝）：當您靠近改革的死亡之谷時，雖然不時有流彈飛來飛去，有時還被逼得在地面進退不得，但是一旦越過了這個死亡之谷，您一定會察覺到若要按照以前那種做事方法，即使花個十年、二十年也學不到這個寶貴的經驗吧？

鈴木：我現在碰到您還會忍不住要叫一聲老師，那個時候真的從您那裏學到不少；所以現在對我來說您還是我的老師。

三枝：好說，好說。那次的改革如果沒有鈴木先生來當改革小組組長的話，很可能就半途而廢了。其實，剛開始我找的組長人選還兼任其他職務，但是才過了兩個月，我就將他換了下來。直到鈴木先生加入以後，改革小組才安定下來，並且真正動了起來。我們兩人是並肩作戰的戰友呢！後來，我也接受三住（Misumi）公司的委聘，以經營者的身分協助管理，所以我現在跟鈴木先生都是經營圈的夥伴。

鈴木：我很高興您將我看做是戰友，說我是您的夥伴，我實在不敢當。

問：小松總公司從營運不振的谷底快速恢復業績，除了背地裏因為本書所描述的改革歷程讓產機事業總部從嚴重的虧損中脫困以外，跟之後營業額達到驚人的增收增益也有很大的關係吧？

鈴木：是的。一個原本造成公司負擔的部門，改造成功之後對公司一定會有很大貢獻。雖然小松的營建用機械在日本的銷售量第一，世界也排名第二，但是產業機械部門卻不大有名。然而在小松的歷史中，這個部門是在這家公司一九二一年創立的兩年後，推出日本第一台的沖壓機，可以說是陪著小松的歷史一起走過來的部門，這個事業還曾經是小松的主力呢！

隨著一九九〇年代後半經濟泡沫化的影響與公共事業的遽減，讓小松的整體經營陷入困境。產機事業總部與子公司的小松產機也做了各種努力，比方說，裁員等合理的改革措施，但卻總是錯失先機，市占率持續下滑，因此無法擺脫龐大的赤字。

三枝：安崎董事長是一位相當有擔當、卓越的經營者。我很驚訝日本的經營者中竟然有這樣厲害的領導者。他毫不退縮地在他擔任董事長時，一一解決那些過去曾輝煌但現在業績不振的部門，那些部門被稱為「小松的遺產」。他甚至親口表示，即便是歷史悠久的小型產業機械，如果不能在兩年內重建的話，就必須收掉這個事業。

話雖如此，安崎董事長並不是像美國的經營者一般只顧眼前利益，三兩下就割捨虧損的事業，他有足夠的耐心守株待兔。我想對於當時那些不知世事的員工來說，他們一定無法體會產機事業總部與小松產機應該感謝有這樣一位了不起的「支持者」來當他們的經營者。董事長就是在那個情況下跟我聯絡的。當時，我與他在青山淺田的一家高級加賀料理餐廳碰面。

他從前曾找過我一次，詢問我能不能去小松幫忙，但當時我正忙著另一家上市公司的事，所以就讓他等了兩年。當那次用完餐以後，安崎先生立即安排他的部屬來我東京荻窪的事務所拜訪，並遞給我一張紙。

那張紙上寫著安崎董事長認為有問題的事業，連同關係企業在內從大到小約有二、三十家。對方跟我說：「請您從中挑選一家吧！」當時，我從不曾遇到有人直接拿事業重整部門名單給我看的，所以就笑了出來。後來，我聽完他詳細的說明便接受他們的委託，協助重整產業機械事業（總公司的產機事業總部加上小松產機）。

問：您為什麼選擇產機事業呢？

三枝：那是因為這個事業規模夠大，總公司的事業總部與子公司又是同一個事業的緣故。總公司的安崎董事長直接參與是我選擇的關鍵。我在重整一家事業時，如果不能與總公司的高層直接溝通，我是不會接受委託的。如果在「支持者」與我之間隔著其他人的話，我的立場就會不上不下，改革就會隨著內部的派系鬥爭而不知所措，或是捲進內部的相互牽制裏，改革就很可能因此挫敗；過去我在這方面曾經吃了不少苦頭。

安崎先生一開始就對我說：「慢慢來就好。」。我就這樣去小松上班了。但當我進去這家公司之後，才發現事情根本不容許我慢慢來。不管是產機事業總部或子公司的小松產機都靠小松製作所這家大企業在支撐，如果他們自己獨立出來的話，早就要跟政府聲請公司破產保護了。但是，公司內部相關人員卻還一副悠哉的模樣。

他們是一群上班族的集團，事業都虧損了，還依照總公司的標準領取分紅，薪資也比一般行情來得高。所以員工都不痛不癢的。根據我過去的企業再造經驗，這種症狀在日本大企業真的是見怪不怪，當時不禁心想：「又來了。」因此，我急忙去向安崎先生報告：「事情已經火燒眉毛，沒時間慢慢來」，就這樣正式推動改革。

問：這個事業在一九九〇年代的十年內，縮到剩下三分之一。在本書中，描述這個事業過去七年的虧損高達一百五十億日圓，但是聽說實際金額更大，是嗎？

三枝：本書出版當時因為時機太過敏感，我個人認為不宜公開客戶的資訊，所以就沒有照實寫出詳細的金額。實際的虧損金額是兩百五十億日圓。總公司事業總部的赤字雖然比子公司來得嚴重，但因為每一年都被其他部門的黑字給抵銷了，而且在年度結算的時候被處理掉了，所以資產負債表上看不到累計虧損這樣的數字。當我在公司內部公布我所算出來的事業（指小型沖壓機與鈑金工具機）累計虧損額時，大家都是「啊？」的反應。光是一季的赤字就高達十億日圓呢，所以說，【圖表6.3】是千真萬確的。

問：後來您花了兩個月與主管及年輕員工個別談話，除為了掌握公司內部的實際狀況以外，也為了挑選改革任務小組的成員是嗎？

三枝：是的，我挑選了四位專職的小組成員與四位兼職成員，人事部也給過我名單，但我卻沒有採用。不管在哪一家公司，人事部對於有心改革的人不一定都有好感，因為他們有不一樣的價值觀，不少公司就因為這樣而錯失讓公司恢復活力的良機。

鈴木：有趣的是，當時被指派為兼職成員的人當中，有人在不知不覺中像是專職似的，擅自從早忙到晚呢（笑）。雖然他們不是專職成員，但因為一心想拯救自己的事業部門才會這麼投入。當我問他不會耽誤到自己的工作嗎？對方竟然回答「我已經跟主管報告過了」。

三枝：我第一次見到鈴木先生是在十二月，改革任務小組開始啟動以後的事了。當時我就聽說有一個人「在小松購併的美國公司當副董事長」，但鈴木先生因為長期調派國外，所以一直沒見到面。而那個時候，任務改革小組已經開始行動了。

鈴木：我第一次見到三枝先生時，我並不知道自己是在接受任務小組的面試。幾年前安崎董事長為了解決小松業績不振的問題，曾經成立二十一個任務小組，其中一項是「大型沖壓機械的健全經營」。當時，受到汽車廠商在設備投資方面起起落落的影響，小松的相關事業也變得不健全，逐年在賺錢與虧錢間浮沉。我認為要從這個狀態中脫困不能光改善生產與銷售的問題，因此便提出一個整體的事業重整方案，建議公司將改革範圍擴大到服務、維修等售後市場，公司接受了我的提案，於是在產機事業總部中成立一個再造事業部並由我負責。

在那個部門中有一個安崎董事長大膽購併的美國企業（小松切削技術公司），這家公司在十年內不斷的虧損成為公司的問題，但我卻成功地讓他們的業績由紅轉黑。當我聽說日本的產機事業總部也有同樣技術領域的事業，但在這次的改革中可能會遭到棄守，我心想這將會是公司的損失，所以就很想跟三枝先生見面了。事實上，那個技術在開始改革以後，對業績的改善有很大的貢獻。我當初想見三枝先生的目的，不過是這樣而已。

三枝：我第一次見到他是在石川縣小松市的小松工廠會議室，我覺得能夠被外派去經營一家購併的海外企業是相當寶貴的經驗。一家成長停滯的公司裏有能力拯救公司的人才，往往是曾在海外打拚的人。在日本國內最大的組織中長期任職的人才，很少有機會測試個人的經營能力，倒不如說他們都習慣上班族內部的政治角力，所以大部分很難推翻公司過去的歷史。

在我與鈴木先生見面時，改革小組已經啟動，我早有強勢領導的人選。但當我與鈴木先生談不到一個小時的時候，就改弦易轍了（笑），我心想這個才是我要找的人。我當時就想一定要讓這個人加入任務小組不可。

我與鈴木先生當時的上司談到這件事，他嘲笑鈴木是一個「公子哥兒」。他的意思是鈴木是一個沒辦法捲起袖管做事，只會裝裝樣子的人。我那時想，你都跟他在一起工作這麼多年了，卻還不知道如何去區別一個人的好壞。一個大型公司的邊疆地帶（意指並非位於權力核心），常常埋沒這樣有骨氣的人才呢！我不想捲入內部的人事鬥爭，所以就直接向安崎董事長要人。

鈴木：我不知道還有這樣的內幕，但公司拔擢我擔任改革小組的組長，對我來說卻如同晴天霹靂。當負責改革的荻原副董事長打電話跟我說：「公司要派你當產機事業總部的副總經理，也要兼改革任務小組的組長。」總經理是公司的高級執行幹部，所以表示我將是他底下的第一號人物。副董事長突然給我這麼一通電話，卻沒有公司的人事命令，他只跟我說董事會已經決定了，你明天就來東京總公司上班。

問：原來您是這樣當上任務小組組長的，但您覺得自己在這個職務上受益匪淺是嗎？

鈴木：不，當時我根本沒有想到這是一種學習，反正拚命做就對了。安崎董事長已經說了，這個事業如果兩年內沒有改善的話，就打算結束營業，所以我們一定得找出一條出路。當改革告一個段落以後，我常被問到：「你覺得改革成功的最大關鍵為何？」我都會不加思索的回說：「策略。」這是我在三枝先生的牽引下，肩負起事業改革的角色，最後讓業績呈現V型復甦時的親身體驗。

三枝：您回答得太好了。鈴木先生擔當任務小組組長的時候，其實策略素養（意指對於策略的相關知識）並不高（笑）。但是當完成改革，他能夠一語道破改革的關鍵在於「策略」時，就表示鈴木先生提升了做為「智慧領導者」的能力。

我剛開始是期待鈴木先生當一位「行動領導者」。我希望他能夠無視於內部的膠著狀況，斬釘截鐵地告訴大家改革勢在必行，帶領不知所措的小組成員勇敢前進。鈴木先生在那個階段的角色還不是「智慧領導」（笑）。

鈴木：我進來任務小組的時機比較晚，那時三枝先生還跟我說你的經營素養不高喔（笑）！然後，他開給我一張書籍清單要我在一個星期內讀完。可是那個數量根本不可能在一個星期讀得完的（笑）。剛開始的時候，三枝先生說的很多經營管理方面的名詞我都沒聽過，所以才想要從頭學習。後來，過了一段日子以後，我就學會不少東西了。比方說，策略概念或是改革架構的重要性等。

三枝：鈴木先生對於什麼事情，都抱持謙虛的學習態度。一位自我成長的人才絕對不會不懂裝懂，而是謙沖為懷。在「撰寫劇本」的階段，重要的「智慧領導者」是五十嵐。鈴木先生身為「智慧領導者」在撰寫劇本的後半段貢獻頗大。當然，鈴木先生比我更熟悉組織的臨場感及商品等等，所以在判斷策略時能有鈴木先生的加入，對我們幫助很大。

鈴木：不敢當，不敢當。不過，後來改革方案告一個段落，新公司成立以後，我的角色在接下來的執行階段就擴大了。

三枝：對！一旦啟動改革以後，就是鈴木先生擔任「行動領導者」角色的重頭戲了。我認為鈴木先生是百分之八十的「行動領導者」與「強勢領導者」。他的表現實在可圈可點。當輪到改革的「行動」上場時，就不再需要五十嵐的角色，所以就是他從故事舞臺退場的時候。取而代之的是「智慧領導者」的黑岩莞太出場，此時他需一邊從上俯瞰改革的狀況，一邊針對脫離劇本的部分思索因應對策，鈴木先生還需要不時地修正策略與行動。這就是他所扮演的角色。

2　強烈的反省

問：三枝先生曾說，企業改革成功與否端賴事前準備的三套劇本。第一套是指出問題點，讓大家「認識現狀與強烈反省」。第二套是根據第一套所做的「提示方針與策略的改革劇本」。第三套則是「行動計畫」。在第一套的「認識現狀與強烈反省」方面，小松產機事業部的任務小組又是如何訂定的呢？

鈴木：三枝先生跟我說需要一個「章魚的房間」（編按：比喻可以長時間專注不受干擾的工作空間，原意指的是工人長時間勞動專門處理章魚等漁獲的海鮮工廠），所以我們就在東京溜池的總公司空出一間辦公室給改革小組。大家就窩在那裏，不斷拚命地分析事業內容或者市場的競爭狀況等。

三枝：我們當初已經花了四個月研擬改革方案，但去向安崎董事長與其他經營高層進行簡報的時程卻早就敲定了。這是我自己答應董事長的。但是在那四個月中，時間都過了三分之一我們

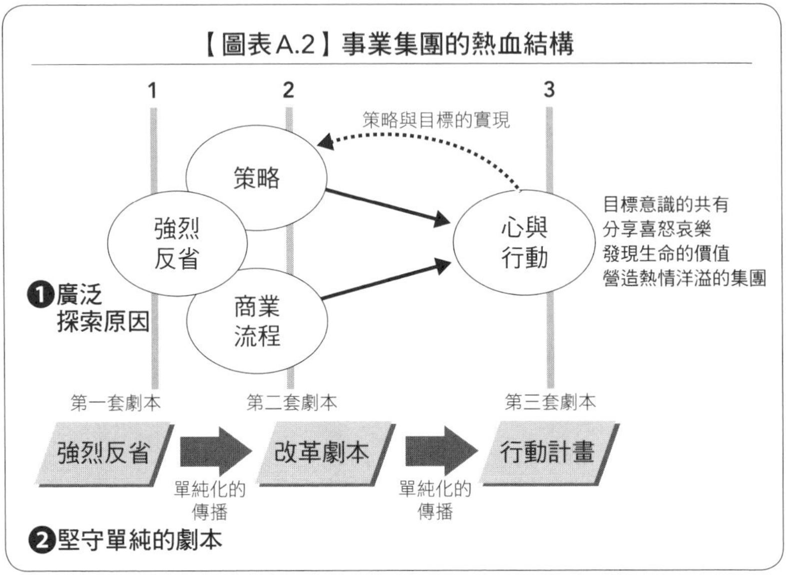

卻連問題在哪裏都不知道，當時真的是亂成一團。剛開始的時候，任務小組成員的行事作風還是跟以前沒有兩樣，完全看不到緊張氣氛。而且那還是我「似曾相識的場景」。當然我知道這個改革方案需要的內容與高度，因此內心相當焦慮，但是對任務小組的成員來說，這卻是他們第一次的經驗，所以不知道這個作業的重要性。他們覺得自己已經竭盡全力。我當時想，照這樣下去一定會來不及，所以就「刺激」了他們一下。果然他們都立即動了起來，但遺憾的是，再怎麼說，他們就是一群業餘的人。在我經手的改革專案中，每一家公司都是從那個程度開始的。這就是我採取的改革手法。

鈴木：當時我們面臨的就像第四章所描述的故事一樣。那時，我們利用許多卡片來「認識現狀與強烈反省」，當這些卡片貼在章魚房間的牆壁上以後，才發現問題很複雜。我們完全不知道什麼是問題的本質，或者該如何解決。

現在回想起來，我能夠肯定的是，當時我們已經忘了從「客戶」的立場來看事情。牆壁上貼的都是內部的思考邏輯。最糟糕的是，部門的虧損都超過兩百億日圓了，但是幹部與員工都沒有任何危機意識，沒有「輸」的感覺。當我們頭一次聽到三枝先生說出「打敗仗」這個字眼時，心頭都震了一下。

三枝：這種封閉的心態可以說是日本企業的特性。甚至說，這是日本人的特性也不為過，連日本的政治家都是這個樣子。但我們自己卻不知道。其實日本軍隊過去之所以戰敗，也肇因於此。當我們的心態封閉時，就會喪失競爭或是策略的意識。

問：後來，任務小組想出「小型組織」的概念，貫徹「創作、製造、販賣」的整套流程以打破內部的膠著心態，但是總公司的安崎董事長贊成這個方案嗎？

三枝：當我們在為安崎先生做簡報時，仔仔細細說明了新的組織概念。董事長聽完以後，就贊成我們的改革方案，所以我想他應該是清楚我們的概念的。

然而，小而美的組織理論與小松的傳統組織大異其趣。因此，我想小松總公司內部應該很少人會贊成我們這個理論吧？我猜在產機事業的改革尚未出現驚人的成效之前，安崎董事長對於這個組織理論是不置可否、不願表態的。

鈴木：不管是當時或現在，日本典型的大企業都認為分工制組織才是對的，小松也是一樣。然而，我以為即便在松下幸之助的事業部制度下，曾經鼎盛一時的松下電器（現Panasonic）後來也因為分工制組織日趨巨大而出現問題。因此，三枝先生早在一九八〇年代就注意到這個問題，在他的專案中嘗試各種活化日本企業的手法，我覺得他真的是高瞻遠矚呢！

小松的營建機械事業也採用分工制組織。其中大型的採礦機械事業（開挖礦山機械）多虧「市場區隔不同」這個正確的判斷而獨立出來，成為一個「自負盈虧」的事業部門。這個方式不僅成功了，還創下部門的最高獲利。除此之外，坂根董事長也認為服務事業無法賺錢，所以一直在思考如何解決，就在我當常務董事兼經營企劃室室長的時候，他終於將服務事業切割成零件事業與二手機械事業（中古機械的再利用）二大塊。各個事業擁有該部門所需的基本單位，發揮機能自律的運作。這個做法後來也成功了。因此小松總公司中也有「機能型事業部」這樣成功的案例。

3　研擬簡單的策略

問：三枝先生在撰寫「第一、第二套」的劇本時，首先利用「強烈反省」說明問題發生的由來。剛開始您並沒有設定範圍，而是讓成員大範圍的去蒐尋問題。接著追到問題的底層，篩選最糟糕的原因。

鈴木：這是我從三枝先生那兒學來的，重點就是將目前亂七八糟的局面「單純化」；這並不是在研擬方針與策略的時候讓事情單純化，而是在「第一套劇本」的階段就要做到了。如此一來，在製作「第二套」的「提示方針與策略的改革劇本」時，「第一套」劇本的單純化就自然而然的移轉過來了。這真的是讓人跌破眼鏡的想法，但是我認為，沒有高度的經營素養是不可能做到的。

在任務小組作業的時候，三枝先生也參與我們，與每一位成員密切的互動。當時以我們的能力還無法研擬出一套單純且有效的好策略。我們按著三枝先生所寫出來的大綱作業，他教我們看事情的方法、思考方式與分析手法等，讓我們不斷的修正我們自己的答案。這段期間我們受到很大的磨練，這些收穫是一般學不來的。有幾個策略故事是我們花了一整個晚上怎麼也想不出來，但第二天一早三枝先生就給了一個方案說「你們看這個怎麼樣？」，我們即使想破頭也想不出來的方案，被三枝先生一提醒，我們就想：「啊！就是這個！」類似的事情發生過好多次呢！我們也因此知道自己有幾兩重了。

三枝：當重整一個事業時，其實不管是在什麼公司，事實上我也是在黑暗中摸索。可能有人會以為我是專家，所以一開始就知道怎麼做了，但根本不是這麼一回事。每一家公司都需要親自去找出問題的原因與對策。我即使知道如何追究問題，但到底會得出什麼結果，我一開始也無法預測的。

一個不行的組織是一個問題衍生出另一個問題，讓原來的問題更加惡化，這樣子長年累月拖延下去，結果就搞不清楚真正的問題原因何在了。因此，就是因為歷任的責任者都放棄不管，才會有今天這個局面。

問：三枝先生的職業是親自垂降到「死亡之谷」拯救那些業績不振、摔落「死亡之谷」的組織，在那裏探索解救大家的方法，您的工作還真是辛苦呢！

三枝：如果只是找出一條出路，我想只要是能力不錯的經營顧問，都有辦法提出某種程度的解決方案，因為他們就是靠這個吃飯的。但是，如果只是提出方案卻沒有辦法鼓動人心的話，根本無濟於事。

在日本，那些驕傲且歷史悠久的傳統企業遇到我這樣的人時，就好像生了一根骨刺似的。公司的業績都已經搖搖欲墜了，自己卻還擺脫不了上班族的習性，只知道抱怨而不願去市場拚個高下，他們大多不知道自己已經摔到「死亡之谷」。這就是大多數日本企業停滯不前的原因。想讓這些員工認清自己的責任，拿出積極的行動是很費力的。管理顧問與事業重整專家的不同，是面對這樣的狀況時，是否有「魄力」鼓動人心。所謂個人的經營能力，其實指的就是這個。為了讓「現有的員工」眼睛發亮、採取行動，需要集結大家的能量。

鈴木：這個魄力並非是指暴力，而是指「有邏輯支持的說服力」，對吧？

三枝：對，就是這樣！有時候也需要有魄力在改革說明會上痛斥「為反對而反對」的主管，但是事實上只要重新讀一下那個段落（請參閱第五章「過激派登場？」），大家就能夠理解當時確實有必要當場斥責那位扯後腿的主管。黑岩莞太斥責對方時，並不是只罵那位主管惡劣的態度，黑岩雖然暴怒，卻還是條理分明的闡述改革理論。他就是因為辛苦的參與過劇本的撰寫，所以才對那個理論自信滿滿。但是，當時在場的員工卻是在改革說明會上才看到「第一套」劇本的。黑岩的腦海中靈光一閃，他想即使動怒，只要把內容說清楚，大家也會理解他發怒的原因，所以他才會當場爆發。

鈴木：可不是嗎？我在準備改革作業時，發覺到三枝先生一直督促我們準備一個足以說服大家的改革劇本及簡報。每一張簡報中一字一句都是經過精挑細選的。我們的原稿剛開始都被三枝先生改得滿江紅。他改的並不是遣詞用字，他在意的是如何讓改革的「邏輯」順利地深入人心。我們就像是遭到惡鬼窮追猛打似的，在他的逼迫下追求言語的極致。我們做的很辛苦。雖然一開始並不知道為什麼需要做到這個地步，但是當我們完成了以後，就看清楚整個流程了；知道任務小組所架構的邏輯，是在什麼地方用什麼方式連結，最後又如何讓員工理解的。我們因此對自己的說服力深具信心。當結束這個準備作業以後，接下來就是員工的說明會。我想聽過我們說明的員工一定會覺得我們充滿自信，對我們深信不疑，因為我們是有萬全準備的。

三枝：為了讓改革劇本具有說服力，內容一定要愈簡單愈好。改革劇本應該簡單易懂，讓大家聽了之後，覺得自己應該一定要起身力行。這件事其實對領導者也有好處。上位者如果有一個簡單且堅強的故事的話，就會成為領導者的改革「信念」，進而讓大家產生「認同」。所以，複雜的故事根本行不通。

當然，這個故事也必須有正確的策略。所謂「正確」，是指執行之後能夠出現確實的成效。因為，一個策略如果沒有成效，就稱不上「正不正確」。

問：如果缺乏高超的策略技巧，就寫不出簡潔俐落的劇本吧？

鈴木：我們當時作業的時候雖然是在黑暗中摸索著，但是因為三枝先生經驗豐富，一下子就幫我們設定故事的目標了。幸虧如此，我們在作業時才能夠擁有許多「抽屜」（意指制定策略的方法和工具）去整理這些切入點。除此之外，我們還具體地計畫該如何重整事業，如何鎖定策略等。在不斷的反覆這樣的步驟以後，我們總算感覺到這是「我們自己做出來的改革劇本」。

問：所以說，在本書中三枝先生是一人兼飾黑岩與五十嵐的雙重角色。

鈴木：就我所知，一般的管理顧問是不會這麼投入的。我想他除了扮演「智慧領導者」的角色以外，在某個階段還化身為「強勢領導者」，善盡小松總公司事業部總經理的責任。上面的人認為我是個「公子哥兒」，所以如果沒有像三枝先生這樣的人擔任任務小組的「防火牆」，改革極可能在公司內部就變得亂七八糟了。

三枝：改革指導者一定要選與那個事業不振的部門「毫無關係」的人出任。如果推動改革的人，就是過去造成這個部門業績不振的同仁的話，大家就會想：「今天部門會搞到這個地步，你也要負責任吧？還好意思一副事不關己的樣子，在那裏說三道四的。」底下的人因為他是上司而不得不聽令行事，但卻不是真正具有熱情的行動。所以當一位內部的人想善盡改革領導者的職務，卻往往無法大刀闊斧的推動改革，而讓事情半途而廢。

安崎董事長早就看出來事業總部有這種問題，因此就跨過事業部總經理讓我接掌「強勢領導」這個角色。我覺得這就是安崎董事長他身為「支持者」的獨到見識。不管是哪一家公司找我去重整時，剛開始他們都是期待我扮演「智慧領導者」，等到正式推動改革時，我卻常常需要肩負起「強勢領導者」的角色。因為很多時候不是當事人沒有能力去改革，就是他們虛與委蛇、只做表面功夫，骨子裏其實是守舊派。

站在第一線推動改革是千辛萬苦的。但我想這是我的宿命。不過，我想也因為如此而提升了自己的經營能力。因為在我思考「策略」的同時，也一邊努力累積「讓死氣沉沉的組織動起來」的技巧。

鈴木：在那一次的改革中，我從三枝先生那裏學到堅強的意志、面對萬難也堅持不退的態度。在經營素養方面，我學到「戰勝」「篩選與集中」「簡單的目標」等概念。在邏輯方面，像產品組合管理（PPM，Product portfolio management）等被大家認為是古典級的舊理論，一旦實際應用在公司營運時，會讓人訝異這些策略理論竟然如此有效。

三枝：研擬改革劇本本來就是一個艱辛的作業，但小松的狀況嚴峻到現在提起來都像是一個傳奇一樣，讓人無法置信。這個作業並不是看到一條路以後，大家「流血流汗」就可以達成的。因為我們連路在哪裏都不知道呢！

鈴木：現在，或許可以說那是個「智慧創意」的作業，但當時我們卻做得相當辛苦，套用不上這樣時髦的名詞。因為我們要做的是深究公司之所以輸的原因，否定員工的自尊，切割眼前的組織。支撐每一位任務小組成員的動力，僅僅是被公司指派的使命感與榮耀。我們是在不懂手法與如何思考的狀況下開始作業的。

三枝：歷任的事業部總經理並沒有推出有效的對策，讓持續失敗十年的事業翻身，因此即使挑選幹勁十足、反骨精神旺盛的員工來推動改革，也無法寫出簡單的好劇本。反正他們就是一群中階主管，而且視野也不夠寬廣。他們過去只要在內部發發牢騷就好了，這次卻被逼著「不要再批評了，說看看應該怎麼做」（笑），有人真的在章魚房間被這樣說過喔！我現在都還記得當時那位成員的表情呢！他像是被當頭棒喝一樣，察覺到像路人似地批評過去，無法盡到任務小組的責任，那個人因為這樣而更上一層樓了呢！

有時，我晚上十二點左右回到當時位在荻窪的三枝事務所以後，還因為不放心打電話回去交代，結果大家還在章魚房間討論著呢！當時，就是這個樣子。

鈴木：那是改革劇本最後的階段。我們一直沒有辦法完成，那時候幾乎都是挑燈夜戰。

三枝：這個作業跟外面請來的管理顧問所做的報告不同。近來的管理顧問滿口執行

（implementation）什麼的，教大家如何將策略落實現場，但實際上卻不肯負起責任。這當然牽涉到內部情事，況且外來的人一旦如此投入，就會讓那家公司的高級幹部或主管失去存在的理由，所以就不能讓管理顧問太過深入。但是，如果真的將低迷的事業丟給那些高傲的中階主管處理，卻又沒有人可以接手，因為這是高層才能解決的僵局。

基於上述理由，董事長便要我不客氣的放手去做。我當時想如果成立一個任務小組，挑選一些具備經營才能的員工讓他們自己破繭而出，痛苦地找出解決對策就可以了。如果答案簡單得唾手可得，對他們並沒有好處。唯有自己千辛萬苦完成的智慧結晶化為行動時，才會強烈的「堅持」自己的劇本，而且變成一種推動力。在我擔任三住公司的董事長時，也用同樣的思考方式在公司內部制訂營運計畫。

鈴木：我們提出的答案好幾次被三枝先生打回票，他總是說邏輯不通。到最後我們都不知道該如何是好，只能像無頭蒼蠅似的到處亂竄。

三枝：改革劇本如果太早完成的話，推上檯面的劇本就會忽略執行時可能發生的陷阱。所以我才會希望盡可能提高劇本的精確性，但我與安崎董事長約好的時程又迫在眉睫，當時我真的是很煎熬呢！

鈴木：但是我們努力到最後一刻，總算完成一個合情合理、大家都能理解的簡單易懂的故事。當大家想「總算完成了」時，離去跟安崎董事長簡報只剩兩、三天而已。

事後回想起來，如果沒有這麼一個簡單的策略故事，我們的改革一定會失敗的。我到今天都

【圖表A.3】強烈反省

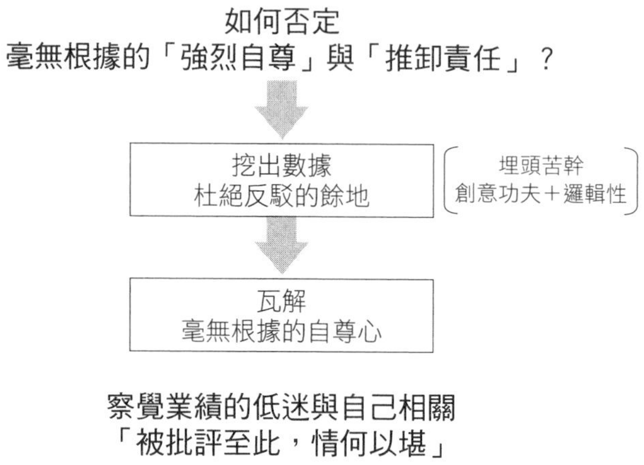
如何否定
毫無根據的「強烈自尊」與「推卸責任」？
挖出數據
杜絕反駁的餘地
埋頭苦幹
創意功夫＋邏輯性
瓦解
毫無根據的自尊心
察覺業績的低迷與自己相關
「被批評至此，情何以堪」

還印象深刻的是，三枝先生曾經教導我們，那些舊的經營團隊或員工可能會反駁的「模糊的論點」，從一開始就不要放在簡報裏。因為當場一定有人在雞蛋裏挑骨頭，扯改革小組的後腿，一旦捲進去無聊的旁枝末節，與會者就會認為整個劇本不行，因而要求改革要做到零風險。

我們的劇本一定要讓別人沒有「反駁的餘地」，所以沒有自信的部分應該全部刪除。但是當我們大幅刪減原先準備的資料以後，到最後就什麼都沒有了（笑）。所以，我們就不刪除了，而是充實內容好讓別人無法反駁。

三枝：支撐劇本內容的就是「數據」。如果有必要的話，連過去大家都不知道的數據也要挖出來。

如果找不到預期的數據，可以用簡便的模式替代，在業務或生產等現場找出新的數據。

這樣的話，就能用數據來證明自己的邏輯是否正確。除此之外，如果能將這些邏輯與數據一同攤在大家面前的話，對手就沒有反駁的餘地了。

鬥爭性較強的人，通常擅長在細節上做文章來否定整個改革計畫，因此，任務小組一定要有周全的準備才行。雖然說邏輯理論最怕碰上內部鬥爭，但如果同樣以暴制暴的話，就會成為一丘之貉。

鈴木：對！邏輯就是我們的武器，我總算知道所謂企業改革就是這樣的一個戰爭。但是正當我想任務小組的工作總算完成了的時候，三枝先生用剩下的兩、三天對我進行簡報特訓。他原先總是念念不忘邏輯的跟我們說「內容最重要」，當我們找出一條路以後，他又說「口才也很重要」（笑）。

他要我不斷地練習如何簡報。比方說，練習時不可以看著稿子默念，一定要念出聲音來，遇到卡住的地方就修改。如果晚上在家裏找不到地方練習就去廁所練習等等（笑）。

我還學到：「投影片切換的空檔，絕對不可以沉默。」可以隨便說「接下來請看……」這麼一句都可以，反正就是要一邊說一邊進入下一張投影片，這是讓聽者融入故事鋪陳的技巧。

4　公布改革劇本

問：任務小組為安崎董事長所做的事業改革簡報獲得核准了呢！

三枝：我們在總公司高級幹部的大會議室裏進行簡報。當時坂根副董事長也列席參加，直接負責的荻原副董事長因為臨時去海外出差而缺席。簡報結束以後，大家都在想安崎董事長會說些什麼呢？任務小組的每位成員屏息以待的那個畫面，讓我永生難忘。

安崎董事長說：「你們都掌握到問題所在了，但是想要在兩年內就出現盈餘的計畫卻過於天真了一點。不過，反正就放手去做吧！好好拚個兩年。」我想用我們的話來說就是，「第一套」劇本做得很好，但是，「第二套」弱了一點。

鈴木：本書中曾寫到，安崎董事長曾說：「這個事業會變成這個樣子，是小松經營者的責任。」我當時聽了相當感動。在準備改革階段，我聽三枝先生說過好幾次，原來「第一套」的「強烈反省」是要讓員工想到「自己過去都將事業虧損的原因推給別人。聽了今天的說明以後，才意識到這也是自己的責任與過錯，因此自己也應該為重建這個事業盡一分心力。」

我們並沒有信心能做出這樣的劇本，但是安崎董事長竟然說：「我自己也不好。」真是讓我嚇了一大跳。雖然我當時想：「耶！成功了！」但是，如果不是經營者謙沖為懷，是不會在員工的面前這麼說的。

三枝：當時安崎董事長說「第二套」劇本的執行面弱了一點，大概是因為安崎董事長並不清楚「創作、製造、販賣」整套組織的改革方案能有多少成效。雖然根據過去的經驗我知道一定有效，但是老實說，不去做看看也不知道結果如何。

鈴木：接下來，任務小組去全國各地為員工說明改革劇本。那個時候，安崎董事長決定將小松產機事業總部與小松產機的「高層全面洗牌」。過去的經營團隊變得岌岌可危，因此一下子失去幹勁。當我們去各地做巡迴說明時，公司尚未頒發人事命令。之所以這樣是因為說明會的主辦人是負責小型機械事業行銷的小松產機董事長，他知道自己即將卸任。總而言之，任務小組在前任董事長的列席下，否定他過去的經營方式，實在是相當怪異。但是，前任董事長還是態度鎮定地竭盡他的義務。

我們因為已經通過安崎董事長那一關，所以對於自己的劇本深具信心。但是最初的說明會卻出現了一個大問題。那個事件，甚至讓我懷疑那次的改革可能走不下去了。

三枝：就是第五章出現的那個主管突襲的事件，是吧？那是發生在溜池總公司二樓會議室的事。

我雖然不知道那個人是不是故意的，但在那次的整體會議上，只有他一個人遲到一個小時喔！所以，他錯過了第一套劇本「現狀分析與反省」最重要的前半段，我想這才是事件最大的伏筆。

鈴木：對，他根本不知道簡報的內容，卻一副老大的姿態批評。他如果從頭開始聽的話，就不會問那些問題了。

三枝：他的態度真的是太過分了。當時，主辦席的中央坐著即將卸任的前任董事長，在這樣微妙的氣氛中進行簡報時，他卻突然發問。我記得當時前任董事長本來是想站起來回答的，但是他根本不可能答得出來，而且我們也不可能讓他回答。任務小組因為這個突襲而動搖，讓簡報幾乎全軍覆沒。我當時想：「啊，糟了！」所以就站了起來。這不過是幾秒之間發生的事。如同故事所說的，我當下大怒，對那位主管破口大罵。

總公司的員工都屏息看待當時的對峙。對我來說，那是絕對不能退讓的決鬥。如果因此讓改革翻盤，任務小組的苦心就會化為泡影。對小松的經營者而言，這也是解救這個事業的最後手段了。安崎董事長的用心將因此功虧一簣。這是影響改革成功與否的重大危機。

鈴木：那位主管在工作上有一定的能力，卻突然無來由的出言不遜，真的讓人驚訝。幾天以後我找他講話，他跟我道歉說：「對不起。」他倒是一副順從的樣子。應該說他沒想到他的言論會引起公司如此嚴厲的反應。這家公司過去的經營態度曖昧不明，員工教育亦嫌鬆散，大家都敷衍了事，沒有人真正在意這家公司的存亡。

三枝：對！不管哪一家公司都會有守舊派或改革反抗派的員工，單就個人去看的話，他們都跟一般人無異，絕非什麼大壞大惡的人。這些人大多個性隨和，在不知不覺中對周遭散布一些否定改革的言論。大部分的人都不覺得自己所做的事正在破壞改革，他們都是在受到責罵之後才意識到自己的行為。

鈴木：我們的簡報內容縝密到對手「沒有反駁的餘地」，所以深得與會者的人心。產機事業總部過去也曾推動過幾次改革，卻沒有做過這樣的簡報。這是頭一次清楚地提出一個員工覺得明快而且「自己可以掌握」的改革方案，還有數據佐證讓別人無法反駁。可能當場也有些人對我們的方案不以為然，但我相信他們一定沒有邏輯或勇氣當場反對。我想即使反對，任務小組也一定能夠正面回擊，因為我們的簡報，有著他們所沒見過的自信與魄力。

問：您在書中曾指出一個問題，愈來愈多人沒有在公司裏遭到斥責的經驗，因此不知道如何處理人際關係與他人對峙。

鈴木：即使像小松這樣的大型企業，過去一定有過斥責或怒罵的風氣。但後來隨著人際關係的密切而喪失，逐漸掀起一股「生氣是幼稚的」氣氛，所以就變得不大願意在公司裏罵人。先前那位主管被三枝先生怒罵時嚇了一跳的反應，因為他從來沒有被罵過。但是一旦被當頭棒喝以後，他就會乖乖認錯。避免在公開場合斥責，反而對於個人或公司都沒有好處。

三枝：這是一個極重要的關鍵。日本公司都變得不會罵人了。沒有罵人文化的公司，即使員工做錯了，當事人也會變得不知反省與自責。他們會忽略自己應有的責任，反而耗費力氣批評別人藉此推卸責任。

鈴木：就是這樣。但是在那個下鄉巡迴似的說明會中，我們去了兩趟東京與小松，名古屋或大阪等地則去了七次。一次的說明會大概有四十位左右的員工到場聆聽。三枝先生交代說：「盡量選小一點的會場。」所以，我們才能夠看著每一位與會者的眼睛進行簡報。我因此知道像這樣的簡報，應該避免人數眾多的大型會場，而是選擇小型會場讓大家心靈交流。

三枝：第一次的東京會場因為出了一點問題，所以我們都很擔心接下來的會場有什麼狀況。

但是在大阪的會場，簡報結束時竟然全場鼓掌，原來，年輕員工都期待公司有所改革。當時我激動得無法自已，心想：「總算皇天不負苦心人。」即使現在回想起來，都讓人感動呢！我想員工的這種反應造成一股氣勢，所以才讓改革得以落實。

鈴木：我現在身為亞克（Arc）的董事長相當重視公司與工廠的簡報，這是記取小松改革教訓的緣故。當時在說明第一套的「認知現況與強烈反省」以後，特意空出三個星期才召開第二次的說明會，解釋「第二套」的解決對策。

三枝：這種間隔的做法並不一定永遠適用。一般說來，同時公布「第一套」與「第二套」劇本才是正規做法。當我們為安崎董事長等經營高層做簡報時，就同時說明了這兩種劇本，所以推動改革時，手邊其實就有「第二套」劇本。但我們當時卻故意讓時間空下來。

鈴木：您是以為如果提出的方法讓大家立刻接受的話，他們就不會嚴肅思考自己過去應該擔負的責任，是吧？但是間隔太長，又會引起員工的不安，懷疑「這家公司可能不行了」，這個時候如果有人特立獨行，那就頭痛了。我們認真的想了一下，最後認為三個星期，是最適合員工自我反省的時間。

三枝：那時剛好遇到日本五月初黃金週長假（笑）。大家都在放假，被逼著去自我反省，想想「自己的過錯」。當他們聽說如果換成一般公司早就聲請公司破產保護時，就會感受到前途茫茫的現實壓力。他們即使人在家裏也能夠感受到那種痛楚。看著眼前的家人，他們會想「自己的工作將何去何從」。

書中有一段仙台分公司的分店長被員工逼問的場景（參閱第五章），那是我聽到的真實故事。那位分店長與員工喝著酒，那位員工酩酊大醉瞪大雙眼，纏著分店長說：

「你們這些主管就是太懶散了，才會變成今天這個樣子的。」

分店長當時雖然也喝醉了，卻不發一語。

鈴木：在那三個星期內同樣的事件到處發生，這本來就在我預料之中，所以倒是不以為意。但是糟糕的是業務不去跑客戶，業績開始急速下滑。我覺得這真的是「死亡之谷」的徵兆。

三枝：對！舊的經營團隊總是找一些理由逃之夭夭，這件事真的是在我們預料之外，最痛的是沒有人來指揮業務。而且公司也還沒有頒布下一個經營團隊的命令。

倒是舊的經營團隊中有人批評：「業績怎麼會掉得這麼厲害？以前有過這種事嗎？」這說不定是反對改革方案的老員工故意讓舊的經營團隊這麼說的。這簡直就是經營筆記2中提到的「更迭淡定型」與「更迭反抗型」的再現。當時我的身心狀態也相當緊繃，因為那次的事業重整是沒有辦法和平收場的，可以說不是你死就是我亡。

問：您怎麼處理當時的狀況呢？

三枝：那個時候，我根本不知道對手是誰。即使我找出那些在背後說壞話的人，也無法知道誰是真正的反抗者。如果我知道的話，一定會面對面誠心溝通。但是，習慣內部政治鬥爭的人是不會出現在這種場合的。他們只是在私底下不斷批評，我不知道那個壞影響會擴散到什麼程度。重要的是，這個時候如果我也用派系鬥爭去對抗，就會變成一丘之貉。我們有正確的理論，因此應該堅定不斷地告訴大家這個改革是正確的。如果能獲得大部分員工的支持，特別是引起年輕員工「這就是我們所期待的」的心態，那些反抗者總有一天會向「中立型」靠攏。

鈴木：我覺得決定性的分水嶺就是提示給大家的劇本周全與否。其中還包括正確的「強烈反省」是否能讓大部分的員工想到：「自己也不好，我要開始努力。」若非如此，改革很可能在一開始就瓦解了。我領悟到任務小組辛苦的作業到了這個階段，有著預想不到的決定性的意義。

三枝：當我們一踏上「死亡之谷」的吊橋時，就沒有機會停在半路或折返。回頭是一種懦弱的行為，等同自殺。如果要這麼做的話，一開始就不要踏出去還比較好。所以，我們只能繼續往前走。在那樣的情況下，只能盡快成立新公司。首先，我們先決定各個事業單位（ＢＵ）高層小組的人事。

鈴木：我們要求各個小組制定自己的ＢＵ事業策略或營業策略。這是相當重要的步驟。這個時候任務小組退居幕後，由「執行者」出面重新檢討策略。但事業單位（ＢＵ）這個組織名稱前面還加上小松（Komatsu）的第一個英文字母「Ｋ」，稱做ＫＢＵ。商品名稱也比照辦理，像「鈑金ＫＢＵ」等。

三枝：在我經手的事業重建或擔任上市公司管理顧問的案例中，有幾家也用該公司的英文縮寫設立ＢＵ組織。有些因為經營者自己已經出書對外公布，因此我也無須隱瞞，如泰爾茂

（Terumo）的「TBU」。不過，有些公司幾年以後將那個名稱給改了。

鈴木：小松產機的BU高層在本書中雖然稱為「BU董事長」，但是，當時並不是稱為董事長，而是「事業經理」。

三枝：這是有內幕的。不管是讓BU高層意識到自己的經營責任也好，或是站在培育人才的觀點，我都想用「董事長」這個職稱，但卻得不到小松人事部門的核准。我雖然也曾與荻原副董事長溝通過，但他跟我說做不到。他的理由是，一家公司只有一位董事長。而且四十歲左右的員工三級跳受到拔擢已經相當厚待了，怎麼可以還給這樣的頭銜？因為我之前也做了很多不合理的要求，所以關於這一點就放棄了。後來我也提議用日本企業開始流行的總裁（President）的職稱，但當時小松的人事部還是維持原議。

將BU高層稱為董事長，是我對於「小而美」的組織理論的一個重要概念，因此當時相當不甘心。因此當我在寫這本書時就照自己的意思（笑）用BU董事長這個職稱。因為我希望至少在書中堅持自己的信念。後來我去三住集團（Misumi）擔任董事長，在內部啟動「企業體」這樣的組織時，就訂定「企業體董事長」的職銜。當時我想自己已經是三住的董事長了，這次一定依照自己的信念給部屬我想給的頭銜（笑）。雖然不過就是一個頭銜，但是頭銜就是頭銜，無關年紀，我想這是培育經營人才不可或缺的一個做法。

鈴木：因為BU採取精兵制，所以決策的速度快得令人驚奇。當任務小組退居幕後，BU策略的研擬責任實際上就移交給執行者，由他們做出「屬於自己的BU策略計畫」。此外，我們還參與人事的安排，將過去單一型的營業組織分成幾個BU。但是最後還剩下分析各地潛在的市場與人員配置的作業，而這個作業最花時間。

三枝：我們是在四月初為安崎董事長做簡報的。到七月一日新的公司啟動為止，期間有兩個半月的時間，當時我的壓力真的很大，簡直是度日如年。但我們已經按下「改革的按鈕」。總而言之，我們已經踏上死亡之谷的吊橋，已經不可能回頭。大家都人心惶惶，但是足以安穩人心的新公司或經營體制卻尚未開始，而且業績還逐日下滑。這是只有改革領導者才能體會的面臨死亡之谷時的顫慄。任務小組的成員一定也是惶恐不安吧。他們的簡報雖然成功了，但卻不能保證能夠照計畫實現。

5 驚人的變化

問：小松產機集結了所有小型機械事業在七月一日啟動新體制，並在小松市的飯店召開整體會議，至此之後業績快速的復甦，新體制的成效明顯可見呢。

鈴木：過去總公司事業總部中與小型機械相關的研發或生產的部門，現在全部移到子公司的小松產機，小松產機除了負責行銷以外，還變成一個「創作、製造、販賣」一氣呵成，全部包辦的公司。那家公司的董事長由我擔任。誓師大會時，安崎董事長也出席了。小松總公司的董事長來參加子公司這樣一個聚會，在當時是一個特例，這是荻原副董事長運作的結果。會場上安崎先生展現小松總公司對於這個生了病的事業體的嚴峻態度。同時重申兩年以內，一定要讓改革得出結論。我想大家從小松的高層口中聽到這樣的談話，都再一次認知到自己面臨的困境。

三枝：之後大家各自去所屬的BU開分科會議。各個BU基本上都有「第二套」劇本，不同的事業有自己的策略圖。當大家聽到「這麼做我們就有存活的機會」時，就開始向前衝了。大家都覺得組織的規模像一個中小企業似的，讓行動更為靈活。原本虧損的售後服務也獨立成一個事業單位，經營意識整個改為利潤至上。大家從那個時候，以雷霆萬鈞的氣勢收復失土。

鈴木：新的體制在七月啟動以後業績就突然上升。當前三個月業績下滑時，我們甚至以為已經進入死亡之谷了呢。看起來應該是當時組織變動不安，業務停止活動，所以讓訂單都堆在代理店那裏了（笑）。當業務在新的體制下開始動起來的時候，訂單一下子從四面八方湧了進來。但是一開始我還覺得這不過是一時的反彈而已。

三枝：我們的業績跟去年比起來一直都是大幅減少，但卻突然正向成長。接下來的月份及之後的月份都比前一年大幅增加。過了四個月以後，我才開始相信「這是真的呢」。

鈴木：急速下滑的市占率突然回升，令人不可置信地，單單一個月就上升百分之四。而且在五個月以後，原先嚴重虧損的事業十二月份的訂單金額竟然出現黑字。

問：訂單黑字是什麼意思？

鈴木：公司的盈虧是根據銷售額計算的，三枝先生說為了維持改革的氣勢，重要的是不斷地拋出「早期勝利的徵兆」（Early Win），因此我們就想「訂單盈虧」做為一種前端指標也可以應用不是嗎？這種做法是將當月下單的貨品當作當月出貨，列入當月的營業額去計算那個月份事業盈虧的做法。訂單的盈虧只要持續維持黑字，三到四個月以後這個事業一定會出現盈餘。這個事業本來虧損連連，一旦達成黑字大家就會想都是因為自己的努力才能如此快速的改善，所以都幹勁十足。

三枝：訂單黑字這個ＫＰＩ（關鍵績效指標）是用一個早期勝利的形式，給大家一個最佳的印象。這數字不是一般慣用的數據，而是鈴本先生想出來的。好像是在跟大家說：「喔依，你們看，是黑字啊！」

鈴木：當時雖然有兩個ＢＵ的訂單達到黑字，但另一個ＢＵ卻還是赤字。變成黑字的ＢＵ都收到安崎董事長送的花籃，開慶功宴鼓舞大家的士氣。

三枝：ＢＵ那個花籃是我去跟安崎董事長拜託，借用他的名義送的。那件事在過去缺乏競爭意識的內部，等於點起一把火，彼此之間開始出現競爭的氛圍呢！雖然我大概知道第二個月又會回復赤字（笑），但我還是招呼大家說「去喝一杯吧！」因為大家努力了這麼久，都筋疲力盡了。但是當他找那個月還是赤字的ＢＵ單位去暢飲時，他們因為心有不甘，所以選擇靜靜地在公司加班呢（笑）。

鈴木：看到那個場景，我突然察覺到公司內部競爭機制已經起動，事業部經理正拚命地想趕快讓部門出現盈餘。他大聲的激勵大家。員工也開始相互加油打氣。任務小組設定的組織模式開始落實。看到大家氣勢如虹的改變，真的是讓人相當高興。

三枝：可是，能夠有那個氣勢，多虧鈴木先生的推動。鈴木先生擔任小松產機董事長以來，發揮極強的業務力，這個人靜不下來呢！他率先在日本全國四處奔波，我想這是一個極重要的因素。如此一來，經理人也就開始動了起來。

我們曾在熱海召開代理商大會。公司因為虧損所以沒有多餘的經費，但荻原副董事長跟我們說：「大會不要辦得太寒酸啊！（笑）」所以我們就在熱海一家不錯的飯店舉行。從這裏可以看得出來經營者的品味。當時安崎董事長也出席，向代理店的董事長們低頭請託：「小松一定會重新爬起來的，懇請各位支持。」

我離開這個專案三年以後聽說，有些商品過去一直是別人的手下敗將，但後來市占率卻達到五成。

鈴木：在研發方面，原本一個新品的研發需要花三十三個月的時間，竟然縮短到八個月，大幅提高效率。我想這是因為幾個改革要素奏效的關係。比方說，策略性鎖定研發主題等等。

「創作、製造、販賣」一氣呵成的組織，使得從業務到研發人員直接感受到外部競爭的壓力。研發人員開始站在「客戶盈虧」的觀點去研發商品。更重要的是研發流程的改革。這個改革確立公司內部的「策略合作流程」，研發完的商品業務馬上就研擬策略到處推廣。如同書中所述一般，小即是美的組織完全消除以往「策略在業務端名存實亡」的症狀。

問：小松產機在改革第二年就讓業績達到睽隔九年的黑字。之後，業界的景氣隨即惡化。一遇到經濟不景氣，小松產機通常是業界最先陷入嚴重虧損的企業。這次卻不同，業界的第一名與第二名企業同時由盈轉虧，但小松產機卻如【圖表6.3】般業績維持上揚，獲利率雖然持平，但就絕對額來看增收增益都是破紀錄的。

三枝：當新的體制開始啟動以後，我就針對各個BU指導策略的執行或營業制度的營運。書中最後安排黑岩莞太去擔任亞斯特工廠銷售系統的會長，但事實上我並沒有當小松產機的會長。雖然現實世界中有這樣一個位子在等我。當鈴木先生接任董事長，大張旗鼓地推動經營時，我心想，照這樣下去一定沒問題。鈴木先生與事業部經理等人搖身一變成為稱職的經營者，這對公司來說是相當大的依靠。

那次的改革完全按照「兩年改革成功論」順利進行。除了書中提到的改造日產汽車的高恩以外，最近的案例還有稻盛和夫幫日本航空所進行的改革，都是在兩年內就宣布改革成功的。

鈴木：這個改革的成效並非曇花一現。在故事結尾提到業績的變化時我也說過，後來他們每年的獲利率都慢慢的向上攀升，結果他們連續七年都達到增收增益。從開始改革到雷曼風暴發生前的六年內，營業額增加四倍，營業獲利率也變成百分之十一。各個業務單位的營業獲利率都躍居業界第一。對我來說成長速度之快相當驚人。就時間的演變來看，有三個重要步驟。

第一個步驟，是剛開始的半年內。在任務小組準備的三套周全的劇本中，「第一套」與「第二套」給全體員工一個強烈的印象，導引「員工抱持共同的危機意識，激發內部鬥志」。結果就讓市占率急速上升，開始脫離危機。

第二個步驟，是接下來的三年。除了員工的熱情與幹勁以外，新的「策略結構」也發揮功效。公司每年依照既定的策略與商業流程更新營運計畫，每當執行這些計畫時便產生新的成效，藉由各個早期勝利保持公司的活力，進而讓營運乘著上升氣流向上攀升。

第三個步驟，是下一個三年。這次是靠商品的研發。開始推動改革以後，研發團隊緊盯「客戶的獲利」，研發出前所未有的頂尖商品。這些研發的商品成形以後，立即推出市面並且搶攻市場。

6　川端祐二的後續發展

問：聽說鈴木先生在小松產機新的體制開始兩年後的二〇〇二年，擔任小松產機的董事長兼小松總公司的執行高級幹部，另外，還兼任總公司產機事業總部的總經理。

三枝：聽說以小松的慣例來說，像鈴木先生這樣從總公司調去子公司的人，一般是不會再調回來總公司的。但是，鈴木先生將小松的事業中與電子事業部同樣嚴重虧損的產機事業部，從凋零了十年的歷史中拯救出來，發揮嶄新的改革手腕讓事業體重新恢復活力，所以，小松高層肯定他的能力。

鈴木：這是三枝先生在這個專案結束離開小松以後的事。

三枝：在改革第二年的後半，當我們讓營業額完全黑字以後，公司內部整個恢復活力、開始自動自發運作。因此漸漸的就不需要我這位事業重整專家了。事實上，我還閒了下來（笑）。我知道這是一個健康的現象，代表我的企業改造任務即將進入尾聲。換句話說，是我放手的時候了。重整一家事業時，往往很難判斷什麼時候該抽身，但我在小松這個專案卻是相當容易判別的，最主要還是要歸功於鈴木先生。我想，如果鈴木先生沒有加入任務小組的話，那次的改革一定會拖拖拉拉，我也沒有辦法馬上完成任務。如此一來，我就沒辦法去三住公司當董事長，我的人生也一定會不一樣（笑）。而且因為我去了三住，那些我所採用的員工，他們的人生也變得不同。

鈴木先生被任命為總公司的執行高級幹部，擔任產機事業部的總經理以後，還在兼任小松產機董事長的情況下繼續推動改革，除此之外，他還負責大型沖壓事業部這樣大型的事業呢！

鈴木：我在上任以後不久就著手推動大型沖壓事業的改革。因此，就成立了任務小組。那時發生的場景與過去三枝先生所經手的改革一模一樣。組織內部完全沒有危機意識。更糟糕的是，他們不覺得自己的地位變成像小松產機這樣的子公司，反而自傲的以為他們是世界第一的沖壓事業呢。

三枝：鈴木先生是怎麼發現「改革的切入點」（改革的按鈕）的呢？

鈴木：大型沖壓事業在一九九〇年代前半也曾經因為虧損而陷入苦戰。如我前面提過的，我當時向安崎董事長提出「大型沖壓事業的健全經營」這樣的專案，如前面所述成立了工程事業部，這個專案後來奏效並讓業績出現黑字，當時我想這個部門應該就此穩定了。然而，當我離開那個職務去參加三枝先生的任務小組，擔任小松產機董事長以後，這個大型沖壓事業又再次陷入低迷。

三枝：所以說當鈴木先生這樣一個引擎不見了以後，那個部門就又開始低迷了。

鈴木：其實當時的改革方法也有問題。這次我擔任事業部總經理，對照三枝先生所教我的組織概念時，答案就一清二楚了。當時在推動改革時，我太在意前輩的位置，成立了許多事業部，有些還不具事業部的功能卻安上事業部的名稱，我成立的組織太過複雜，搞不清楚是功能別還是事業別呢。

結果就與小松產機的病因一樣，「策略」「商業流程」及「心與行動」的圖表早已瓦解。我忘記三枝先生圖表中的「有骨氣的人事」，反而讓公司內部那些老大或老員工擔任事業經理。所以就這點來說，我發覺到那個事業再度陷入低迷，自己也是有罪的重刑犯之一。

三枝：對我來說，我最高興的是聽到有人應用從小松產機中學到的概念，快速逼近問題的核心。

鈴木：在我察覺以後，就以小松總公司高級幹部的身分推動從三枝先生那裏學到的事業重整流程。這次我自己同時負責「智慧領導者」「強勢領導者」與「行動領導者」三個角色。安崎董事長退休以後，扮演「支持者」的荻原副董事長接任小松會長，與坂根董事長搭檔提供強力支援，我們才能毫無後顧之憂的做事。

這個案例雖然比改革小松產機花的時間更多，但營業額在第二年就提高了百分之六，套用坂根董事長常說的研發頂尖商品，後來我們研發出頂尖的大型沖壓系統。那個頂尖商品從二〇〇五年開始在營業額上有所貢獻，市占率也提高了百分之十二，營業獲利率則提高百分之十一。

這個事業一下子成為業界龍頭。即使營業額受到雷曼風暴的影響而大幅減少時，相較於其他競爭對手的營業額掉到過去的百分之三十到五十，但小松仍然堅守在百分之六十左右。

三枝：除了小松產機的小型機械以外，總公司的大型機械事業也有戲劇性的改革。鈴木先生以執行高級幹部的立場，訂定事業改革的時程，後來他榮升小松總公司的常務董事，負責整個公司的經營企劃。他離開了產機事業總部與小松產機以後，那個事業沒有了鈴木先生應該會亂七八糟吧（笑）。

鈴木：不會的。我的後繼者是一位領導資質相當優秀的人。他充分理解支撐事業的概念，從「策略」「商業流程」及「心與行動」的圖表開始去推動改革，我想就是因為這樣才鞏固了業界的地位。而且我站在「支持者」立場當他們的後盾，我想這是一個不錯的組合搭配。

問：後來，鈴木先生榮升到小松的執行董事。

三枝：小松的營業額後來成長到兩兆日圓成為世界級企業，鈴木先生是其中五位高層經營者之一，他真的是太厲害了，一路以來努力不懈。鈴木先生總是謙虛待人，現在的他，跟我第一次為了挑選任務小組成員時找他談話時相較，完全一樣，一點都沒有變喔！

鈴木：對我而言，我後半生的「原點」就是改革。

三枝：後來鈴木先生從小松退休，在企業重整支援機構旗下的亞克（股份有限公司）擔任董事長推動企業改造。日本的模具產業輸給中國，被節節逼退到今天這個地步，所以他的工作對社會來說具有相當大的意義。我想他去亞克時所面對的艱辛，應該跟小松不同吧？因為他是突然去一家不熟悉的公司擔任董事長。我從三十幾歲的時候就有過好幾次這樣的經驗，所以已經習慣了，但鈴木先生卻是頭一次呢！

鈴木：我相當了解三枝先生過去所經歷的辛勞。我就想我應該先讓大家知道我是怎樣的人，所以，就盡可能的跟員工進行個別面談。此外，拜訪那些對未來感到不安的客戶，向他們說明公司的事業再生計畫。

三枝：這次的「支持者」由誰擔綱呢？

鈴木：除了支援機構以外，還有主力銀行。剛開始銀行有一點袖手旁觀的味道，但現在卻是全力支持。

三枝：「智慧領導者」「強勢領導者」與「行動領導者」等角色由您包辦嗎？

鈴木：是的。但是「智慧領導者」部分由支援機構中優秀的員工幫我們分擔。「強勢領導者」雖然由我扮演，但在這次的重整舞臺上，支援機構的地位相當重要，他們有時在旁強力推動。亞克在支援機構的協助下完成重整以前，我必須幫亞克建立一個健全的經營體制以便獨立運作。

三枝：鈴木先生一定能夠發揮他在小松所累積的經營管理知識與經驗。

鈴木：但我對於企業重整的手法與概念，還是有不懂的地方。「創作、製造、販賣」一氣呵成的組織一直是我所重視的概念，但是當時有人反對，我們還因此辯論過。但我對那個想法堅定不移。如同我剛才提過的小松的經驗一樣，過去的我，就是因為妥協而飽嘗苦果。

三枝：太多人被日本企業錯誤的常識誤導，所以，有沒有具備在現場推動改革概念的經驗，就讓指揮官的能量天差地別。

鈴木：我去亞克的時候，當時的主要成員比當初在小松與三枝先生推動改革時的我，更缺乏經營素養，而且也沒有想到要藉由這個企業重整的流程培育經營人才。光是讓他們分析現況、反省過去、篩選與集中，然後建構新的「策略」與「商業流程」就已經讓他們疲於奔命。

我剛去的時候，亞克請了很多外面的管理顧問成立任務小組。但是這種做法變成由管理顧問主導改革。而且，做出來的策略也無法落實到末端，第一線到處都是名存實亡的狀態。對我而言，這本來就是預料中之事。這件事讓我重新認知改革的重點在於**執行者自身**一定要歷經千辛萬苦，親自強烈的反省過去、制訂策略、革新商業流程，然後在行動計畫中落實。

三枝：公司內部如果能夠讓任務小組專心作業的話，就會像小松的改革一樣，培育出儲備的經營人才。對於有抱負的員工來說，這是人生千載難逢的機會呢。鈴木先生曾說小松的改革改變了他的一生，同樣的，在亞克改造的過程中，也很可能會有人因此抓到人生的機會呢。培育日本下一批的經營人才是我們經營者的責任。真的讓人相當期待。

鈴木：是的。我花了半年成立了幾個任務小組，參與其中的亞克成員都有明顯的成長。之後，我讓業務部門與生產部門的任務小組全部由亞克的員工來擔任，讓他們重新建構商業流程以便落實策略。當時我深刻感受到他們又向前邁進了一步。

目前亞克已經重新站起，向前邁出一大步並自我成長。我想我會繼續努力幫這家公司培育經營人才，讓正職員工繼續推動事業的成長。

（筆者三枝匡）以上就是這次的對談內容。我預祝鈴木先生今後在重整事業這樣困難且深具社會功能的工作上大展鴻圖。

◉

我後來也規畫自己人生的最後一個轉捩點。我在接完小松的事業重整專案以後，便結束我經營十六年的三枝匡事務所，去東京證券一部上市公司的三住集團擔任總公司的董事長。因為該公司的創辦人退休，所以我就去接手。

現在大多數的日本企業都在國際上苦鬥，並被逼退到懸崖邊。我常說那是因為日本經營人才枯竭的緣故。根據這十六年來我經手的事業重整、企業再造，及我在三十幾歲尚未成熟的時候就以經營者的立場經營兩家虧損公司的經驗，我敢說現在日本企業的封閉症狀是從經濟泡沫化時開始的。一九八〇年代日本企業的組織已經出現封閉的現象。為了重新喚回日本企業的活力，除了改變上班族化的企業組織，孕育出更多戰鬥力強的年輕人才，編織出戰勝世界的策略以外別無他法。

我之所以接受三住公司董事長這個職務，是因為我身為一位「專業經理人」，希望將自己最後一段職場生涯的人生託付給一家公司，親手幫他們培育經營人才。對我來說事業的經營是以培育人才為目的，事業的成長其次。這是我在任職記者會上說的話。上市企業的經營高層，沒有人會說他們經營公司的目的是以培育人才為優先、業績在後，更別說是歐美企業。

但是，我的心思是一清二楚的。【圖表A.4】是我從長年的事業重整與在三住的十年中思索、嘗試及磨練而得的「活力策略組織」的框架。這個框架適用於大企業、中小企業，或者各種業界。

首先，其中的步驟一（將組織變為「戰鬥結構」同時逼迫有骨氣的人才抱持「執政黨的覺悟」），最重要的就是將封閉的組織變成「外出打仗的結構」。因此，一位經營領導者在自己「能力所及」下需有一套「創作、製造、販賣」的組織去進行內部更新。這是書中任務小組嘔心瀝血所設計出來的組織結構。如同書中所描述的，那個結構變更對於「現有的員工」有極大的鼓舞作用。

除此之外，提拔「有骨氣的人才」擔任小型組織的高層。不管是什麼組織，什麼樣的年代，一定會有「熱血沸騰的傢伙」。應該去挖掘這樣的人才。並不是所有人都適合當領導者，缺乏熱

【圖表A.4】三枝匡的日本企業活化方法論

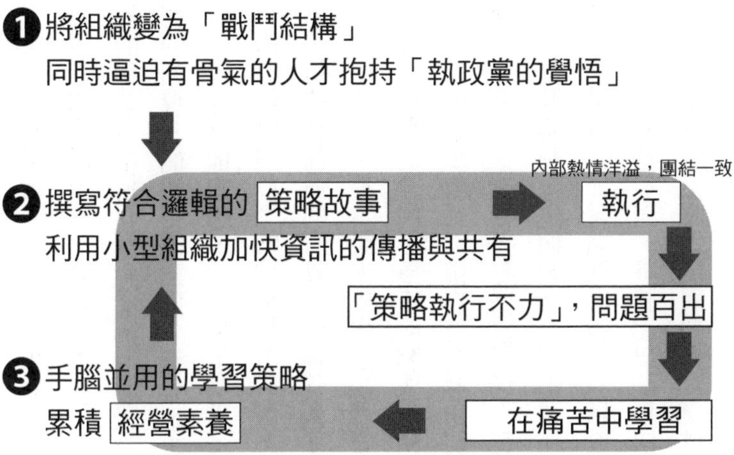
❶將組織變為「戰鬥結構」
同時逼迫有骨氣的人才抱持「執政黨的覺悟」
❷撰寫符合邏輯的 策略故事
利用小型組織加快資訊的傳播與共有
內部熱情洋溢，團結一致
執行
「策略執行不力」，問題百出
在痛苦中學習
❸手腦並用的學習策略
累積 經營素養

情的人讓他們腳踏實地的努力工作即可。這樣對當事者或公司來說都比較好。

在不改變組織結構的情況下，光是對活力充沛的領導者說「放手去做吧」，公司的戰鬥力是不可能覺醒而且向上提升。

當一位領導者擁有配套的組織時，就不用面對肥大化的功能組織，將精力浪費在內部調整上。他就能指揮自己的組織，自律且迅速的與外部競爭。此時，這位領導者將被迫面臨一個「覺悟」，那就是：「這個組織全在你的掌握之下。盡量去做吧！」

所有的成員有愈來愈多的機會分享客戶對商品的反應或競爭對手的動態，因此提高對外部變化的敏感度。組織內部的溝通也會變得更活躍，**每個人將業務行銷當成自己的責任**。

而這種自律運作商業流程的組織結構是以原先的授權（empowerment）為前提。因為是一種自律性的行動，因此將逐步提升內部的企業家精神。

接下來，請看步驟三（手腦並用的學習策略，累積經營素養）。當組織結構的戰鬥力增強以後，領導者若用業餘方式（意指不夠專業）經營的話，就不可能在市場上戰勝。

優秀的經營者都擅長將眼前的混亂不清的狀況變得單純。即使員工覺得眼前的狀況亂七八糟，優秀的領導者能夠化繁為簡，清楚地告訴員工：「這個問題是這樣的。」員工就能夠根據高層的說明，設身處地的想：「是嗎？原來是這樣的啊！所以，我應該要這麼做。」經營高層的說明如果有錯，就會讓員工的行動無濟於事。因此，經營者所說的話必須隨時隨地都是正確才行。

於是，這些被任命的有骨氣的經營人才就非得提高他們的「經營素養」不可。他們剛開始都是從書本上學習的。鈴木康夫先生也說他在任務小組的時候也是從研讀企管書籍開始的。首先，他學習的是「往哪個方向思考才能夠與策略連結」。

接下來是開始步驟二（撰寫符合邏輯的策略故事，利用小型組織加快資訊的傳播與共有），擬訂「營運計畫」。你必須要像亞斯特工廠銷售系統的員工一樣在煎熬中作業。這個制度的關鍵在於穩健的指導體制，這個體制一開始運作，他們就會逐一「投入」自己所擬訂的計畫中。換句話說，就是全神投入。當這些計畫一旦啟動，就會如脫兔般向前直奔。因為組織夠小，所以策略故事在組織內部的傳播與共享將比以前更快。組織的規模是「能力所及」的範圍，因此經營領導者在內部的「執行」上將比以前順暢。這就是圖表中的步驟二到右邊「執行」所畫的箭頭。

但現實並非如此單純，計畫往往是趕不上變化的。我們可以看到圖表中的「執行」部分畫了一個向下的箭頭。

事實上，那些動員屬下的經費或投資等都是自己下達的指示，因此一旦策略推廣不力時，就是切膚之痛。策略什麼的說穿了也不過就是一個「假設」罷了，怎麼可能事事如願呢？即便是三住公司一年內推出的數十個營運計畫中，幾乎沒有一個是可以落實的。

如此說來，根本不應研擬策略嗎？不，話非如此。接下來的發展將如圖表所示，「在痛苦中學習」會有一個箭頭連結到左邊的步驟三。此時，經營者就會知道自己的架構太過天真而自我反省。每一個學習對他來說都是寶貴的框架（指整理並簡化眼前的混沌狀況，有助於研擬方針與策略的工具、理念、概念、思考方法、思想等等）並在腦海裏不斷累積。擁有愈多抽屜（意指經營管理的相關道具）的人，他的經營素養就愈高，領導能力愈強。

過了一年以後，經營者重新去檢視營運計畫，然後說：「好，我們這次做的計畫要比以前的更棒。」但是，一旦執行以後又碰到哪個部分出現狀況。這不是課堂教學，也沒有高竿的管理顧問幫忙，經營人才需要自己用腦思考，動用實際的人脈與財力，從成功的喜悅與失敗的痛苦中勤奮學習，提高自己的能力。但日本的上班族卻完全缺乏這種「手腦並用」的鍛鍊，以成為一位優秀的經營者。

我的這種企業改革風格與美國策略的從上而下或以裁員為主的做法不同。這個方法論有一個極大的特徵是兼具「培育內部人才」的目的。我認為經營團隊與中階幹部同心協力的推動策略代表一種「日式改革」。

在三住董事長就職記者會上曾有記者問我：「您在改造虧損公司上的經驗，對三住這樣賺錢的公司有幫助嗎？」

我的答案相當明確。一家公司不管盈虧如何，只要將公司拆開來，逼近底層的「個別問題」，就會出現許多「優點、缺點」或「強項、弱項」。一家業績再優良的公司當切入他們的弱點或陰暗面時，使用的手段與重建一家虧損公司的改革步驟是一樣的。不同之處僅在於「時程」的寬鬆與否而已。大眾眼中的績優公司，其高層都是平時就懂得把握時機反覆運作這個手法，因此才能長治久安的。對於經營者而言，經營一家虧損的公司或是盈餘的公司所需的經營技巧並沒有兩樣。

我想讀者應該已經察覺，本書中沒有出現過股票的話題，也沒有購併、拋售企業或利用裁員改善獲利的鋪陳。本書與股票市值的高低完全沒有關係。因為重拾日本企業活力的最大課題是讓組織中「當下的員工」恢復活力。

日本企業的強項在於日本人的平均素質較高。「現有的員工」在強勢的領導下，雙眼發亮的分享策略故事，同心協力共同打拚的話，日本企業就有機會發揮高超的能量。這也是本書最想傳達的訊息。

附錄

事業不振的五十大症狀
邁向成功改革的五十個重點

事業不振的五十大症狀

以下是黑岩等人在改革過程中所遇見的景象（事業不振常見的症狀1至50）。貴公司有沒有這些症狀呢？沒有徵兆的勾選0，症狀輕微的勾選1，嚴重的勾選2。最後加總分數，檢視一下貴公司的症狀吧。

第一章　表面工夫的重建

0 1 2

□□□—**症狀1**—組織內部缺乏危機意識。一般而言，企業的業績惡化與內部的危機感是呈現一種反向的關係。業績愈糟的公司愈是和樂融融，業績好的公司反而氣氛緊張。

□□□—**症狀2**—即使採行公司制或執行幹部制，也不會有太大的效果。

□□□—**症狀3**—經營者都只是將危機意識掛在嘴上而已。

□□□—**症狀4**—經營團隊仍然抱持著排排坐的業界心態。

□□□—**症狀5**—讓沒有能力執行風險策略的人來主導改革。

□□□—**症狀6**—經營者以為對著員工大喊「大家缺乏危機意識」、「讓我們來改變公司的文化」大家就會改變。

□□□—**症狀7**—大多數的員工都會在心理上區分「外來者」。

□□□—**症狀8**—激烈的討論被視為幼稚的表現。

□□□—**症狀9**—高層未採取起身力行（hands-on，現場主義）的經營風格。

□□□—**症狀10**—內部有太多部門喜歡「重提往事」。

□□□—**症狀11**—中階幹部將問題歸罪於他人。

□□□—**症狀12**—組織的「政治性」橫行，扼殺了「策略性」。

□□□—**症狀13**—隨著時間的飛逝，公司的選項變得愈來愈少。

第二章　公司內部出了什麼問題？

□□□—**症狀14**—出席會議的人太多。

□□□—**症狀15**—中階幹部都躲在分工制的章魚壺（章魚的陶製捕具，意指不願意面對現實）裏。

□□□—**症狀16**—產品經理被當成內部鬥爭的「垃圾桶」，原本應該由上位者解決的策略議題，卻丟給底下的年輕人處理。

□□□—**症狀17**—分工制組織的所有部門與全部的商品群相關，因此使得員工對各個商品的責任感降低。

□□□—**症狀18**—「妥協的態度＝決定性的擱置＝延長時間表＝降低競爭力」的模式。

□□□—**症狀19**—公司裏沒有人談論顧客的觀點或競爭對手的事，大家只關心公司內部的議題。

□□□—**症狀20**—大家沒有意識到公司正在「打敗仗」。

□□□—**症狀21**—每個人「對於赤字不痛不癢」。表面上大家一起承擔後果，但卻責任不明。

□□□—**症狀22**—商品別的整體策略未遵循「研發→生產→業務→客戶」的步驟一氣呵成。

□□□—**症狀23**—商品別的虧損未用底線（bottom line）來討論。

□□□—**症狀24**—計算成本時納入太多商品。

□□□—**症狀25**—無法追究造成赤字原因的「現場」。

□□□—**症狀26**—看不到涵蓋關係企業在內各個品項的合併虧損。

□□□—**症狀27**—利潤至上的管理系統被中途切斷，組織末端未能跳脫過去以營業額為主的管理方法。

□□□—**症狀28**—高層與員工都只追求表面的數字，討論的內容未觸及現場的實際狀況。

□□□—**症狀29**—研發人員缺乏對市場調查或市場輸贏的敏感度。

□□□—**症狀30**—包山包海的研發專案過多。

□□□—**症狀31**—研發小組未能完全掌握「客戶利基的構造」、「客戶的購買邏輯」。

□□□—**症狀32**—員工對外訴說公司的不滿，忘了自己是公司的看板。

□□□—**症狀33**—過去的通路政策缺乏策略，讓合作廠商與客戶產生疑慮。

□□□—**症狀34**—組織末梢正瀰漫一種受害者意識。

□□□—**症狀35**—總公司的商品策略未能傳達到客戶端。

□□□□—**症狀36**—營業活動的能量分配不當。業務容易去的地方並不等於公司應該搶攻的客戶。

□□□□—**症狀37**—業務缺乏「篩選與區塊」的概念。

□□□□—**症狀38**—公司的「策略」未配合業務個人的水準，每天的「行動管理」系統過於鬆散。

□□□□—**症狀39**—第一線業務的推廣力量太弱，內勤員工的力量過強。

□□□□—**症狀40**—「代理症候群」在內部擴散，組織中出現各種「小大哥」。

□□□□—**症狀41**—員工不再勤奮工作。特別是高階幹部或菁英層最是悠閒。

□□□□—**症狀42**—應該從根本改變結構的責任，用改善個人或狹隘的職場話題來敷衍。

□□□□—**症狀43**—組織中缺乏感動。沒有表情。說實話成為一種禁忌。

□□□□—**症狀44**—公司未能提出「進攻策略」讓員工分享並形成共識。

□□□□—**症狀45**—公司缺乏綜合分析的能力與經營概念。策略與現場的問題各自為政。

□□□□—**症狀46**—公司缺乏貫穿整體事業的劇本。組織中各個等級的策略有名無實。

□□□□—**症狀47**—只治標不治本的療法讓組織變更或人事異動頻繁，導致員工對改革感到疲乏。

□□□□—**症狀48**—公司整體在策略方面的知識技術過低。策略的創意不足。

□□□□—**症狀49**—幹部缺乏經營素養。

□□□□—**症狀50**—同樣的思考模式在內部的「小團體」中傳播，大家只能表達類似的想法。對於外界所發生的一切反應遲鈍。

【自我評比分數】

0分　□項 ＋ 1分　□項 ＋ 2分　□項 ＝ 50項

小計
1分項 → □分 ＋ 2分項 → □分 ＝ 加總　□分／100分

診斷標準

81～100分：相當嚴重
61～80分：嚴重
31～60分：有問題
0～30分：沒有問題

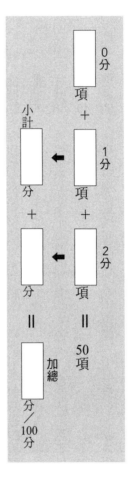

邁向成功改革的五十個重點

一個成功的改革就像堆積木一樣，需要確實找出每一個成功的因素，謹慎地堆積才能達成目標。以下是不同情況下應該注意的重點（改革的重點1至50）。

第三章 探尋改革的線索與理念

—**重點1**—改革小組的人選對於改革的成敗有極重大的影響。

—**重點2**—組織文化的變化需要靠組織內部所發生的「事件」（大事）當觸媒才能有所進展。

—**重點3**—在剛開始檢討改革劇本時不能侷限選項。

—**重點4**—不管是人類或組織當面臨「混沌（chaos）邊緣」時，最能夠立即適應新的變化。

—**重點5**—改革領導者必須事先有一個「最壞的打算」。

—**重點6**—經營行動的第一步是從嚴格的「面對現實」與將問題分解到「自己可以處理」的大小開始。

—**重點7**—將一家停滯企業的問題用該公司的「內部常識」來區分，也找不到解決根本問題的出口。

—**重點8**—尋找解決對策時，需由高層提示「概念」、「理論」與「工具」以便員工共享。

【重點9】快速運作「創作、製造、販賣」的循環，才能從本質上滿足客戶需求。

【重點10】如能善用假設驗證的手法，便能大幅縮減分析或撰寫劇本的作業時間。

【重點11】「組織的重新架構」與「策略的重新審視」需配套檢討。

【重點12】從外頭學到理論或原理以後，才看得到內部的問題。

【重點13】要活化事業便需要貫穿生意基本循環的「五大鏈」（價值鏈、時間鏈、資訊鏈、策略鏈、心靈鏈）。

第四章　如何打造一個串連整體組織的故事？

【重點14】「強烈的反省」等於「改革劇本」的出發點，兩者是一體兩面的關係。

【重點15】若不能從一開始就重新「設定」組織的速度，就很難啟動勝利的方程式。

【重點16】改革領導者應該逼迫員工面對現實，讓他們思考如何向前躍進。

【重點17】撰寫改革劇本時，應給成員最大的思考權限，讓他們有各種選擇。尤其是在人事方面。

【重點18】在發表改革劇本以前的任何一件小事，只要不嚴重都可以置之不理。

【重點19】支持往前邁進的人，是改革領導者最大的任務。

【重點20】找不到再生之道的「惡性虧損」不用顧及形象，應該早一點裁撤。

—重點21—制定計畫者與執行者必須由同一個人負責。

—重點22—改革先驅必須先有「覺悟」，並當作是一個寶貴的人生機會，昂首邁步向前行。

—重點23—要求大家「強烈反省」時，要根據徹底的事實與數據。

—重點24—不去苛責特定的個人或部門，只針對舊系統的問題冷靜持續的批評即可。

—重點25—幹部根據策略圖徹底執行高層的想法。矩陣圖是不錯的工具。

—重點26—只要老老實實地打造一個忠實的組織，公司就可以恢復活力。

—重點27—確保業務的頭腦隨時清醒，讓他們能夠專心。

—重點28—高層執著的跟催，比策略內容對改革的影響更大。

—重點29—即使提示了業務策略指南，若缺乏可監控執行成果的系統，該策略便會有名無實。

—重點30—改革若被視為「裁員」，就會讓員工採取防備的態度。

第五章　發揮熱情激起改革風潮

—重點31—改革劇本的簡報最好在人數不多、看得清楚與會者表情的情況下進行。

—重點32—「強烈的反省」與「解決方案」通常都是一起發表的。

—重點33—改革劇本發表以後，如果有人故意作對，就代表改革可能已經進入「戰場」。

—重點34—一旦啟動改革，改革者便需貫徹意志。

重點35——當改革缺乏「有骨氣的人事安排」就無法驅動員工的熱情。

重點36——「有骨氣的人事」能否落實，就能看出企業高層對改革有多在意。

重點37——想在內部建立強勢的經營人才庫，便需徹底提高組織內部的競爭原理。

重點38——一般來說，在改革時與其用「不曉得突擊的老兵」，倒不如用眼前能力不足，但具有潛力的「生龍活虎的人」。

重點39——若投入太多能力不穩的人才，改革的風險從一開始就可能超過可以承受的總量。

重點40——「危險吊橋」的中央會發生許多無法預期的事。這時只能下定決心堅持自己的想法，「該出手就出手」。

第六章　腳踏實地且貫徹執行

重點41——如果組織或策略的矛盾擱置不處理，就會對末端業務在與客戶接洽時帶來不好的影響。

重點42——改革第一年所出現的戲劇性的成果，大半要歸功於員工高昂的「士氣」。

重點43——在員工「士氣」高昂，出現改革成效的同時，應趕緊建構經營改革的「結構強項」。

重點44——「結構強項」與簡潔的劇本才能讓員工願意為改革「打拚」。

重點45——「早期成功（early success）」是消弭反對改革者疑慮的最佳武器。

—重點46—開始改革以後，每當嘗試一個新事物時，應該思慮周全地研擬一套新的手法（如具體工具等）。

—重點47—設定突出的改革主題，一口氣銳利地切入問題底層，並限定風險。

—重點48—當改革出現早期成效時，應該盡情慶祝。不用擔心這些花費怎麼報帳，總會有辦法的。

—重點49—一家沉滯企業的員工很少有機會感受到競爭的不甘心或痛苦。而一家朝氣蓬勃的組織必定是情緒起起伏伏的。

—重點50—接受媒體採訪時盡量少談改革或新的策略，甚至應該不談。

圖表索引

經濟新潮社 〈經營管理系列〉

書號	書名	作者	定價
QB1008	**殺手級品牌戰略：**高科技公司如何克敵致勝	保羅・泰伯勒等	280
QB1010	**高科技就業聖經：** 不是理工科的你，也可以做到！	威廉・夏佛	300
QB1011	**為什麼我討厭搭飛機：**管理大師笑談管理	亨利・明茲柏格	240
QB1015	**六標準差設計：**打造完美的產品與流程	舒伯・喬賀瑞	280
QB1016	**我懂了！六標準差2：**產品和流程設計一次OK！	舒伯・喬賀瑞	200
QB1017X	**企業文化獲利報告：** 什麼樣的企業文化最有競爭力	大衛・麥斯特	320
QB1018	**創造客戶價值的10堂課**	彼得・杜雀西	280
QB1021	**最後期限：**專案管理101個成功法則	Tom DeMarco	350
QB1022	**困難的事，我來做！：** 以小搏大的技術力、成功學	岡野雅行	260
QB1023	**人月神話：**軟體專案管理之道（20週年紀念版）	Frederick P. Brooks, Jr.	480
QB1024	**精實革命：**消除浪費、創造獲利的有效方法	詹姆斯・沃馬克、丹尼爾・瓊斯	480
QB1026	**與熊共舞：**軟體專案的風險管理	Tom DeMarco & Timothy Lister	380
QB1027	**顧問成功的祕密：** 有效建議、促成改變的工作智慧	Gerald M. Weinberg	380
QB1028	**豐田智慧：**充分發揮人的力量	若松義人、近藤哲夫	280
QB1031	**我要唸MBA！：**MBA學位完全攻略指南	羅伯・米勒、凱瑟琳・柯格勒	320
QB1032	**品牌，原來如此！**	黃文博	280
QB1033	**別為數字抓狂：**會計，一學就上手	傑佛瑞・哈柏	260
QB1034	**人本教練模式：**激發你的潛能與領導力	黃榮華、梁立邦	280
QB1035	**專案管理，現在就做：**4大步驟， 7大成功要素，要你成為專案管理高手！	寶拉・馬丁、凱倫・泰特	350
QB1036	**A級人生：**打破成規、發揮潛能的12堂課	羅莎姆・史東・山德爾、班傑明・山德爾	280
QB1037	**公關行銷聖經**	Rich Jernstedt等十一位執行長	299
QB1039	**委外革命：**全世界都是你的生產力！	麥可・考貝特	350

經濟新潮社　〈經營管理系列〉

書號	書名	作者	定價
QB1041	**要理財，先理債：**快速擺脫財務困境、重建信用紀錄最佳指南	霍華德・德佛金	280
QB1042	**溫伯格的軟體管理學：**系統化思考（第1卷）	傑拉爾德・溫伯格	650
QB1044	**邏輯思考的技術：**寫作、簡報、解決問題的有效方法	照屋華子、岡田惠子	300
QB1045	**豐田成功學：**從工作中培育一流人才！	若松義人	300
QB1046	**你想要什麼？**（教練的智慧系列1）	黃俊華著、曹國軒繪圖	220
QB1047X	**精實服務：**生產、服務、消費端全面消除浪費，創造獲利	詹姆斯・沃馬克、丹尼爾・瓊斯	380
QB1049	**改變才有救！**（教練的智慧系列2）	黃俊華著、曹國軒繪圖	220
QB1050	**教練，幫助你成功！**（教練的智慧系列3）	黃俊華著、曹國軒繪圖	220
QB1051	**從需求到設計：**如何設計出客戶想要的產品	唐納・高斯、傑拉爾德・溫伯格	550
QB1052C	**金字塔原理：**思考、寫作、解決問題的邏輯方法	芭芭拉・明托	480
QB1053X	**圖解豐田生產方式**	豐田生產方式研究會	300
QB1054	**Peopleware：**腦力密集產業的人才管理之道	Tom DeMarco、Timothy Lister	380
QB1055X	**感動力**	平野秀典	250
QB1056	**寫出銷售力：**業務、行銷、廣告文案撰寫人之必備銷售寫作指南	安迪・麥斯蘭	280
QB1057	**領導的藝術：**人人都受用的領導經營學	麥克斯・帝普雷	260
QB1058	**溫伯格的軟體管理學：**第一級評量（第2卷）	傑拉爾德・溫伯格	800
QB1059C	**金字塔原理Ⅱ：**培養思考、寫作能力之自主訓練寶典	芭芭拉・明托	450
QB1060X	**豐田創意學：**看豐田如何年化百萬創意為千萬獲利	馬修・梅	360
QB1061	**定價思考術**	拉斐・穆罕默德	320
QB1062C	**發現問題的思考術**	齋藤嘉則	450

經濟新潮社 〈經營管理系列〉

書號	書名	作者	定價
QB1063	**溫伯格的軟體管理學：** 關照全局的管理作為（第3卷）	傑拉爾德・溫伯格	650
QB1065C	**創意的生成**	楊傑美	240
QB1066	**履歷王：**教你立刻找到好工作	史考特・班寧	240
QB1067	**從資料中挖金礦：**找到你的獲利處方籤	岡嶋裕史	280
QB1068	**高績效教練：** 有效帶人、激發潛能的教練原理與實務	約翰・惠特默爵士	380
QB1069	**領導者，該想什麼？：** 成為一個真正解決問題的領導者	傑拉爾德・溫伯格	380
QB1070	**真正的問題是什麼？你想通了嗎？：** 解決問題之前，你該思考的6件事	唐納德・高斯、 傑拉爾德・溫伯格	260
QB1071C	**假說思考法：**以結論為起點的思考方式，讓你3倍速解決問題！	內田和成	360
QB1072	**業務員，你就是自己的老闆！：** 16個業務升級祕訣大公開	克里斯・萊托	300
QB1073C	**策略思考的技術**	齋藤嘉則	450
QB1074	**敢說又能說：**產生激勵、獲得認同、發揮影響的3i說話術	克里斯多佛・威特	280
QB1075	**這樣圖解就對了！：**培養理解力、企畫力、傳達力的20堂圖解課	久恆啟一	350
QB1076	**鍛鍊你的策略腦：** 想要出奇制勝，你需要的其實是insight	御立尚資	350
QB1078	**讓顧客主動推薦你：** 從陌生到狂推的社群行銷7步驟	約翰・詹區	350
QB1079	**超級業務員特訓班：**2200家企業都在用的「業務可視化」大公開！	長尾一洋	300
QB1080	**從負責到當責：** 我還能做些什麼，把事情做對、做好？	羅傑・康納斯、 湯姆・史密斯	380
QB1081	**兔子，我要你更優秀！：** 如何溝通、對話、讓他變得自信又成功	伊藤守	280
QB1082	**論點思考：**先找對問題，再解決問題	內田和成	360
QB1083	**給設計以靈魂：**當現代設計遇見傳統工藝	喜多俊之	350
QB1084	**關懷的力量**	米爾頓・梅洛夫	250

經濟新潮社 〈經營管理系列〉

書號	書名	作者	定價
QB1085	**上下管理，讓你更成功！：** 懂部屬想什麼、老闆要什麼，勝出！	蘿貝塔・勤斯基・瑪圖森	350
QB1086	**服務可以很不一樣：** 讓顧客見到你就開心，服務正是一種修練	羅珊・德西羅	320
QB1087	**為什麼你不再問「為什麼？」：** 問「WHY？」讓問題更清楚、答案更明白	細谷 功	300
QB1088	**成功人生的焦點法則：** 抓對重點，你就能贏回工作和人生！	布萊恩・崔西	300
QB1089	**做生意，要快狠準：** 讓你秒殺成交的完美提案	馬克・喬那	280
QB1090X	**獵殺巨人：** 十大商戰策略經典分析	史蒂芬・丹尼	350
QB1091	**溫伯格的軟體管理學：** 擁抱變革（第4卷）	傑拉爾德・溫伯格	980
QB1092	**改造會議的技術**	宇井克己	280
QB1093	**放膽做決策：** 一個經理人1000天的策略物語	三枝匡	350
QB1094	**開放式領導：** 分享、參與、互動——從辦公室到塗鴉牆，善用社群的新思維	李夏琳	380
QB1095	**華頓商學院的高效談判學：** 讓你成為最好的談判者！	理查・謝爾	400
QB1096	**麥肯錫教我的思考武器：** 從邏輯思考到真正解決問題	安宅和人	320
QB1097	**我懂了！專案管理**（全新增訂版）	約瑟夫・希格尼	330
QB1098	**CURATION 策展的時代：** 「串聯」的資訊革命已經開始！	佐佐木俊尚	330
QB1099	**新・注意力經濟**	艾德里安・奧特	350
QB1100	**Facilitation 引導學：** 創造場域、高效溝通、討論架構化、形成共識，21世紀最重要的專業能力！	堀公俊	350
QB1101	**體驗經濟時代**（10週年修訂版）：人們正在追尋更多意義，更多感受	約瑟夫・派恩、詹姆斯・吉爾摩	420
QB1102	**最極致的服務最賺錢：** 麗池卡登、寶格麗、迪士尼都知道，服務要有人情味，讓顧客有回家的感覺	李奧納多・英格雷利、麥卡・所羅門	330
QB1103	**輕鬆成交，業務一定要會的提問技術**	保羅・雀瑞	280
QB1104	**不執著的生活工作術：** 心理醫師教我的淡定人生魔法	香山理香	250

經濟新潮社　〈經營管理系列〉

書號	書名	作者	定價
QB1105	**CQ文化智商：**全球化的人生、跨文化的職場——在地球村生活與工作的關鍵能力	大衛．湯瑪斯、克爾．印可森	360
QB1106	**爽快啊，人生！：**超熱血、拚第一、恨模仿、一定要幽默——HONDA創辦人本田宗一郎的履歷書	本田宗一郎	320
QB1107	**當責，從停止抱怨開始：**克服被害者心態，才能交出成果、達成目標！	羅傑．康納斯、湯瑪斯．史密斯、克雷格．希克曼	380
QB1108	**增強你的意志力：**教你實現目標、抗拒誘惑的成功心理學	羅伊．鮑梅斯特、約翰．堤爾尼	350
QB1109	**Big Data大數據的獲利模式：**圖解．案例．策略．實戰	城田真琴	360
QB1110	**華頓商學院教你活用數字做決策**	理查．蘭柏特	320
QB1111C	**V型復甦的經營：**只用二年，徹底改造一家公司！	三枝匡	500

經濟新潮社 〈經濟趨勢系列〉

書號	書名	作者	定價
QC1001	**全球經濟常識100**	日本經濟新聞社編	260
QC1002	**個性理財方程式：**量身訂做你的投資計畫	彼得・塔諾斯	280
QC1003X	**資本的祕密：**為什麼資本主義在西方成功，在其他地方失敗	赫南多・德・索托	300
QC1004X	**愛上經濟：**一個談經濟學的愛情故事	羅素・羅伯茲	280
QC1007	**現代經濟史的基礎：**資本主義的生成、發展與危機	後藤靖等	300
QC1014X	**一課經濟學**（50週年紀念版）	亨利・赫茲利特	320
QC1015	**葛林斯班的騙局**	拉斐・巴特拉	420
QC1016	**致命的均衡：**哈佛經濟學家推理系列	馬歇爾・傑逢斯	280
QC1017	**經濟大師談市場**	詹姆斯・多蒂、德威特・李	600
QC1018	**人口減少經濟時代**	松谷明彥	320
QC1019	**邊際謀殺：**哈佛經濟學家推理系列	馬歇爾・傑逢斯	280
QC1020	**奪命曲線：**哈佛經濟學家推理系列	馬歇爾・傑逢斯	280
QC1022	**快樂經濟學：**一門新興科學的誕生	理查・萊亞德	320
QC1023	**投資銀行青春白皮書**	保田隆明	280
QC1026C	**選擇的自由**	米爾頓・傅利曼	500
QC1027	**洗錢**	橘玲	380
QC1028	**避險**	幸田真音	280
QC1029	**銀行駭客**	幸田真音	330
QC1030	**欲望上海**	幸田真音	350
QC1031	**百辯經濟學**（修訂完整版）	瓦特・布拉克	350
QC1032	**發現你的經濟天才**	泰勒・科文	330
QC1033	**貿易的故事：**自由貿易與保護主義的抉擇	羅素・羅伯茲	300
QC1034	**通膨、美元、貨幣的一課經濟學**	亨利・赫茲利特	280
QC1035	**伊斯蘭金融大商機**	門倉貴史	300
QC1036C	**1929年大崩盤**	約翰・高伯瑞	350
QC1037	**傷一銀行崩壞**	幸田真音	380
QC1038	**無情銀行**	江上剛	350
QC1039	**贏家的詛咒：**不理性的行為，如何影響決策	理查・塞勒	450

經濟新潮社 〈經濟趨勢系列〉

書號	書名	作者	定價
QC1040	**價格的祕密**	羅素・羅伯茲	320
QC1041	**一生做對一次投資：**散戶也能賺大錢	尼可拉斯・達華斯	300
QC1042	**達蜜經濟學：**.me.me.me…在網路上，我們用自己的故事，正在改變未來	泰勒・科文	340
QC1043	**大到不能倒：**金融海嘯內幕真相始末	安德魯・羅斯・索爾金	650
QC1044	**你的錢，為什麼變薄了？：**通貨膨脹的真相	莫瑞・羅斯巴德	300
QC1046	**常識經濟學：**人人都該知道的經濟常識（全新增訂版）	詹姆斯・格瓦特尼、理查・史托普、德威特・李、陶尼・費拉瑞尼	350
QC1047	**公平與效率：**你必須有所取捨	亞瑟・歐肯	280
QC1048	**搶救亞當斯密：**一場財富與道德的思辯之旅	強納森・懷特	360
QC1049	**了解總體經濟的第一本書：**想要看懂全球經濟變化，你必須懂這些	大衛・莫斯	320
QC1050	**為什麼我少了一顆鈕釦？：**社會科學的寓言故事	山口一男	320
QC1051	**公平賽局：**經濟學家與女兒互談經濟學、價值，以及人生意義	史帝文・藍思博	320
QC1052	**生個孩子吧：**一個經濟學家的真誠建議	布萊恩・卡普蘭	290
QC1053	**看得見與看不見的：**人人都該知道的經濟真相	弗雷德里克・巴斯夏	250
QC1054C	**第三次工業革命：**世界經濟即將被顛覆，新能源與商務、政治、教育的全面革命	傑瑞米・里夫金	420
QC1055	**預測工程師的遊戲：**如何應用賽局理論，預測未來，做出最佳決策	布魯斯・布恩諾・德・梅斯奎塔	390

經濟新潮社 〈自由學習系列〉

書號	書名	作者	定價
QD1001	**想像的力量：**心智、語言、情感，解開「人」的祕密	松澤哲郎	350
QD1002	**一個數學家的嘆息：**如何讓孩子好奇、想學習，走進數學的美麗世界	保羅·拉克哈特	250
QD1003	**寫給孩子的邏輯思考書**	苅野進、野村龍一	280

國家圖書館出版品預行編目資料

V型復甦的經營：只用二年，徹底改造一家公司！／三枝匡著；黃雅慧譯. -- 初版. -- 臺北市：經濟新潮社出版：家庭傳媒城邦分公司發行, 2013.11

面；　公分. --（經營管理；111）

譯自：增補改訂版 V字回復の経営―2年で会社を変えられますか

ISBN 978-986-6031-43-4（精裝）

1.企業再造　2.組織管理

494.2　　102021990